Das Sandkorn, das die Erde zum Bebe

Mark Buchanan

Das Sandkorn, das die Erde zum Beben bringt

Dem Gesetz der Katastrophen auf der Spur oder warum die Welt einfacher ist, als wir denken

Aus dem Englischen von Carl Freytag

Campus Verlag
Frankfurt/New York

Die Originalausgabe erschien 2000 unter dem Titel »Ubiquity« bei Weidenfeld & Nicolson,
an imprint of The Orion Publishing Group Ltd, London

Redaktion: Petra Glockner, Fellbach

Die Deutsche Bibliothek – CIP-Einheitsaufnahme

Ein Titeldatensatz für diese Publikation ist bei
Der Deutschen Bibliothek erhältlich
ISBN 3-593-36663-0

Umschlaggestaltung: RGB, Hamburg
Umschlagmotiv: © Getty Images Deutschland Stone
Satz: Leingärtner, Nabburg
Druck und Bindung: Druckhaus Beltz, Hemsbach
Gedruckt auf säurefreiem und chlorfrei gebleichtem Papier.
Printed in Germany

Für Kate, Nietzsche
und das Kaninchen

Inhalt

Vorwort

Dieses Buch handelt von Katastrophen und Umwälzungen der verschiedensten Art: von Erdbeben und Waldbränden, dem Aussterben der Dinosaurier, Börsencrashs und Weltkriegen. Wie sind diese Ereignisse zu erklären? Mit welchen Modellen und Theorien kann man sie beschreiben? So unwahrscheinlich es sich auch anhören mag und so wenig sinnvoll es zunächst zu sein scheint: Seit einiger Zeit werden in der theoretischen Physik Ideen entwickelt, nach denen diese (und viele andere) dramatischen Vorgänge bei all ihrer offensichtlichen Verschiedenheit doch dieselbe Grundstruktur haben. Mehr noch: Diese neuen Ideen sprechen dafür, dass es eine universelle Logik gibt, die in den verschiedensten Bereichen unserer Welt gilt – eine Logik, nach der plötzliche und unvorhersagbare Katastrophen aller Art notwendigerweise auftreten und ein unvermeidlicher Bestandteil des Lebens sind.

Die theoretischen Grundlagen dieser Sichtweise sind den Physikern schon seit über 15 Jahren bekannt. Trotzdem fanden sie in den Forschungsgebieten, in denen sie am nützlichsten sein könnten, bisher nur wenig Beachtung: in den Sozialwissenschaften und in der Geschichte. Manche Wissenschaftler vertreten die Ansicht, der freie Wille des Menschen würde ausschließen, dass man für soziale Systeme tiefere theoretische Zusammenhänge finden kann. Diese Art zu denken führt jedoch in die Irre, denn selbst für den Fall, dass die Handlungen eines einzelnen Individuums nicht vorhersagbar sind, kann es doch sein, dass es für das kollektive Verhalten von Millionen von Menschen genau festliegende Muster gibt. Mit solchen Mustern beschäftigt sich das vorliegende Buch.

Das Sandkorn, das die Erde zum Beben bringt

Zwei Fragen haben die Historiker schon immer fasziniert: Geht der historische Wandel in kleinen Schritten oder in Form plötzlicher gewaltiger Umwälzungen voran? Inwieweit können wir den Ausbruch einer Revolution oder eines großen Krieges voraussehen? Eindeutige Antworten auf diese Fragen stehen bislang aus, schlimmer noch: Die gängigen Antworten erwiesen sich als falsch. Henry Noel Brailsford, ein gut informierter britischer Historiker, schrieb Anfang des Jahres 1914: »Die Gefahren, von denen unsere Vorfahren in europäische Koalitionen und kontinentale Bündnisse gezwungen wurden, sind auf Nimmerwiedersehn verschwunden ... Es ist so sicher, wie nur irgendetwas in der Politik sicher sein kann, dass die Grenzen unserer modernen Nationalstaaten für alle Zeiten gezogen sind.«[1] Die bald darauf folgenden Ereignisse haben gezeigt, wie gefährlich derartige blinde Schlüsse aus der Vergangenheit auf die Zukunft sein können. Unglücklicherweise denken auch heute noch viele so und sehen im Gang der Geschichte nur ein einfaches, berechenbares Vorwärtsschreiten. Vor einigen Monaten, als Slobodan Milosevic durch die protestierenden Massen zur Abdankung gezwungen wurde, haben einige Analysten darin ein weiteres Zeichen gesehen, dass das wahre Ende der Geschichte die globale Herrschaft der Demokratie sein wird – ein Endpunkt, dem wir uns mehr und mehr annähern und an dem die Welt dann einen stabilen Zustand erreichen würde, der ewigen Frieden garantiert. Die Argumente, die diese Prognose unterstützen, erscheinen sehr überzeugend, aber ich glaube, sie führen in die falsche Richtung.

Die allereinfachste Art einer »Änderung« ist, dass sich nichts ändert. Fast so einfach ist die Vorstellung von einer Änderung, die in kleinen Schritten auf einen Endzustand hinführt. Ein ähnlich einfaches Konzept wäre ein zyklischer Wechsel, der von der periodischen Wiederkehr von Ereignissen geprägt ist und dem ewigen Kreisen der Planeten um die Sonne gleicht. Diese beiden Grundkonzepte gehören – zusammen mit allen möglichen Varianten und Kombinationen – zu den traditionellen Vorstellungen der Historiker über den Gang der Geschichte. Es ist noch nicht allzu lange her, dass auch den Physikern einzig diese beiden Konzepte zur Erklärung der Welt zur Verfügung standen. Das hat sich nun geändert: Die Physiker haben inzwischen diesen Stand der Theorie weit hinter sich gelassen und stützen sich auf neue Ideen über die Entwicklung unserer Welt, die sehr viel besser als die klassischen Vorstellungen geeignet sind, Änderungen und Umwälzungen in Systemen zu erklären, in denen der zeitliche Ablauf von Bedeutung ist.

Dieses Buch will auf einige Ideen aus diesem neuen Gebiet der Physik aufmerksam machen, Ideen, die auch den Historikern weiterhelfen könnten. Einer der wichtigsten Schlüsse, die man aus ihnen ziehen kann, betrifft den Verlauf der Menschheitsgeschichte. Er weist eine ziemlich sprunghafte Struktur auf: Lang andauernde Perioden des Friedens werden gelegentlich und in unregelmäßigen Abständen von schrecklichen Katastrophen unterbrochen. Diese Erkenntnis enthält auch einen deutlichen Hinweis für uns: Wir können keine Anzeichen dafür erwarten, *wann* die nächste Katastrophe eintreten wird. Das liegt nicht an bestimmten Eigenschaften des menschlichen Wesens, sondern an der ganz natürlichen Struktur des Ablaufs vieler zeitabhängiger Prozesse. Die Physiker haben eine Reihe neuer Gedanken über derartige Abläufe und Rhythmen in der Natur entwickelt, die auch die Historiker in ihre Theorien mit einbauen sollten.

Um Missverständnissen vorzubeugen: Man könnte annehmen, aus den Ideen, um die es in diesem Buch geht, ließe sich eine Art Weltformel oder eine »Theorie für *alles*« zusammenbauen – oder zumindest eine Theorie für *alle* Katastrophen und Desaster. So ist es keineswegs! Man kann beispielsweise mit den hier diskutierten Ansätzen weder erklären, warum vor einigen Monaten bei Paris eine Concorde abgestürzt ist, noch warum kürzlich in der Nähe von London ein Zug entgleist ist: Sie sagen nichts über diese Tragödien aus, die ganz bestimmte und benennbare Ursachen hatten – Ursachen, die man beseitigen kann, um ähnliche Katastrophen in Zukunft zu vermeiden. Die neuen Ideen stellen keine »Theorie für *alles*« dar, wohl aber eine »Theorie für *vieles*«, insbesondere für Dinge, die in einer ganz bestimmten Weise organisiert sind. Diese Organisationsform kommt in der Natur bei vielen Systemen vor und führt dazu, dass diese Systeme gleichsam immer am Rande des Abgrunds stehen. Wenn wir das mit diesen neuen Ideen aus der Physik erklären können, werden wir die Welt im Ganzen besser verstehen.

Mark Buchanan, Notre Dame de Courson, 29. Oktober 2000

1
Ursachenforschung

Politik ist nicht die Kunst des Möglichen, sondern die Wahl zwischen dem Katastrophalen und dem Unerträglichen.
John Kenneth Galbraith[1]

Ist doch Geschichte die Wissenschaft von dem, was sich nicht wiederholt.
Paul Valéry[2]

Es war am 28. Juni 1914, einem schönen Sommertag, als sich gegen elf Uhr früh der Fahrer eines Automobils mit zwei Passagieren in den Straßen von Sarajevo verfuhr. Das Fahrzeug sollte eigentlich einen anderen Weg nehmen, aber der Chauffeur wurde viel zu spät unterrichtet. Er geriet bei dem Versuch zu wenden in einen engen Durchgang, aus dem kein Weg mehr herausführte: ein Fehler, der kaum der Rede wert war. Aber *dieser* Fehler, den der Vorgesetze *dieses* Fahrers an genau *diesem* Tag machte, sollte das Leben von Hunderten von Millionen Menschen aus der Bahn werfen und den Lauf der Weltgeschichte ändern.

Das Automobil kam direkt vor dem 19-jährigen bosnisch-serbischen Studenten Gavrilo Princip zum Stehen – einem Mitglied der serbischen Terrororganisation »Schwarze Hand«. Princip konnte sein Glück kaum fassen: Er machte ein paar Schritte auf das Fahrzeug zu, holte eine kleine Pistole aus seiner Tasche, zielte und drückte zweimal ab. 30 Minuten später waren die Passagiere des Automobils, der österreichisch-ungarische Erzherzog Franz Ferdinand und seine Frau Sophie, tot. Innerhalb weniger Stunden begann sich das politische Gefüge Europas aufzulösen.

In den folgenden Tagen benutzte Österreich die Ermordung des Thronfolgers als Vorwand, um eine Invasion Serbiens vorzubereiten. Russland versprach den Serben seine Unterstützung, während Deutschland im Gegenzug bei einem Eingreifen Russlands Österreich zu Hilfe kommen wollte. Nach kaum 30 Tagen hatte eine Kettenreaktion internationaler Bündnisse und Zusagen zur Mobilmachung riesiger Armeen geführt und Österreich, Russland, Deutschland, Frankreich, Großbritannien und die Türkei in tödlicher Weise miteinander verstrickt. Als der Erste Weltkrieg fünf Jahre später zu Ende ging, hatte er zehn Millionen Tote gefordert. In Europa folgte eine 20-jährige Periode angespannter Ruhe, bis dann im Zweiten Weltkrieg weitere 30 Millionen Menschen umkamen. Innerhalb von kaum mehr als drei Jahrzehnten wurde die Welt von zwei verheerenden Katastrophen heimgesucht. Warum? War alles nur dem Fehler eines kaiserlich-königlichen Beamten zuzuschreiben?

Was die Ursachen und Wurzeln für den Ersten Weltkrieg betrifft, so gibt es fast nichts, was nicht angeführt wurde. Wenn man dem britischen Historiker Alan J. P. Taylor Glauben schenkt, so waren die Eisenbahnfahrpläne dafür verantwortlich, dass Princip die Dinge ins Rollen bringen konnte: Sie zwangen die Staaten zu einer Abfolge militärischer Vorbereitungen und Kriegserklärungen, von denen es kein Zurück mehr gab. Die Kriegsbeteiligten »waren durch die Genialität ihrer Vorbereitungen in die Falle geraten«[3]. Andere Historiker verweisen vor allem auf die Aggressions- und Expansionslust Deutschlands und stellen fest, dass der Krieg unvermeidbar war, seit Deutschland ein halbes Jahrhundert zuvor unter Bismarck geeint wurde. Die Zahl der angeblichen Kriegsursachen ist nicht viel kleiner als die Zahl der Historiker, die sich mit diesem Thema befasst haben, und selbst heute erscheinen noch ständig neue Bücher dazu.[4] Man sollte dabei allerdings immer im Auge behalten, dass natürlich all diese historischen »Erklärungen« erst *im Nachhinein* gefunden wurden.

Wenn wir uns darüber Gedanken machen, inwieweit wir die Rhythmen der Weltgeschichte verstehen oder – wenigstens in groben Zügen – die Zukunft voraussagen können, dürfen wir nicht vergessen, dass das Jahrhundert, das 1914 voranging, in der Geschichte Europas so etwas wie ein langer, friedvoller Nachmittag war.[5] Den damaligen Historikern musste daher der Beginn der Weltkriege wie der Ausbruch eines entsetzlichen und unerklärlichen Unwetters aus heiterem Himmel erscheinen: »Die ganze Brut der Hölle überzog nach Lust und Laune die Welt und machte aus ihr ein Tohuwabohu … Das wunderschöne Gebäude … der Geschichte, das von meinen Zeitgenossen entworfen und errichtet wurde, war in Stücke zerfallen … Die Bedeutungen, die wir Historiker in die Geschichte hineingelegt hatten, erwiesen sich als falsch, als in grausamer Weise falsch«, schrieb der amerikanische Historiker Clarence Alvord nach dem Ersten Weltkrieg.[6] Alvord und einige seiner

Kollegen glaubten, in der Vergangenheit bestimmte Muster erkannt zu haben, und waren davon überzeugt, dass sich die moderne Geschichte der Menschheit mehr oder weniger in einer Folge rational erklärbarer Schritte entfalten würde. Stattdessen schien die Zukunft nun in den Händen unberechenbarer, ja sogar bösartiger Mächte zu liegen, die im Verborgenen unvorstellbare Katastrophen vorbereiteten.

Der Erste Weltkrieg ist geradezu *das* Musterbeispiel für einen Wendepunkt der Geschichte, den niemand vorhergesehen hat, und gilt daher nach Niall Ferguson als »berühmteste Wendung der Geschichte in eine Katastrophe«. Wenn man Optimist ist, kann man annehmen, dass sich ein derart extremer Fall nie wieder ereignen wird. Heute, im Nachhinein, glauben die Historiker, die tiefer liegenden Kräfte zu verstehen, die zu den beiden Weltkriegen des 20. Jahrhunderts geführt haben, und hoffen, dass wir uns nun mit klaren Vorstellungen der Zukunft zuwenden können. Aber Alvord und seine Kollegen waren vor einem Jahrhundert ähnlich zuversichtlich – und wenn wir die Gegenwart betrachten, scheint es, dass kaum jemand klüger geworden ist – Historiker inbegriffen. Vor 15 Jahren war die Sowjetunion noch eine Supermacht, die schon fast 70 Jahre bestand und deren feste Stellung auf der politischen Bühne niemand anzweifelte. In den USA der mittleren achtziger Jahre gab es offensichtlich große Ängste, dass die UdSSR einen militärischen Vorsprung errungen habe und dass man nur mit größter Anstrengung mithalten könne. Wenn man 1987 die Fachzeitschriften der Historiker oder Politikwissenschaftler durchforstete, konnte man nicht die leisesten Hinweise darauf finden, dass die Sowjetunion in den nächsten 50 Jahren zusammenbrechen würde, geschweige denn in den nächsten zehn. Und dann wurde – zum grenzenlosen Erstaunen aller – das Undenkbare in einigen wenigen Jahren wahr.

Nach der Auflösung der Sowjetunion zogen einige Historiker den voreiligen Schluss, die Demokratie würde sich nun über den gesamten Globus ausbreiten und eine friedvolle, ewig dauernde »Neue Weltordnung« herbeiführen. Mit diesem Begriff wurde – besonders von Politikern im Westen – dem endgültigen Sieg der Demokratie (und des Kapitalismus) über den Kommunismus ein schöner Name gegeben. Einige Historiker sprachen gar vom »Ende der Geschichte«[7] als dem Resultat des jahrhundertelangen Kampfes für die Erfüllung der tiefen menschlichen Sehnsucht nach Würde und Wohlergehen. Nur wenige Jahre später herrschte jedoch auf dem Gebiet des ehemaligen Jugoslawien wieder Krieg, und unvorstellbare Grausamkeiten wurden begangen – mitten in Europa. Nur ein kleiner momentaner Rückschlag – oder das erste unheilvolle Zeichen zukünftiger Katastrophen?

Die Historiker können ganz ohne Zweifel – wenn auch erst im Nachhinein – überzeugend erklären, warum all die großen Ereignisse der Geschichte sich gerade *so* entwickelt haben. Gegen diese Erklärungen ist auch nichts einzuwenden, ja es liegt geradezu in der Natur der Geschichte, dass das Nachdenken über sie und Erklärungsversuche rückwärts gerichtet sind. Sören Kierkegaard hat dieses Dilemma einmal so ausgedrückt: »Man kann das Leben nur rückwärts blickend verstehen, aber man muss es vorwärts blickend leben.« Die Tatsache, Erklärungen erst im Nachhinein finden zu können, unterstreicht, dass es für kein Geschehen, an dem Menschen beteiligt sind, einfache und verstehbare Muster gibt. Es scheint, was die Geschichte betrifft, dass hinter der nächsten Ecke immer schon ein neuer dramatischer Abschnitt und neue Umwälzungen warten.

Trotz ihres Anliegens, wenigstens einige Grundmuster der Geschichte aufzudecken, stimmen vermutlich viele Historiker Herbert A. L. Fisher zu, der 1934 zu einem ernüchternden Schluss kam:

> »Männer, die weiser und gelehrter sind als ich, haben in der Geschichte einen groß angelegten Plan, einen Rhythmus, ein Werk der Vorsehung erkennen wollen. Solche Harmonien haben sich meinem Blick nicht enthüllt. Ich sehe ein Ereignis dem anderen folgen wie Wellen des Meeres. Ich sehe Tatsachen, die alle in sich geschlossen sind und keine Verallgemeinerungen zulassen. Für den Geschichtsschreiber gibt es nur eine einzige feste Regel: Er soll in der Entwicklung der menschlichen Geschicke das Wirken des Zufalls und des nicht Vorherzusehenden erkennen ... Was eine Generation erarbeitet hat, kann die nächstfolgende wieder verlieren.«[8]

Nach all dem bisher Gesagten mag es den Leser überraschen, dass es in meinem Buch um Ideen geht, die nicht dem Bereich der Geschichte entstammen, sondern der theoretischen Physik. So erscheint es vermutlich etwas seltsam, wenn ich zunächst den Beginn der beiden großen Kriege des 20. Jahrhunderts und den wechselhaften und an Erschütterungen reichen Verlauf der Menschheitsgeschichte in den Mittelpunkt gestellt habe. Es ist natürlich keine neue Erkenntnis, dass die Geschichte verschlungenen Pfaden folgt und dass sie immer Versuchen

Hohn gesprochen hat, ihren Verlauf vorauszusagen. Ich möchte Sie aber davon überzeugen, dass wir in einer ganz besonderen Zeit leben, in der es neue Ideen ungewöhnlichen Ursprungs möglich machen, immer besser zu verstehen, warum die Geschichte *so* abläuft, warum sie durch dramatische, unvorhersagbare Umwälzungen unterbrochen wird, ja unterbrochen werden *muss* – und warum alle Versuche in der Vergangenheit, periodische Vorgänge, kontinuierliche Entwicklungen und erklärbare Muster im Geschichtsprozess aufzufinden, zum Scheitern verurteilt waren.

Trügerischer Frieden

Man könnte vermuten, dass die Geschichte der Menschheit ihrer Entschlüsselung trotzt, weil sie auf den unergründlichen Handlungen unzähliger Menschen beruht. Wenn schon das Handeln eines einzelnen Menschen unvorhersagbar ist, so ist es kein Wunder, dass die Geschichte nicht von einfachen Gesetzen bestimmt wird. Dieses Argument erscheint zwar sehr einleuchtend, aber man sollte vorsichtig sein, bevor man ihm glaubt: Nicht nur die Menschheitsgeschichte wird von unvorhersagbaren Umwälzungen heimgesucht und in ihrem Verlauf immer wieder durch die unscheinbarsten Ereignisse grundlegend verändert! Derartiges ist auf unserer Welt weit verbreitet, und erst sehr langsam erwacht die Erkenntnis, dass es dafür tiefere Gründe geben könnte.

Die Stadt Kobe ist eine der Perlen des modernen Japan. Sie liegt am Südende von Honshu, der größten japanischen Insel, und über ihren Hafen, dem sechstgrößten der Welt, wird ein Drittel der japanischen Importe und Exporte abgewickelt. Kobe hat hervorragende Schulen, und seine Einwohner leben in einer Umwelt, die wie eine Oase der Stabilität erscheint. Die Stadt hat gute Gründe, sich auf ihrer Homepage als »urban resort«[9] vorzustellen, als Stadt, in der man Urlaub machen sollte und in der auf friedvolle Sonnenaufgänge schon seit undenklichen Zeiten helle, warme Nachmittage folgen, die in kühle, ruhige Abende übergehen. Man hätte bei einem Besuch von Kobe nie geahnt, dass unter den Füßen im Untergrund unvorstellbare Gewalten am Werk sind. Es sei denn, man hätte Kobe am 17. Januar 1995 um 5.45 Uhr besucht, als die heile Welt plötzlich in Stücke brach.

Zu diesem Zeitpunkt zerbarsten einige kleine Felsbrocken auf dem Boden des Ozeans südwestlich von Kobe, kaum 20 Kilometer von der Küste entfernt. Für sich gesehen nicht der Rede wert – kleine Umordnungen in der Erdkruste ereignen sich jeden Tag infolge von Spannungen, die sich aufbauen, wenn die langsam über die Oberfläche unseres Planeten driftenden Kontinentalplatten aneinander reiben. Aber diesmal war es mit den winzigen Brüchen im Gestein nicht getan. Sie veränderten die Spannungen in anderen Felsplatten in der näheren Umgebung, die ebenfalls brachen, und setzten eine Kettenreaktion in Gang: Nach kaum 15 Sekunden hatte die Erde auf eine Länge von 50 Kilometern einen Riss. Das Erdbeben erschütterte den Untergrund mit der Energie von hundert Atombomben, es zerstörte jede größere Bahnlinie und Straße in der Umgebung von Kobe und brachte in der Stadt selbst mehr als 100 000 Gebäude zum Einsturz. Brände entstanden, die erst nach einer Woche unter Kontrolle gebracht werden konnten, 177 der 186 Liegeplätze im Hafen waren nicht mehr zu gebrauchen. Letzten Endes forderte die Katastrophe 5 000 Tote und 30 000 Verletzte, 300 000 Einwohner wurden obdachlos.[10] Das Gebiet um Kobe war über Jahrhunderte hinweg geologisch ruhig gewesen – und in einigen wenigen Sekunden ist es förmlich explodiert. Warum?

Japan ist für seine häufigen Erdbeben bekannt. Ein Beben mit zehnmal mehr Energie als das von Kobe machte 1891 die Stadt Nobi dem Erdboden gleich, weitere zerstörten 1927, 1943 und 1948 andere Gebiete. Aus den Abständen zwischen diesen großen Beben – 36, 16 und fünf Jahre – kann man kaum Schlüsse für die Zukunft ziehen: Das unregelmäßige Auftreten ist typisch für Erdbeben – wo auch immer sie stattfinden. Wenn der Historiker Fisher schon feststellen musste, dass man in der Geschichte kaum einen »groß angelegten Plan, einen Rhythmus, ein Werk der Vorsehung« erkennen kann, so ist es auch den Geophysikern trotz größter Anstrengungen nicht gelungen, ein einfaches Grundmuster für die Erdbebenaktivität zu entdecken.

Die Naturwissenschaftler können heute die Bewegung ferner Kometen oder Asteroiden mit überwältigender Genauigkeit bestimmen, aber irgendetwas bei den Bewegungen im Erdinneren macht die Vorhersage von Erdbeben äußerst schwierig, wenn nicht gar unmöglich. Ähnlich dem Netz der internationalen Beziehungen wird auch die Erdkruste gelegentlich von überraschenden und auf den ersten Blick unerklärlichen Erschütterungen heimgesucht.

Flächenbrand

Im Osten Montanas, nicht weit entfernt vom westlichen Rand des Big Horn Basin in Wyoming, zieht sich der als wilde Urwaldlandschaft belassene Yellowstone-Nationalpark die Rocky Mountains hinauf. Riesige Wälder mit Espen und Kiefern bedecken die Berge mit einer grünen Hülle, in der sich Bären aller Art, Elche, Rehe, unzählige Vögel und Eichhörnchen verstecken, die alle in dieser ursprünglichen Umgebung prächtig gedeihen. An manchen Stellen ragen gewaltige Felsen aus den Kiefern und thronen über dem Park wie zeitlose Wächter. Es ist Amerikas schönster Naturpark. Er besteht seit 1872 und dient heute jährlich mehr als einer Million Besuchern als Ausflugsziel.

Aber so sehr der Yellowstone-Nationalpark ein Ort unglaublichen Friedens ist, so kommt es doch dort gelegentlich zu größeren Katastrophen: Durch Blitzschlag entstehen jährlich einige Hundert Brände im Park. Manche davon vernichten nur ein paar Tausend Quadratmeter und erlöschen dann wieder von selbst, während andere Millionen von Quadratmetern niederbrennen. Der größte Brand, der sich je ereignete, verwüstete 1886 hundert Quadratkilometer. Man war angesichts der häufigen Brände daher zunächst nicht besonders beunruhigt, als im Juni 1988 ein Blitzschlag eine kleine Fläche im südlichen Teil des Parks in Flammen setzte. Der Brand wurde »Shoshone« getauft und von den Forstbehörden genau beobachtet. Innerhalb einer Woche entfachten Stürme eine Reihe weiterer Brände im Park, aber es gab immer noch keinen Grund zu größerer Sorge. Als es dann am 10. Juli ein wenig zu regnen begann, schwelten nur noch einige der Brände. Man schien die Lage im Griff zu haben und nahm an, dass in wenigen Wochen alles vorbei sein würde. Aber es kam anders.

Es ist nicht sicher, ob es an der trockenen Witterung oder den anhaltenden Winden lag, auf jeden Fall waren Mitte Juli die Brände wieder angewachsen. »Bis zu diesem Zeitpunkt waren sie nichts Besonderes«[11], teilte später ein Sprecher der Nationalparkverwaltung mit. Am 14. Juli standen in einem Brandherd, der »Clover« genannt wurde, fast 20 Quadratkilometer in Flammen, in »Fan« fast zwölf. Nach vier weiteren Tagen brannten am Mink Creek schon 52 Quadratkilometer, und die Forstbehörden sahen sich plötzlich mit einer Entwicklung konfrontiert, die kein Experte vorausgesagt hatte. Der »Shoshone«-Brand flammte wieder auf und vernichtete in nur wenigen Tagen 120 Quadratkilometer Waldfläche. Im August standen insgesamt 800 Quadratkilometer in Flammen oder waren bereits niedergebrannt. An allen Fronten rückte das Feuer acht bis 15 Kilometer pro Tag vor, und über dem Katastrophengebiet hing eine Rauchwolke, die bis in über zehn Kilometer Höhe reichte.

In den folgenden zwei Monaten bekämpften mehr als 10 000 Feuerwehrleute aus dem ganzen Land mit 117 Flugzeugen und hundert Löschfahrzeugen die Brände. Mit wenig Erfolg: Die Feuerwalze bewegte sich weiter durch den Park. Den Flammen fielen etwa 6 000 Quadratkilometer zum Opfer, der Einsatz der Löschkräfte kostete mehr als 120 Millionen Dollar – und trotz aller Bemühungen verlor das Feuer seine Kraft erst mit den ersten Schneefällen im Herbst. Irgendwie hatte ein unbedeutender Blitzschlag ein Inferno ausgelöst, das nicht zu verhindern war und mit dem verglichen alle bisherigen Brände im Park wie die Feuerchen bei Grillpartys aussahen. Warum konnte dieser *eine* Brand solche Ausmaße annehmen? Und warum hatte niemand damit gerechnet?

Crash

Am 23. September 1987 fiel den Kapitalanlegern auf der ganzen Welt eine Schlagzeile des *Wall Street Journal* ins Auge, die weitere fantastische Neuigkeiten ankündigte: »Die Kurse klettern bei verstärktem Handel. Rekordanstieg der Industriepapiere um 75,23 Punkte.«[12] Es war ein unglaublicher Sommer an der Börse, man konnte sich fast darauf verlassen, dass jeder Tag neue Kursrekorde und mühelose Gewinne brachte.

Einige Wochen zuvor hatten die Kurse an der New Yorker Börse ein neues Allzeithoch erreicht, und obwohl sie danach wieder ein wenig gefallen waren, hatten alle Händler so etwas wie den Kurssprung vom 23. September erwartet. Er schien wie das »natürliche« Ende einer kleinen Kurskorrektur und setzte den Rahmen für neue Gewinne. »In einem Markt wie diesem ist jede Nachricht eine gute Nachricht. Es ist so gut wie garantiert, dass es mit dem Markt weiter nach oben geht«[13], sagte einer der Händler in jenem Sommer.

Die meisten Analysten erwarteten also zwei Wochen später, als am 6. Oktober die Börse öffnete, dass die Kurse weiter klettern würden. Als sie dann unerwarteterweise etwas nachgaben, war das noch kein Anlass zur Sorge, sondern erschien wieder wie eine unbedeutende Kurskorrektur, ein zeitweiser Rückschlag, verursacht durch Unsicherheiten über mögliche Zinserhöhungen oder den Stand des Dollar. Aber aus unerfindlichen Gründen hielt die »unbedeutende Kurskorrektur« an. Am Ende des Börsentags hatte ein plötzlicher Verkaufsschub den Optimisten einen kräftigen Schlag versetzt. Wie einer von ihnen anmerkte,

> »kam diese Talfahrt aus heiterem Himmel. Ich hätte nie gedacht, dass es so schlimm kommen könnte … Gegen drei Uhr Nachmittag erstarrten wir regelrecht und schauten nur noch gebannt auf die Bildschirme. Selbst die Telefone hörten auf zu klingeln. Wir haben zugeschaut, wie Geschichte geschrieben wurde.«[14]

Dabei hatte das Drama erst begonnen! Die Presse versicherte sehr schnell, dass der Kurssturz vom 6. Oktober prozentual gesehen nicht einmal zu den hundert größten der Börsengeschichte zählte. Es schien also alles nicht so schlimm zu sein. Der Markt entwickelte sich aber in der folgenden Woche weiter nach unten, und am 14., 15. und 16. Oktober folgten nacheinander drei beträchtliche Kurseinbrüche. Dennoch konnten die Händler aus New York mit Vertrauen erweckenden und hoffnungsvollen Berichten ins Wochenende fahren:

> »Es war der dritte Kurssturz in drei Tagen. Aber einige technische Analysten sind der Ansicht, dass die hohen Umsätze, die am Freitag getätigt wurden, ein gutes Zeichen für die Zukunft sind.«[15]

Sie waren in der Tat ein Zeichen für die Zukunft – aber ein unheilvolles! In den Köpfen und Seelen Tausender großer Investoren verwandelten sich während des Wochenendes die kleinen Besorgnisse der vorangegangenen Wochen in maßlose Angst. Am »Schwarzen Montag«, dem 19. Oktober, wurde die Börse, als sie um 9.30 Uhr öffnete, sofort von grenzenloser Panik ergriffen: Die Kurse gingen in den Keller. Es wurde so heftig verkauft, dass am späten Nachmittag der Gesamtwert der in Umlauf befindlichen Papiere um mehr als ein Fünftel gefallen war und sich damit etwa 500 Milliarden Dollar aus dem Vermögen der Investoren in Luft aufgelöst hatten. Für die Wall Street war es wie ein Alptraum: Die Händler sahen sich mit dem größten Kurssturz konfrontiert, der sich je in der Geschichte der Börse an einem Tag ereignet hatte. »Es war, als ob das Ende der Welt gekommen wäre. Und das, nachdem zwei Generationen uns versichert hatten, dass so etwas ganz unmöglich passieren könne«, berichtete die *Newsweek*. Der Crash war fast doppelt so heftig wie der Zusammenbruch der Börse im Jahr 1929, wenn er auch diesmal nicht die gesamte Weltwirtschaft in eine Depression hineinriss. »Gott hat uns auf die Schulter geklopft. Es war eine Warnung, die Sache nun endlich in den Griff zu bekommen«, fiel einem milliardenschweren Anleger dazu ein.

Ebenso wenig wie den Ersten Weltkrieg oder das Erdbeben von Kobe hat natürlich irgendjemand den Börsencrash von 1987 vorausgesagt. Allerdings glänzten unmittelbar *danach* die Analysten mit einer Vielzahl zweifelhafter Erklärungen – einig über die Gründe ist man sich bis heute nicht. Ein alter Wall-Street-Kenner hat kürzlich den Schluss gezogen,

> »dass der Crash von 1987 von einem derartigen Sturm der Gefühle begleitet war, dass die Theoretiker, die den Markt als Maschine sehen, Überstunden machten, um den Kurssturz zu erklären und herauszubekommen, wie man das System stabiler machen könnte. Die Theorie, die am meisten Zustimmung fand, machte für den Crash Computerprogramme verantwortlich, die den Wertbestand der jeweiligen Portfolios sichern sollten. Sie bewirkten im Wesentlichen, dass Papiere verkauft wurden, als die Kurse fielen … Pech für die Theorie: Sie konnte weder erklären, warum der Crash die Märkte auf der ganzen Welt zur gleichen Zeit erfasste, noch warum der Kurssturz irgendwann zum Halten kam. Es fehlt auch jede Erklärung dafür, dass der Kursfall an Börsen ohne Computerhandel stärker war als der des Dow Jones. Die Theorie geht auch darüber hinweg, dass 1986 und 1987 Beobachter des Marktes ebenso ernsthaft behauptet hatten, ein Börsencrash könne gerade *wegen* der installierten Computerkontrollen und Sicherheitsprogramme nicht stattfinden.«[16]

Am Rand des Abgrunds

Die Ursachen für Kriege muss man natürlich in Politik und Geschichte suchen, die für Erdbeben in der Geophysik, die für einen Börsencrash in den Gesetzen der Finanz- und Wirtschaftswelt und der Psychologie. Jenseits der allgemeinen Einordnung als »Katastrophe« oder »Umwälzung« sind all diese Ereignisse aus ihren jeweiligen ganz besonderen Zusammenhängen hervorgegangen. Dabei weisen sie aber eine interessante Gemeinsamkeit auf: In jedem der Fälle scheint die Ordnung des Systems – des Netzes der internationalen Beziehungen, der Struktur der Erdkruste, der Verflechtungen von Erwartungen und Gewinnperspektiven von Anlegern – so gewesen zu sein, dass schon kleinste Erschütterungen gewaltige Folgen haben konnten. Es ist, als ob die Systeme am Rand des Abgrunds standen und nur darauf warteten, abzustürzen.

Auch in der Geschichte des Lebens auf unserem Planeten finden wir ein ähnliches Muster. Fossilienfunde zeigen, dass die Anzahl der Arten auf der Erde – grob betrachtet – über die letzten 600 Millionen Jahre hinweg ständig zugenommen hat. Es gab aber im Lauf der Erdgeschichte fünf Zeitabschnitte, in denen durch plötzliches Artensterben in großem Umfang fast das gesamte Leben wieder ausgelöscht wurde! Wie konnte das geschehen? Einige Wissenschaftler vermuten, dass schon das Aussterben einer einzigen Art den Bestand anderer Arten beeinflussen kann, diese wieder andere und so fort, sodass letztlich lawinenartig das gesamte Ökosystem vernichtet wird – aber niemand weiß das sicher. Das Artensterben gilt für Biologen und Geologen[17] immer noch als ungelöstes Rätsel – aber eines ist klar: Wenn das globale System des Lebens so unverwüstlich stabil und im Gleichgewicht erscheint (einmal abgesehen davon, dass der Mensch gerade damit begonnen hat, es zu zerstören), ist die Erkenntnis umso beunruhigender, dass es gelegentlich von plötzlichen Episoden des Zusammenbruchs heimgesucht wird.

Als ich noch in der High School war, zählte zu den gefürchteten Aufgaben meiner Geometrielehrerin, zu bestimmen, ob zwei Dreiecke kongruent sind. »Da habt Ihr ein großes Dreieck«, sagte sie dann, »und hier ist ein kleineres Dreieck, das anders ausgerichtet ist. Sind es, von der Größe und ihrer Lage einmal abgesehen, die gleichen Dreiecke? Oder anders gesagt: Wenn man jedes der Dreiecke ganz nach Wunsch verkleinern oder vergrößern kann, wenn man es umdrehen und beliebig verschieben kann, passt dann das eine exakt auf das andere? Wenn das geht, sind die Dreiecke kongruent: Wenn man die Grundstruktur des einen kennt – seine Winkel und das Verhältnis der Seiten zueinander –, kennt man auch die des anderen.«

Vor über 300 Jahren löste Isaac Newton mit der Entdeckung von Kongruenz eine wissenschaftliche Revolution aus. Seine Zeitgenossen dürften zunächst kein Wort geglaubt haben, später staunten sie nur noch, als er ihnen sagte, dass ein Apfel, den man in die Luft wirft, nach genau denselben Gesetzen zu Boden fällt, nach denen sich die Erde um die Sonne bewegt. Newton hatte erkannt, dass Apfel und Erde zur selben Kategorie von Dingen gehören, zu Dingen, die sich in einem *Schwerefeld* bewegen. Vor Newton hielt man Vorgänge auf der Erde und am Himmel für völlig unvergleichbar. Jetzt weiß man, dass die Bewegungen eines Apfels oder eines Pfeils, eines Satelliten oder auch einer ganzen Galaxie kongruent sind und nur Beispiele für einen einheitlichen, grundlegenden Prozess darstellen.

»Die Kunst, weise zu sein, besteht in der Kunst zu wissen, über was man hinwegsehen muss«, hat der amerikanische Philosoph und Psychologe William James einmal festgestellt.[18] Das vorliegende Buch folgt dieser Erkenntnis: Es befasst sich mit der Entdeckung von Kongruenzen – nicht zwischen Dreiecken oder Körpern im Schwerefeld, sondern zwischen den Umwälzungen und Revolutionen, die unser Leben bestimmen und zu denen auch Dinge wie ein Umschwung der Mode, eine Änderung des musikalischen Geschmacks, soziale Unruhen, neu aufkommende Techniken oder große wissenschaftliche Neuerungen gehören. Es geht um die Art und Weise, wie die komplizierten Netzwerke, in denen sie sich ereignen – die Erdkruste, die Wirtschaft, politische Systeme oder Ökosysteme – von Natur aus organisiert sind. Wie wir sehen werden, liegt all den betrachteten Ereignissen (und noch vielen anderen) und dem Funktionieren der Systeme, in denen sie auftreten, ein einziger einfacher Prozess zugrunde. Und was noch bemerkenswerter ist: Man kann diesen Prozess mithilfe ganz unkomplizierter mathematischer Modelle verstehen.

Sandkastenspiele

»Alle großen Taten und alle großen Gedanken haben in ihren Anfängen etwas Lächerliches«[19], hat Albert Camus einmal geschrieben. Auch als 1987 drei Physiker in einem Büro im Brookhaven National Laboratory in New York an einem eigenartigen kleinen Modell bastelten, sah dies am Anfang lächerlich aus. Man nimmt ja gemeinhin an, dass sich theoretische Physiker mit dem Ursprung des Universums befassen oder das Puzzle der Kern- und Elementarteilchenphysik entwirren, aber Per Bak, Chao Tang und Kurt Weisenfeld beschäftigten sich mit ganz anderen Dingen: Sie versuchten herauszufinden, was passiert, wenn man ein Sandkorn nach dem anderen auf eine jeweils vom Zufall bestimmte Stelle einer Platte streut.

Physiker stellen gern scheinbar triviale Fragen, die sich nach einigem Nachdenken als gar nicht so trivial entpuppen. Das Spiel mit den Sandkörnern ist dafür ein hervorragendes Beispiel. Es scheint eigentlich ganz klar zu sein, dass ein mächtiger Sandberg heranwächst, wenn man Sand ausstreut. Klar scheint aber auch, dass das nicht beliebig weitergehen kann, denn mit dem Anwachsen des Berges werden die Hänge steiler, und es wird immer wahrscheinlicher, dass das nächste fallende Sandkorn eine Lawine auslöst: Sand rutscht bergab in tiefer liegende Regionen, und der Berg wird zunächst wieder niedriger, statt anzuwachsen. Wir stehen vor einem Berg, der abwechselnd anwächst und zusammenfällt – seine Umrisslinie fluktuiert.

Bak, Tang und Weisenfeld wollten diese Fluktuationen verstehen: Wie groß ist eine »typische« Lawine? Wie sieht der »typische« Zeitablauf für das Anwachsen und Schrumpfen des Berges aus? Auf den ersten Blick sind das triviale Fragen. Sandkorn auf Sandkorn rieseln zu lassen erfordert viel Feingefühl und einen hohen technischen Aufwand. Daher setzten Bak und seine Kollegen den Computer ein, um die Antworten auf ihre Fragen schneller zu finden. Sie programmierten ihn so, dass er imaginäre Sandkörner auf ein imaginäres Spielfeld streute und nach ganz einfachen Regeln entschied, wie die Körner den Hang hinabrollten, wenn der Berg steiler wurde. Das Modell entsprach nicht ganz der Wirklichkeit eines realen Sandbergs, aber der Modellberg wuchs dafür in Sekunden statt in Tagen. Das Modell machte den drei Physikern so viel Freude, dass sie sich für Stunden, Tage und Wochen an den Bildschirm fesseln ließen, um den herabfallenden Sandkörnern zuzusehen und die Ergebnisse zu registrieren.

Schon bald machten sie einige merkwürdige Beobachtungen. Die erste große Überraschung war die Antwort auf die Frage nach der typischen Lawinengröße. Mit dem Computer ist es leicht, die Zahl der Körner in einer Lawine zu zählen. Deshalb starteten die Forscher Millionen von Lawinen in Tausenden von Sandbergen, um ein typisches Maß zu erhalten. Das Ergebnis war: Es gibt *keine* »typische« Lawine! Man beobachtet Lawinen, die nur aus einigen wenigen Sandkörnern bestehen, bei anderen sind es zehn, hundert oder tausend. Wieder andere wachsen sich zu Katastrophen aus, die den halben Berg erfassen und in die Tiefe reißen. Es scheint, dass sich alles nur irgendwie Mögliche auch irgendwann ereignet.

Stellen wir uns vor, wir gehen eine Straße entlang und wollen voraussagen, wie groß die nächste Person ist, der wir begegnen. Wenn es sich mit der Größe der Menschen so verhalten würde wie mit der Größe jener Sandlawinen, so könnte es sein, dass man den nächsten Passanten zertritt wie ein Insekt, weil er nur ein paar Zentimeter groß ist – oder dass er uns wie King Kong überragt. Oder stellen wir uns die Dauer des täglichen Weges zur Arbeit vor. Wenn sie eine so große Streuung hätte wie die Größe der Sandlawinen, würde der Gang in die Stadt einmal einige Sekunden dauern, ein anderes Mal einige Jahre, und man könnte sein Leben überhaupt nicht mehr planen – zumindest wäre alles auf dramatische Weise unverlässlich.

Um herauszubekommen, warum ihr Sandkastenspiel so merkwürdig verlief, verfielen Bak, Tang und Weisenfeld auf einen Trick: Sie färbten die Hänge je nach Steilheitsgrad ein. Wo der Hang relativ flach und stabil war, wurde er grün gefärbt, rote Farbe zeigte an, dass er steil war und jeden Moment eine Lawine ausgelöst werden konnte. Bak, Tang und Weisenfeld stellten fest, dass der Berg zu Beginn fast überall grün aussah, sich aber bei seinem Anwachsen rote Finger längs der Flanken nach unten vorarbeiteten. Mit jedem neuen Korn dehnte sich die rot gefleckte Hand weiter aus, bis sie schließlich den ganzen Berg überdeckte und seine Ausläufer erreichte. Darin liegt ein Schlüssel für das eigenartige Verhalten des Berges: Fällt ein Korn auf eine rote Fläche, so kann es in einem Dominoeffekt Bergrutsche an benachbarten roten Flächen auslösen. Ist das rote Netzwerk nur spärlich entwickelt und sind die roten Flächen voneinander isoliert, so wird ein einzelnes Korn nur wenig Auswirkungen haben, überziehen die roten Flächen jedoch den ganzen Berg, dann entziehen sich die Folgen durch dieses einzelne Korn jeder Vorhersage – möglicherweise bringt es nur einige weitere Körner zum Absturz, oder es setzt eine Kettenreaktion in Gang, die Millionen mitreißt.

Das klingt alles so, als ob es nur für Physiker interessant wäre. Aber sehen wir weiter: Die höchst empfindliche Situation, in die der Sandberg ganz von selbst geraten ist, nennt man *kritischen Zustand*. Die grundlegenden Eigenschaften eines solchen kritischen Zustands kennen die Physiker seit mehr als hundert Jahren, man hat ihn aber bisher nicht ganz ernst genommen und als nebensächlich abgetan, als einen äußerst labilen und seltenen Zustand, der sich nur unter besonders ungewöhnlichen Umständen einstellt. Ein Sandberg scheint dagegen durch die herabrieselnden Körner auf ganz natürliche Weise und zwangsläufig so anzuwachsen, dass er in einen kritischen Zustand übergeht.[20] Das Ergebnis stellte für Bak und seine Kollegen eine Herausforderung dar: Wenn der Sandberg so leicht und ohne weiteres Zutun in den kritischen Zustand gerät, dann könnte doch Ähnliches auch anderswo passieren! Gibt es vielleicht Zonen von Instabilität, die von ihrer Struktur her ähnlich wie die roten Finger aufgebaut sind, auch in der Erdkruste, in Wäldern, Ökosystemen und möglicherweise sogar in unserem etwas abstrakteren Wirtschaftssystem? Denken wir nur an die ersten paar brechenden Felsen bei Kobe, den einen verhängnisvollen Blitzschlag im Yellowstone-Nationalpark und den ersten völlig unbedeutenden Kursrückgang, der letztlich den Crash von 1987 auslöste: Waren das »Sandkörner« in einem anderen Spiel? Kann möglicherweise die ganz besondere Organisationsform des kritischen Zustands erklären, warum die Welt als Ganzes derart anfällig für unvorhergesehene Katastrophen ist?

Seit mehr als zehn Jahren hat eine Unzahl von Physikern diese Fragen untersucht und die ursprüngliche Idee weiterentwickelt.[21] Die Geschichte hat zwar noch eine Menge Haken, und es sind noch viele Einzelheiten zu klären, auf die wir später noch eingehen werden, die wichtigste Botschaft ist aber – ganz grob gesprochen – sehr einfach: Der eigenartige und äußerst instabil organisierte kritische Zustand scheint auf der Welt universell verbreitet zu sein. Forscher haben seine (mathematischen) Spuren in den letzten Jahren nicht nur in den Umwälzungen gefunden, die wir schon diskutiert haben, sondern auch bei der Ausbreitung von Epidemien, dem Entstehen von Verkehrsstaus, der Art und Weise, wie Anweisungen des Managements in einer Firma die Mitarbeiter im Büro erreichen, und dergleichen mehr.[22] Im Mittelpunkt steht die Entdeckung, dass Systeme aus allen möglichen »Bestandteilen« – aus Atomen, Molekülen, Pflanzen- und Tierarten, Menschen und sogar Ideen – eine sehr ausgeprägte Tendenz haben, sich in gleicher Weise zu organisieren. Mit der Erkenntnis dieser Universalität beginnen nun mehr und mehr Wissenschaftler, den Hintergrund turbulenter Ereignisse aller Art zu untersuchen, und entdecken dabei bestimmte Muster in Zusammenhängen, wo sie sie vorher nie vermutet hatten.

Diese Entdeckung hat Folgen, aber bevor wir uns diesen zuwenden können, müssen wir zunächst klären, was man genau unter einem *kritischen Zustand* versteht – und was nicht.

Der Flügelschlag des Schmetterlings

Einige wichtige Begriffe, mit denen man in den letzten Jahren so irritierende Dinge wie die Börse, das Wetter oder Erdbeben erklären wollte, fangen mit »k« an: Neben dem *kritischen Zustand* wäre das zunächst die *Katastrophentheorie*, dann das *Chaos* (das allerdings, zumindest bis zur nächsten Rechtschreibreform, noch mit »ch« geschrieben wird) und schließlich die *Komplexität*. Wie hängen diese Begriffe miteinander zusammen?

Wenn man ganz sanft auf die beiden Enden eines Trinkhalms drückt, um ihn kürzer zu machen, so gelingt das nicht so recht – bis man zu fest drückt und den Punkt erreicht, an dem der Halm plötzlich knickt und zu nichts mehr zu gebrauchen ist. 1970 hat der Mathematiker René Thom eine Theorie aufgestellt, um derartige plötzliche Veränderungen zu erklären, die er »Katastrophen« nannte. Thoms *Katastrophentheorie* hat aber, ungeachtet ihres anspruchsvollen Namens, wenig mit dem zu tun, was sich in der Erdkruste, der Wirtschaft oder einem Ökosystem abspielt. In derartigen Systemen, wo Tausende oder Millionen einzelner Teile in Wechselwirkung stehen, sind die alles umfassende *kollektive*

Organisation und das *kollektive* Verhalten von Bedeutung. Wenn man dies verstehen will, braucht man eine Theorie über Netzwerke voneinander abhängiger Objekte. Thoms Katastrophentheorie ist dafür wenig geeignet.

Die Ursprünge der *Chaostheorie*, deren tiefe Bedeutung allerdings erst in den achtziger Jahren des 20. Jahrhunderts erkannt wurde, liegen mehr als ein Jahrhundert zurück in den Arbeiten des großen französischen Physikers Henri Poincaré. Als Beispiel für etwas Chaotisches kann die Kugel in einem Flipperautomaten dienen: Ihre Zukunft ist in äußerst empfindlicher Weise von den kleinsten Einflüssen längs des Wegs abhängig. Chaos herrscht auch unter den Gasmolekülen in einem Luftballon: Gibt man einem einzigen Molekül einen kleinen Stoß, dann wird schon innerhalb einer Minute jedes andere Molekül in dem Ballon davon etwas abbekommen haben. In der Erdatmosphäre führt das Chaos zum »Schmetterlingseffekt«: Der Flügelschlag eines Schmetterlings in Portugal kann innerhalb von nur ein paar Wochen zur Ausbildung schwerer Unwetter über Moskau führen.

Dem wildesten Chaos liegen zwar äußerst einfache Gesetze zugrunde, wegen der ungeheuer empfindlichen Reaktionen ist es aber nahezu unmöglich, die Zukunft chaotischer Systeme vorherzusagen. Forscher haben mathematische Spuren von Chaos in einer Vielzahl von Vorgängen gefunden: in den Schwankungen von Kaninchenpopulationen, im Laserlicht oder im Pulsschlag des Menschen. In den Jahren um 1990 hatten einige Wissenschaftler sogar die Hoffnung, die Chaostheorie könne das wilde Auf und Ab an der Börse erklären. Daraus wurde aber nichts – aus einem ganz einfachen Grund, wie wir noch sehen werden.

Wenn Laien auf den Begriff »Chaos« stoßen, fällt ihnen meist der schon genannte Schmetterlingseffekt ein. Leider wird diese Geschichte in der Regel etwas missverständlich erzählt. Denken wir zunächst daran, dass in einem Luftballon mit seinen unzähligen chaotischen Molekülen gar nicht viel passiert – oder haben Sie schon einmal ein Gewitter in einem Luftballon gesehen? Wäre unser Schmetterling in dem Ballon eingeschlossen, so könnte er mit seinen Flügeln bis in alle Ewigkeit flattern, ohne dass sich irgendetwas Spektakuläres ereignen würde: Seine Anstrengungen blieben ohne Folgen. Dass Chaos herrscht, reicht also *allein* nicht aus, um zu erklären, warum ein Schmetterling ein

Unwetter verursachen kann. Das Chaos kann erklären, warum eine kleine Ursache (die Bewegung eines Moleküls) sehr schnell das gesamte System (den Ort und die Bewegung sehr vieler Moleküle) ändern kann. Es kann also erklären, warum etwas nicht vorhersagbar ist, aber es kann nicht erklären, warum etwas über alle Grenzen anwächst und in welcher Weise kleine Ursachen zu gewaltigen Umwälzungen führen – dazu benötigt man weitere Ansätze.

Das letzte der K-Wörter ist *Komplexität*. Seit Jahrhunderten versuchen die Wissenschaftler, die Gesetze des Universums in Gleichungen zu fassen, die vom Zeitablauf unabhängig sind – etwa die der Quanten- oder Relativitätstheorie. Wenn wir an den Ballon zurückdenken, so finden wir auch dort eine Art Zeitlosigkeit: Seine Füllung ist im *Gleichgewicht*, solange man die äußeren Bedingungen nicht ändert. Im Gegensatz dazu ist die Luft in der Atmosphäre völlig *aus dem Gleichgewicht*, weil sich dort die Bedingungen ständig ändern: Die Sonne pumpt Energie hinein, dies führt zu Bewegungen – und ist der Schlüssel zu den gewaltigen Umwälzungen, wie sie für einen Übergang vom Gleichgewicht ins Nicht-Gleichgewicht charakteristisch sind. Während Systeme im Gleichgewicht sehr einfach sein können, sind Systeme im Nicht-Gleichgewicht in der Regel sehr *komplex*.

Die Entdeckung, die jene großen Umwälzungen in allen möglichen Systemen erklären kann und die wir hier diskutieren wollen, gehört in den derzeit schnell wachsenden Bereich der Physik des *Nicht-Gleichgewichts*, oder, um es etwas modischer zu sagen, der Physik *komplexer Systeme*. Die *Komplexitätstheorie* untersucht Verhaltensmuster in Systemen aus Elementen, die miteinander in Wechselwirkung stehen, die aber nicht im Gleichgewicht sind. Die Beispiele reichen von der Turbulenz in der Atmosphäre bis zum menschlichen Gehirn. Kritischer Zustand und Komplexitätstheorie sind sehr eng verknüpft: Die erste wirklich grundlegende Entdeckung der Komplexitätstheorie war, dass der kritische Zustand fast allgegenwärtig ist.

Aber es gibt noch einen zweiten brauchbaren Schlüssel zur Untersuchung komplexer Systeme. Die Physiker sind in den letzten zwei Jahrzehnten wieder auf einen eigentlich trivialen Zusammenhang gestoßen: In der Welt um uns herum spielt der *Zeitablauf* eine Rolle. Das mag für Lebewesen offensichtlich sein, aber man kann auch die Festigkeit eines Stahlrohrs oder die unregelmäßige Oberfläche eines zerbrochenen Ziegels nicht verstehen, ohne sich mit ihrer langen Vorgeschichte zu befassen. In unserem Ballon spielt die Geschichte keine Rolle, weil er sich im Gleichgewicht befindet, will man aber beispielsweise die unendlich feinen und vielgestaltigen Strukturen von Schneeflocken verstehen, so führt der einzige Weg über die Geschichte ihrer Entstehung bei der langsamen Abkühlung von Luft.

Wir werden uns also mit Problemen der Physik des Nicht-Gleichgewichts, der Physik komplexer Systeme oder, um einen neuen Begriff zu prägen, der Physik *zeitabhängiger Prozesse* befassen müssen. Warum ist die Welt so komplex, wo doch ihre Grundgesetze so einfach sind? Warum erscheinen uns Ökosysteme und die Wirtschaft so viel komplizierter als die Newtonschen Gesetze? Nach allem, was wir bisher gesehen haben, können wir vermuten, dass die Zeitabhängigkeit dafür verantwortlich ist.

Die Geschichte zählt!

Vorgänge, die sich nicht im Gleichgewicht befinden, kann man nicht mit zeitunabhängigen Gleichungen beschreiben. Die Physiker schlagen daher gern einen anderen Weg ein: Sie ersetzen die Gleichungssysteme durch Rechenmodelle. Die physikalischen Fachzeitschriften sind heutzutage voll mit Arbeiten über das Funktionieren einfacher Modelle. Einige sollen der Erforschung des Kristallwachstums dienen, andere die Ausbildung rauer Oberflächen oder anderer Strukturen in der Natur nachbilden. Es gibt Hunderte von Modellen, die sich alle ein wenig voneinander unterscheiden, die aber alle, wie auch das Modell des Sandbergs, den Zeitablauf mit einbeziehen – in einer Weise, die Francis Crick im Zusammenhang mit dem genetischen Code einmal »eingefrorenen Zufall« genannt hat. Wenn in dem Sandberg-Modell ein Korn, vom Zufall bestimmt, auf diese oder jene Stelle fällt, wächst der Berg über dieses Kornes hinweg und »friert« es ein. Die Auswirkungen dieses einen Korns an genau dieser Stelle wird der Berg immer zu spüren bekommen – wie die Prinzessin die Erbse. In diesem Sinn kann nichts, was jemals geschieht, ausgelöscht werden – es wird immer die Zukunft bestimmen: Die Geschichte zählt!

Wenn es in der Welt keinen eingefrorenen Zufall gäbe, so wäre alles im Gleichgewicht, und es würde sich, ähnlich wie in dem Luftballon, auf ewige Zeiten nichts mehr ändern. Nun erlaubt aber die Physik Vorgänge, deren Spuren erhalten bleiben und die auf diese Weise die Bühne verändern, auf der sich die Zukunft entfaltet – die Gesetze der Physik erlauben Geschichte! Die Entdeckung der Allgegenwart kritischer Zustände ist demnach nicht nur die erste wichtige Erkenntnis der Komplexitätstheorie, sondern auch der erste tiefe Hinweis darauf, dass vieles in der Natur zeitabhängig ist, *historisch* also – und damit sind wir wieder am Beginn unseres Kapitels gelandet.

»Eigentlich« sollte die Zukunft leichter vorhersagbar sein. »Eigentlich« könnte man auch die schrecklichsten Katastrophen verhindern. Eines der Ziele dieses Buches ist es, herauszufinden, warum die Menschheitsgeschichte so komplex ist, dass dies alles nicht geht. Ich vermute, die Antwort lässt sich bei der Untersuchung kritischer Zustände und in der neuen Physik des Nicht-Gleichgewichts finden, die sich mit allen *möglichen* Arten zeitabhängiger Prozesse beschäftigt. Wenn Historiker nach Trends und Zyklen suchen, um den Sinn der Geschichte zu erforschen, dann gehen sie einen falschen Weg. Trends und Zyklen gehören in den Bereich der Gleichgewichtsphysik und in die Astronomie. Das richtige Handwerkszeug kann nur die Physik des Nicht-Gleichgewichts liefern, die darauf ausgelegt ist, Geschichte und Vorgeschichte der Dinge zu verstehen.

Im selben Jahr, in dem Bak, Tang und Weisenfeld ihr Modell entwickelt haben, hat der Historiker Paul Kennedy ein Buch mit dem Titel *Aufstieg und Fall der großen Mächte*[23] veröffentlicht. Er vertritt dort die These, dass die langfristigen historischen Rhythmen auf der Erde von dem ganz natürlichen Auf- und Abbau von Spannungen im globalen Netzwerk von Politik und Wirtschaft gesteuert werden. Bei solchen Vorstellungen von geschichtlichen Kräften bleibt wenig Raum für den Einfluss »großer Persönlichkeiten«, sie ähneln eher jenen von John Kenneth Galbraith, von dem das Motto zu Beginn des Kapitels stammt. Die Individuen sind demnach Produkte ihrer Zeit, die in ihrer Freiheit, auf mächtige Kräfte zu reagieren, eingeschränkt sind. Nach Kennedys Theorie nimmt die ökonomische Macht einer Nation auf ganz natürliche Weise zu und ab. Im Laufe der Zeit verfügen einige Nationen über mehr Macht, als durch ihre ökonomische Lage gerechtfertigt ist.

Andere Nationen wiederum sind wirtschaftlich stark geworden und verlangen natürlich nach mehr Einfluss. Das unvermeidliche Ergebnis sind Spannungen, die anwachsen, bis das System an irgendeiner Stelle nachgibt. In der Regel werden Spannungen durch kriegerische Auseinandersetzungen abgebaut, nach deren Ende der Einfluss der Nationen sich wieder im ungefähren Gleichgewicht mit ihrer ökonomischen Macht befindet.

Möglicherweise ist es ja kein Zufall, dass dies alles so ähnlich abzulaufen scheint wie die Prozesse in der Erdkruste, wo sich ebenfalls Spannungen langsam aufbauen, um sich dann in plötzlichen Erdbeben zu lösen – oder wie bei dem Versuch mit dem Sandberg, wo die Hänge immer steiler und instabiler werden, bis sie von einer Lawine wieder eingeebnet werden. Wir werden später sehen, dass Kriege tatsächlich durch dieselben statistischen Größen gekennzeichnet sind wie Erdbeben und Lawinen an Sandbergen. Kennedy könnte darin einen Beleg für seine These finden – und dazu eine Sprache, um sie angemessen mathematisch zu formulieren. Seine Darstellung historischer Zusammenhänge deckt sich mit den mathematischen Formulierungen des kritischen Zustands.

Was immer die Historiker aus all dem für die Geschichte schließen mögen – für den Einzelnen sind die Folgen weniger eindeutig. Wenn sich die Welt in einer Art kritischem Zustand befindet, dann kann sich selbst die kleinste Krafteinwirkung vervielfachen und explosionsartig ausbreiten. In unseren sozialen und kulturellen Netzen gibt es keine völlig isolierten Handlungen, weil die Welt naturgemäß so geordnet ist, dass schon die kleinste Handlung verstärkt und damit auch vom Rest der Welt wahrgenommen werden kann. Auch der Einzelne verfügt also über Macht! Die Art dieser Macht spiegelt aber auch ein grundlegendes Dilemma wider, das nicht auflösbar ist: Jede individuelle Handlung kann letzten Endes große Konsequenzen haben, diese Konsequenzen sind aber fast überhaupt nicht vorhersehbar. Irgendwo fällt vielleicht gerade jetzt ein Sandkorn auf eine »rote« Fläche im Bereich der Geschichte. Ein Politiker, der Kriegsparteien zu Friedensvereinbarungen drängt, könnte damit Erfolg haben – oder stattdessen einen Großbrand anfachen. Jemand, der einen Konflikt anheizen will, könnte damit ungewollt eine längere Friedensperiode einleiten. In unserer Welt haben die Anfänge mit den Enden oft scheinbar wenig zu tun, und vielleicht hat Albert Camus mit seiner schon zitierten Feststellung ja Recht: »Alle großen Taten und alle großen Gedanken haben in ihren Anfängen etwas Lächerliches.«

Wenn man etwas über den Rhythmus (oder sollte man besser die Rhythmusstörungen sagen?) der Geschichte erfahren will, kann man sich stellvertretend mit dem Rhythmus von Erdbeben vertraut zu machen: Falls Systeme im kritischen Zustand allgegenwärtig sind, brauchen wir nicht weit zu gehen, um welche zu finden. Deshalb wollen wir die Menschen und ihre Geschichte für einen Moment aus den Augen lassen und uns zunächst mit der einfacheren Welt der unbelebten Natur beschäftigen. Lassen Sie uns dazu in den Untergrund gehen, in die dunkle, staubige Welt unter der Erdoberfläche, und lassen Sie uns einen genaueren Blick auf das werfen, was dort passiert! Erstaunlicherweise werden wir hinter den Bewegungen in unserer ruhelosen Erde ein Schema finden, das uns tausend andere Dinge erklären wird.

2
Schwankender Boden

Letztendlich hat der Mensch in der positiven Wissenschaft einen Weg gefunden, der ihn ohne Umkehr und ohne Abweichung von dem entfernt, was er zu sein glaubte. Und der ihn zu einem neuen unbekannten Ziel führt; der Mensch ist ein Abenteuer.
Paul Valéry[1]

Seit meiner ersten Begegnung mit der Seismologie waren mir Erdbebenprognosen und ihre Verfasser ein Gräuel. Die Journalisten und die Öffentlichkeit stürzen sich auf jeden Vorschlag für eine Erdbebenvorhersage wie die Schweine auf den vollen Trog.
Charles Richter[2]

Jeder, der in den letzten Novembertagen des Jahres 1990 durch die Straßen der Innenstadt von St. Louis ging, war bass erstaunt: Es war weniger als ein Monat bis Weihnachten, und eigentlich hätten die Läden mit Leuten überfüllt sein müssen, die Geschenke kauften oder Christbaumschmuck zusammensuchten. Aber in diesen Wintertagen schienen die Kaufhäuser überflüssig, und die Straßen waren so gut wie leer. Der Trubel fand anderswo statt: in den Einkaufszentren und Baumärkten am Stadtrand. Dort trafen Millionen von Leuten ihre Vorbereitungen – nicht für die kommenden Festtage, sondern um eine drohende Katastrophe zu überstehen. Sie horteten anstelle von Weihnachtsgeschenken Trinkwasser und Konserven und füllten ihren Vorrat an Kerzen, Taschenlampen, Decken, Schaufeln und Stromaggregaten auf. Die Zeitungen waren voll davon, und es schien ganz gewiss zu sein: Irgendwann zwischen dem 1. und 5. Dezember würde St. Louis von einem verheerenden Erdbeben heimgesucht werden.

Nicht nur die Einwohner von St. Louis verfielen fast in Hysterie, im ganzen Mittelwesten der USA – in Illinois, Arkansas, Tennessee und anderswo – drängten sich in den einschlägigen Geschäften die Menschen voller Angst und Aufregung, mit den Vorbereitungen nicht fertig zu werden. Die Behörden erließen Notfallpläne, um die drohende Katastrophe bewältigen zu können. In einigen Bundesstaaten wurden die

Schulen geschlossen, und die Einsatzkräfte für Katastrophen standen in Alarmbereitschaft. Ganze Heerscharen von Freiwilligen waren auf bestimmte Aufgaben vorbereitet worden: die Wasserversorgung, die Einrichtung von Behelfskliniken und die Unterstützung der Feuerwehren. Allein in St. Louis befürchteten die staatlichen Stellen 300 Tote und Schäden an Gebäuden in Höhe von mehr als 600 Millionen Dollar.

Das Erdbeben war von dem »Unternehmensberater und Klimatologen« Iben Browning vorhergesagt worden, einem Wissenschaftler mit Doktortitel, was vielleicht erklären kann, warum die Medien seine Vorhersage derart ernst nahmen – auch wenn Browning seinen Doktor in Biologie gemacht hatte. Browning stellte aufgrund astronomischer Daten fest, dass Sonne, Mond und Erde in der fraglichen Zeit mit seltener Präzision in einer Linie stehen würden. Er behauptete nun, dass die geballte Schwerkraft der drei Körper gewaltige Gezeiten im Erdmantel hervorrufen werde, was in dem ohnehin schon über alle Maßen beanspruchten Gestein in der New-Madrid-Verwerfung ein sehr starkes Erdbeben zur Folge hätte. In Missouri gab der Bundesstaat 200 000 Dollar für die Vorbereitung auf das Beben aus, in St. Louis brachten die Hauseigentümer 22 Millionen Dollar auf, um ihre Versicherungen zu erhöhen. Ach ja: Das große Erdbeben von St. Louis im Jahr 1990 fand nie statt!

Während der ganzen Aufregung um Browning hatten die Wissenschaftler des U. S. Geological Survey (USGS) und von den Universitäten der Region immer wieder darauf verwiesen, dass es für die Vorhersage keine wissenschaftlichen Grundlagen gäbe. In einem Bericht wird Browning dafür kritisiert, dass er »einen Sprung von einer Hypothese zu einer Vorhersage mache, ohne sich um den Zwischenschritt einer Verifizierung der Hypothese zu kümmern. Erst diese Verifizierung macht aber Forschung verlässlich und führt zum Erfolg.«[3]

Anders als Browning sind Wissenschaftler, die in der geophysikalischen Forschung zu Hause sind, eher vorsichtig, weil sie wissen, welche Paranoia die Vorhersage von Erdbeben auslösen kann – und auch wegen der langen Reihe von Fehlschlägen, die auf diesem Gebiet zu verzeichnen sind. Ein Jahrhundert lang werden inzwischen Erdbeben erforscht – und immer noch kommen die großen Beben völlig überraschend. Niemand hat das große Beben von Kobe im Jahr 1995 vorhergesagt – und das, obwohl Japan über ein mit viel Geld ausgestattetes und schon lange

Zeit laufendes Prognoseprogramm verfügt. Und noch peinlicher sind natürlich die Beben, die vorausgesagt wurden und *nicht* eintrafen – wie das von St. Louis.

Wacklige Grundlagen

In den späten siebziger Jahren waren die japanischen Wissenschaftler sicher, dass das Tokai-Erdbeben in Kürze das zentrale Japan heimsuchen würde. Einer der Forscher schrieb, dass

»viele japanische Seismologen, Erdbebentechniker sowie lokale und staatliche Stellen, die für die Katastrophenabwehr zuständig sind, davon überzeugt sind, dass ein großes Beben der Stärke acht im Tokai-Gebiet ... zwischen Tokio und Nagoya in naher Zukunft zu erwarten ist ... Das angegebene Gebiet wurde in historischer Zeit schon oft von großen Beben heimgesucht – beispielsweise 1707 und 1854 ... Die Durchschnittszeit zwischen zwei Beben in diesem Gebiet beträgt ungefähr 120 Jahre. Nachdem nun mehr als 120 Jahre seit der letzten Erschütterung vergangen sind, gibt es allen Grund, an ein Beben zu glauben, das früher oder später in naher Zukunft kommen wird.«[4]

Die Argumentation ist recht einfach: Es gibt so etwas wie eine »typische« Zeit zwischen zwei Beben in einem bestimmten Gebiet, und wenn sie verstrichen ist, wird das nächste überfällig. Im Glauben an diese Theorie richteten die japanischen Behörden in den siebziger Jahren ein Frühwarnsystem ein. Bei jeder bemerkenswerten Abweichung der seismischen Daten trat ein Krisenstab des »Komitees zur Einschätzung von Erdbeben« zusammen und entschied, ob Kernkraftwerke heruntergefahren werden sollten oder Autobahnen, Schulen und Fabriken geschlossen wurden. In den letzten zwei Jahrzehnten haben die Japaner jedes Jahr am Jahrestag des großen Bebens von Kanto im Jahr 1923 Alarmübungen abgehalten. Aber das Tokai-Beben blieb nun schon 25 Jahre aus, es gab nicht einmal einen kleinen Erdstoß in der Gegend. Das Beben von Kobe ereignete sich dagegen in einem Gebiet, von dem die Behörden annahmen, dass das Risiko dort gering wäre.

Im Jahr 1976 sagte Brian Brady vom U.S. Bureau of Mines zwei gewaltige Beben der Stärke 9,8 und 8,8 an der Küste von Peru für

August 1981 und Mai 1982 voraus. Er behauptete außerdem, ein Vorbeben der Stärke 7,5 bis 8,0 wäre im Juni 1981 zu erwarten. Ein zutiefst beschämter Brady zog seine Vorhersage zurück, nachdem das Vorbeben ausgeblieben war. Die peruanische Regierung war jedoch schon derart in Panik versetzt, dass ein offizieller Vertreter des USGS nach Peru reisen musste, um die Gemüter zu beruhigen.[5]

Auch schon zuvor war es die Regel, dass Erdbebenprognosen *nicht* eintrafen. 1995 hatte das Geologie-Department der Universität von Südkalifornien (USC) in Los Angeles für Frühjahr oder Sommer 1995 ein schweres Beben für das mittlere Kalifornien vorhergesagt.[6] Auch dieses Beben blieb aus.

Dies waren Vorhersagen von anerkannten Geowissenschaftlern. Es gibt darüber hinaus natürlich noch Hunderte von fehlgeschlagenen Prognosen anderer »Experten« – wie etwa die von Browning. 1974 erschien beispielsweise ein Buch zweier Amateur-Erdbebenforscher, in dem behauptet wird, dass

> »eine erstaunliche Anzahl von Indizien, die man zwar schon seit Jahrzehnten kennt, aber deren Zusammenhänge man erst jetzt erkannt hat, darauf hinweist, dass es im Jahr 1982 im Bereich der San-Andreas-Verwerfung bei Los Angeles zum schwersten Erdbeben des Jahrhunderts kommen wird. Das letzte Glied dieser Indizienkette ist eine selten vorkommende Konstellation der Planeten des Sonnensystems in einer Linie.«[7]

Prophezeiungen dieser Art erinnern an Mark Twains Bemerkung über das Faszinierende an den Wissenschaften, die aus nur ganz wenigen Fakten eine so gewaltige Fülle von Schlüssen ziehen.[8] Natürlich gab es 1982 kein Beben bei Los Angeles und auch in der Zwischenzeit nicht.

Eine Erdbebenvorhersage, die ihr Geld wert wäre, müsste Angaben über den Ort, die Zeit und die Stärke eines Bebens machen. Da der Aufwand für das Schließen von Schulen und Fabriken oder die Evakuierung ganzer Städte ungeheuer groß ist, müsste die Vorhersage nach der Meinung eines Experten »mindestens zu 50 Prozent eintreffen, die Zeit müsste auf den Tag genau, der Ort auf 50 Kilometer genau stimmen«[9]. Darüber hinaus müsste die Stärke des Bebens einigermaßen genau bekannt sein. Wenn etwas Derartiges gelingen würde, käme es der Bevölkerung des betroffenen Gebiets sehr zugute.[10]

Wie weit sind wir von einer solchen Möglichkeit entfernt? Inzwischen verfügt die Wissenschaft über hervorragende Methoden, die Hebungen, Senkungen oder Verschiebungen in der Erdkruste auf den Zentimeter genau zu vermessen. Aber auch noch 1997 konnte sich der Geophysiker Robert Geller von der Universität Tokio zum Stand der Vorhersagbarkeit von Erdbeben nur pessimistisch äußern:

»Die Forschungen zur Vorhersagbarkeit von Erdbeben haben in den letzten hundert Jahren keinen entscheidenden Fortschritt gebracht. Angebliche Durchbrüche haben einer Kritik nicht standgehalten. Die angestrengte Suche nach Vorankündigungen von Beben war vergeblich ... Es scheint unmöglich zu sein, vor großen Erdbeben verlässlich zu warnen.«[11]

Ist Erdbebenvorhersage reine Science-Fiction? Wenn zur »Science« alle erfolgreichen Vorschläge und Patentrezepte gehören und der ganze Rest zur »Fiction«, dann müssen wir zu dem Schluss kommen, dass es keine Erdbebenwissenschaft gibt – denn man hat keine Patentrezepte gefunden, sondern kann nur schöne Geschichten erzählen. Ein ganzes Jahrhundert der Forschung hat nichts gebracht. Ist es wirklich unmöglich, Erdbeben vorauszusagen?

Mission Impossible

Peter Brian Medawar hat einmal darauf hingewiesen, dass nichts »so oft falsch verstanden oder auf dramatische Weise widerlegt worden ist wie die Behauptung, etwas sei zwar prinzipiell möglich, würde aber niemals eintreffen«[12]. Möglicherweise gilt das auch für die Vorhersagbarkeit von Erdbeben. Der Glaube, dass große Ereignisse in der Natur nicht aus dem Nichts entstehen, ist tief verwurzelt, man führt sie lieber auf ganz besondere außergewöhnliche Bedingungen zurück. Wenn es mitten in einer Stadt zu einer gewaltigen Explosion kommt, dann nimmt man natürlich an, dass dort vorher riesige Mengen Sprengstoff gelagert gewesen sein müssen.

Wenn sich Historiker mit der Vergangenheit befassen, haben sie eine ganze Reihe von Zielen, die schon seit Jahrhunderten diskutiert werden. Ganz sicher gehört zu den Zielen der Geschichtsschreibung, für »große«

Ereignisse – beispielsweise Kriege und Revolutionen – die Ursachen und Bedingungen anzugeben und zu erklären, warum sie gerade zu *dieser* Zeit und an *diesem* Ort stattgefunden haben. Wenn man diese Bedingungen kennt, könnte man ähnlichen Katastrophen in der Zukunft besser entgegentreten. Die Geophysiker erwarten nach einem großen Erdbeben oder einem plötzlichen Vulkanausbruch Antworten auf ganz ähnliche Fragen: Wie kam es dazu? Gab es im Untergrund Anzeichen, die vor dem drohenden Ausbruch hätten warnen können? Zumindest für die Ausbrüche einiger Vulkane scheint es solche Anzeichen zu geben. So gingen beispielsweise dem heftigen Ausbruch des Mount St. Helens im Bundesstaat Washington im Jahr 1976, bei dem der ganze Berg explodierte, »sichtbare Verformungen des Untergrunds von bis zu einem Meter pro Tag, Eruptionen von Gasen und Dampf und Tausende kleiner Beben«[13] voraus. Aufgrund dieser Vorzeichen konnten die Behörden die Bevölkerung schon einen Monat vor der eigentlichen Katastrophe warnen.

Seit mehr als einem Jahrhundert suchen nun schon Geophysiker nach ähnlich verlässlichen Zeichen, die auf ein bevorstehendes Erdbeben hinweisen. Dahinter steht die Vorstellung, dass sich große Beben vorher ankündigen und man nur lernen muss, die Botschaft zu entschlüsseln. Es gibt dabei allerdings ein Problem: Noch hat niemand solche verlässlichen Vorboten der Katastrophe gefunden. Zwar haben Forscher vor großen Beben seltsame elektrische Ströme im Boden gemessen oder festgestellt, dass sich der Grundwasserstand änderte. Andere berichten vom merkwürdigen Verhalten von Hunden oder dem Vieh, von verwirrenden Wetteränderungen oder von mysteriösen Lichterscheinungen. Es kann gut sein, dass all dies auch wirklich stattfand, aber ein brauchbares Vorzeichen müsste immer (oder wenigstens fast immer) vor einem großen Beben auftreten.[14] Geller erwähnt in seinem Übersichtsartikel von 1997 mehr als 700 Forschungsarbeiten, in denen von »verlässlichen« Vorzeichen der Katastrophen berichtet wird. Er musste allerdings mit Bedauern feststellen, dass auf kein einziges von ihnen Verlass ist.

Astronomische Präzision

Möglicherweise gibt es also keine Vorboten von Erdbeben, aber vielleicht besteht trotzdem eine Möglichkeit, zumindest große Beben vorherzusagen. Wir haben ja ziemlich klare Vorstellungen darüber, wie unsere Welt funktioniert – und haben oft erstaunlich einfache Gesetze dafür gefunden. Der Mond, die Sonne, die Planeten samt unserer Erde – die ganze Welt wird durch streng geregelte Zyklen bestimmt, die von den Astronomen entdeckt wurden. Vielleicht gelten solche Zyklen auch für Erdbeben? Wenn es so wäre, müsste man ein Gebiet auf der Erde finden können, in dem Erdbeben in regelmäßigen Abständen auftreten. Für *dieses* Gebiet wäre eine Erdbebenprognose dann einfach. Die Geowissenschaftler haben sich Mitte der achtziger Jahre mit dieser Idee befasst – und wurden bitter enttäuscht.

Die San-Andreas-Verwerfung verläuft im Westen von Kalifornien. Vom Flugzeug aus kann man sie zwischen den Hügeln als deutliche Linie von Nord nach Süd erkennen. Der Untergrund auf der westlichen Seite der Linie wird – relativ zum Untergrund auf der östlichen Seite – jährlich um zwei bis drei Zentimeter nach Norden verschoben. Der Bundesstaat Kalifornien besteht daher nicht aus einer einzigen Gesteinsplatte, sondern aus zwei, die aufeinander gepresst werden und aneinander reiben. Die gewaltigen Kräfte, die hier im Spiel sind, haben dabei in der Regel keine Bewegungen zur Folge, weil die beiden Platten durch die Reibung fest verzahnt sind. Es ist so ähnlich wie mit einem schweren Schrank, den man verschieben will. Man muss eine gehörige Kraft aufbringen, um ihn in Bewegung zu versetzen, und meistens geschieht das dann ganz plötzlich und ruckartig. Auch die beiden Platten in Kalifornien setzen sich in der Regel plötzlich in Bewegung – und lösen damit ein Erdbeben aus.

1979 hat der Geophysiker William Bakun mit seinen Kollegen vom USGS in Menlo Park bei der Untersuchung von Erdbebenaufzeichnungen etwas Interessantes entdeckt. Im Bereich der San-Andreas-Verwerfung fanden bei dem Dorf Parkfield 250 Kilometer südlich von San Francisco 1857, 1881, 1901, 1922, 1934 und 1966 Beben statt – in Abständen von 24, 20, 21, zwölf und 32 Jahren, also im Durchschnitt 22 Jahren. Das konnte kaum Zufall sein! Die Geophysiker untersuchten auch die Stärke der Beben und stellten fest, dass sie zwischen 5,5 und

6,0 auf der Richterskala lagen. Der Schluss daraus war ganz zwangsläufig: Die Beben von Parkfield sind die Folge eines zyklischen Prozesses. Es schien immer etwa 22 Jahre zu dauern, bis die Spannungen im Erdinneren so stark angewachsen waren, dass sich die Gesteinsmassen längs der Verwerfung verschoben und damit ein Erdbeben auslösten. Die Geophysiker sahen in den Erdbeben von Parkfield eine Analogie zum Old-Faithful-Geysir im Yellowstone-Nationalpark, der ganz regelmäßig alle halbe Minute ausbricht. Nachdem nun das letzte Beben in Parkfield 1966 war, wurde das nächste 1988 erwartet. Sein pünktliches Eintreffen hätte einen Durchbruch auf dem Gebiet der Erdbebenprognose bedeutet.[15]

Tatsächlich veröffentlichte der Direktor des USGS am 5. April 1985, nachdem die Arbeiten von Bakun und seinen Kollegen auf einer internationalen Tagung diskutiert worden waren, eine offizielle Prognose, die besagte, dass es bei Parkfield innerhalb der nächsten fünf bis sechs Jahre ein Erbeben geben würde.[16] Die Forscher installierten in den Hügeln des Gebiets das dichteste und ausgeklügeltste seismologische Messnetz, das es je auf der Welt gab, und begannen zu warten. Der Board of Earth Science vom U. S. National Research Council berichtete 1986 über die Erwartungen der Wissenschaftler:

> »Nirgendwo auf der Erde ist eine derart verlässliche Vorhersage möglich wie für Parkfield. Hier, in einem 25 Kilometer langen Abschnitt der San-Andreas-Verwerfung … zeigen Forschungsarbeiten aus den vergangenen zehn Jahren, dass sich ein Erdbeben von etwa der Stärke sechs mit 95 Prozent Wahrscheinlichkeit im Zeitraum 1986 bis 1993 ereignen wird.«[17]

Die Bühne für das große Ereignis war vorbereitet. 1987 wurde in einem Artikel in *The Economist* angemerkt, dass »Parkfield das Waterloo der Geophysiker« sei. Wenn das Erdbeben nicht wie erwartet stattfinden würde, wäre klar, dass »Erdbeben nicht vorhersagbar sind und die Wissenschaft geschlagen ist. Es wird dann keine Entschuldigungen mehr geben, denn noch nie hat man sich so gut vorbereitet auf die Lauer gelegt wie für dieses Ereignis.«[18]

Zur Bestürzung der Geophysiker trat genau dies ein: *Nichts* passierte! Das Ganze war ein gewaltiger Fehlalarm. Trotz jener beeindruckenden Folge von Erdbeben in Parkfield ereignete sich bis heute kein weiteres Beben der Stärke 5,5 bis 6,0 in diesem Gebiet. Wenn irgendwann noch eines kommen wird, dann ist es zu spät: Die Vorhersage war auf jeden Fall falsch.

Die Forscher wurden durch ihr sehr nahe liegendes Bedürfnis, Regelmäßigkeiten zu finden, in die Irre geführt. Der Geophysiker Yakov Kagan von der UCLA[19] hat darauf hingewiesen, dass es eine Unzahl von Gebieten auf der Erde gibt, in denen Erdbeben stattfinden und die von den Geophysikern untersucht werden. Selbst wenn man davon ausgeht, dass sie völlig zufällig und ohne irgendein erklärbares Schema stattfinden, wird es irgendwo und irgendwann eine regelmäßige Serie geben – aus Zufall. Deshalb ist es kein Wunder, wenn man bei der Durchsicht der Aufzeichnungen auf so etwas stößt. Der Zufall wollte es, dass das Los auf Parkfield fiel.

Angesichts dieser trostlosen Reihe von Fehlschlägen scheint die Geowissenschaft zumindest derzeit geschlagen. Fast all ihre Vertreter stimmen darin überein, dass es keine verlässlichen Vorboten für Beben gibt und dass gegenwärtig die genaue Vorhersage von Beben unmöglich ist.

Die große Schlammkugel

Was die Historiker über den Verlauf der Menschheitsgeschichte sagen, scheint auch auf die Vorgänge in der Erdkruste zuzutreffen: Große Kriege und Revolutionen treten nicht in regelmäßiger Folge auf und kündigen sich nicht vorher an. Die Bedingungen, aus denen heraus sie entstehen, sind immer wieder andere, und es ist noch niemandem gelungen, verlässliche Vorboten zu finden. Der Historiker Richard Evans hält dazu fest:

»Geschichte hat sich stets als schlechte Prophetin erwiesen. Der Grund dafür ist, dass Geschichte sich niemals wiederholt: Nichts in der menschlichen Gesellschaft – dem zentralen Gegenstand des Historikers – ereignet sich zweimal unter identischen Bedingungen oder in exakt der gleichen Weise.«[20]

Das gilt auch für Erdbeben: Es gibt keine Zyklen, keine Warnungen, keine Zeichen, keine Vorboten. Die Erde bebt, wann immer sie will.

Die Wissenschaftler können – zumindest in etwa – vorhersagen, welchen Weg ein Hurrikan nehmen wird und welche zerstörerische Kraft dabei frei werden kann. Wir kennen – zumindest in etwa – die Vorbedingungen in der Atmosphäre, aus denen heraus ein Tornado entsteht oder die Flüsse über die Ufer treten. In diesen Fällen muss man nur den Vorboten auf die Spur kommen – bestimmten Wolken, den Wind- und Niederschlagsverhältnissen – und Alarm auslösen, wenn die Zeichen auf Unheil hindeuten. Die Meteorologen können mit gutem Erfolg das Wetter vorhersagen – zumindest für die folgenden fünf Tage. Bei Erdbeben scheint die Wissenschaft zum Scheitern verurteilt. Warum?

Um Hinweise dafür zu finden, müssen wir etwas eingehender die Vorgänge im Erdinneren und beim Auf- und Abbau von Spannungen in der Erdkruste betrachten. Die Geophysiker sind über die Unmöglichkeit von Erdbebenvoraussagen ganz besonders deshalb enttäuscht, weil sie eigentlich sehr viel über die Vorgänge bei einem Beben wissen. Für Historiker ist es keine Schande, die Zukunft nicht vorhersagen zu können, haben sie es doch immerhin mit den tiefen Geheimnissen menschlichen Verhaltens zu tun. Aber der Prozess, der Erdbeben erzeugt, ist kein Geheimnis – und bei ihm spielt auch die Quantenphysik keine Rolle, in der Zufallselemente möglicherweise jede Vorhersage ausschließen. Alles, was sich im Erdinneren ereignet, folgt deterministischen Regeln und kann daher – im Prinzip – vollständig vorhergesagt werden. Es passiert nicht viel mehr, als dass Gestein auf Gestein drückt.

Um sich ein Bild davon zu machen, wie die Erde im Inneren und an der Oberfläche beschaffen ist, kann man sich eine riesige Kugel aus Schlamm vorstellen, die in der warmen Luft liegt. Nach einiger Zeit wird die Oberfläche austrocknen und sich eine Kruste bilden, während das Innere feucht bleibt. Der Unterschied zwischen Schlammkugel und Erde besteht darin, dass das flüssige Erdinnere in Bewegung ist, während im Inneren der Schlammkugel Ruhe herrscht. Unser Planet hat eine äußere Hülle in Form einer harten Kruste, darunter im Erdmantel sind heiße flüssige Massen in ständiger Bewegung. Die Bewegung wird durch die gewaltige Hitze im Erdinneren in Gang gehalten: Heißes Material versucht aufzusteigen, kühleres sinkt ab.[21] Die Kruste schwimmt auf dem Mantel, in dem gewaltige Strömungen herrschen. Da die Kruste fest ist, kann sie den Bewegungen im Mantel unter ihr nicht beständig folgen. Sie ist dadurch in große Stücke zerbrochen, die wie riesige Flöße auf dem Mantel driften. In der modernen Theorie dieser Bewegungen, der Plattentektonik, bezeichnet man jene Bruchstücke der Erdkruste, die eine Dicke von einigen Hundert Kilometern haben, als Platten.

In manchen Regionen stoßen diese Platten mit anderen zusammen. Das ist zum Beispiel in Japan der Fall, wo drei verschiedene Platten aufeinander prallen. Anderswo – etwa in Kalifornien – verschieben sich zwei Platten gegeneinander: Die pazifische Platte umfasst beinahe den gesamten Boden des Pazifiks und den schmalen Bereich Kaliforniens westlich der San-Andreas-Verwerfung. Das Gebiet östlich der Verwerfung gehört mit Nordamerika und der Westhälfte des Atlantiks zur nordamerikanischen Platte. Sie bewegt sich langsam in südliche Richtung, während die pazifische Platte nach Norden driftet. Die Folge ist, dass beide Platten längs der Verwerfung aneinander reiben.

Der Grundmechanismus eines Erdbebens ist denkbar einfach. Wie wir schon gesehen haben, ist es das Hängenbleiben und Wegrutschen von Gesteinsmassen, die aneinander reiben. Dem beständigen Druck auf die Platten kann das Gestein letztlich keinen Widerstand mehr entgegensetzen. Wenn es zu sehr verformt wird und die Spannung einen Schwellenwert überschritten hat, kommt es zu Brüchen und plötzlichen Bewegungen – der Ruck bewirkt ein Erdbeben. Im Bereich der San-Andreas-Verwerfung passiert das seit 15 bis 20 Millionen Jahren.

Eine sichere Erkenntnis der Geophysiker ist, dass sich Erdbeben häufiger ereignen, wo immer zwei oder mehr Platten aufeinander stoßen. Wenn man auf einem Globus alle großen Beben des letzten Jahrhunderts mit einem schwarzen Stift markiert, zeigt sich ein bemerkenswertes Muster: An den Plattenrändern häufen sich die Punkte, und man erhält schließlich ein getreues Bild der zerrissenen Oberfläche unseres Planeten.

Eine derart einfache Darstellung der Dinge kann leicht zu Missverständnissen führen. Die Geophysiker haben da durchaus noch einige Probleme. Zunächst treten neben den oben erwähnten Vorgängen an den Plattenrändern auch noch andere auf: An manchen Stellen der Erdoberfläche entfernen sich die Platten voneinander und machen so Platz für heißes Material, das aus dem Erdinneren nach oben steigt, an wieder anderen drückt eine Platte ihren Nachbarn wieder in die Tiefen des Schmelzkessels im Erdinneren. Es gibt auf der Erde acht Hauptplatten und eine Vielzahl kleinerer, die alle auf den Fließbändern der Strömungen im Mantel unter ihnen bewegt werden.

Dazu kommt noch, dass zwar der Erdbebenprozess selbst mit seinem Hängenbleiben und Wegrutschen von Gesteinsmassen einfach ist, die Struktur der Erdkruste aber äußerst kompliziert – und nicht nur, weil sie aus so vielen Platten aufgebaut ist. Die Platten sind aus Hunderten von Gesteinsarten zusammengesetzt, die alle unterschiedliche Eigenschaften haben. An manchen Stellen ist das Gestein fest, an anderen nicht. Man kann mit Sicherheit sagen, dass sich keine zwei Erdbebengebiete auf der Welt gleichen – vielleicht gibt es daher auch keine einheitliche Vorhersagbarkeit von Beben, und man müsste für jedes Bebengebiet eigene Regeln finden. Die Verhältnisse werden noch komplizierter, weil die vielen Verwerfungen in der Erdkruste miteinander zusammenhängen und sich gegenseitig beeinflussen: Ein Ruck in *einer* Verwerfung kann Auswirkungen an *anderen* Stellen haben. Wenn man diese komplizierten Verhältnisse in Betracht zieht, ist es kein Wunder, dass Vorhersagen unmöglich sind.

Rauschen im Hintergrund

Zum Schluss muss noch auf ein weiteres Problem hingewiesen werden. Wir beschäftigen uns aus guten Gründen vor allem mit den relativ seltenen Megabeben, sollten dabei aber die sehr häufigen kleineren Erdbeben nicht vergessen. Auf der Website des USGS[22] sind alle Beben im Gebiet der San-Andreas-Verwerfung während der jeweils letzten Stunden, Tage und Wochen verzeichnet. Die Seismographen der Organisation werden dafür ständig direkt abgefragt. Von diesen Beben wird man nie etwas in den Zeitungen lesen, da fast alle eine Stärke kleiner als drei haben. Ein Beben der Stärke drei hat, wie wir uns erinnern, zehntausendmal weniger Energie als eines der Stärke sieben und tut keiner Fliege etwas zuleide. Am 30. August 1999, einem ganz durchschnittlichen Tag, gab es beispielsweise nicht weniger als 22 Beben in Kalifornien, von denen allerdings nur ein einziges die Stärke drei erreichte! Bei jedem dieser winzigen Beben hat sich Gestein im Bereich der Verwerfung bewegt – in genau der gleichen Weise, wie bei einem Megabeben, aber nur um Bruchteile eines Millimeters.

Es stellt sich nun natürlich die Frage, warum manche Beben so winzig sind und andere so groß. Die Antwort lautet zunächst, dass im einen

Fall die Bewegung kleiner ist als im anderen. Aber das ist natürlich keine Antwort, denn man wird fragen, warum die Bewegung so unterschiedlich groß ausfällt. Wie wir sehen werden, hat man nach einem halben Jahrhundert der Forschung eine Antwort auf die Frage gefunden, die paradox erscheint und die vermuten lässt, dass durch all die genannten Komplikationen das Problem wie hinter einer Nebelwand verborgen war und die Wissenschaftler daher nicht erkennen konnten, wie einfach der Prozess der Erdbebenentstehung in Wirklichkeit ist.

3
Ein absurder Gedanke

Etwas Unbekanntes auf etwas Bekanntes zurückführen, erleichtert, beruhigt, befriedigt, gibt außerdem ein Gefühl von Macht. Mit dem Unbekannten ist die Gefahr, die Unruhe, die Sorge gegeben – der erste Instinkt geht dahin, diese peinlichen Zustände wegzuschaffen. *Erster Grundsatz: Irgendeine Erklärung ist besser als keine. Weil es sich im Grunde nur um ein Loswerdenwollen drückender Vorstellungen handelt, nimmt man es nicht gerade streng mit den Mitteln, sie loszuwerden: Die erste Vorstellung, mit der sich das Unbekannte als bekannt erklärt, tut so wohl, dass man sie »für wahr hält«. Beweis der Lust (»der Kraft«) als Kriterium der Wahrheit. – Der Ursachen-Trieb ist also bedingt und erregt durch das Furchtgefühl.*

Friedrich Nietzsche[1]

Einer der größten Dienste, die die Mathematik den Menschen im letzten Jahrhundert geleistet hat, ist die Verbannung des »gesunden Menschenverstands« dorthin, wo er hingehört: ganz oben ins Regal, gleich neben die verstaubte Schachtel mit der Aufschrift »Unsinn, abgehakt«.

Eric Temple Bell[2]

Am 16. Dezember 1811 wurde das Gebiet von New Madrid, rund 250 Kilometer südöstlich von St. Louis im Bundesstaat Mississippi, von einem schrecklichen Erdbeben heimgesucht. Es war das erste in einer schnellen Folge von drei Beben und so stark, dass es im 1700 Kilometer entfernten Boston die Kirchenglocken zum Läuten brachte und die geographische Struktur eines großen Teils von Missouri und Tennessee veränderte – sogar der berühmte Mississippi floss eine kurze Zeit rückwärts! Eine Augenzeugin berichtete:

»Einige Minuten nach einem schrecklichen Lärm, der wie ein lauter Donner in weiter Ferne klang, aber irgendwie heiserer und vibrierend, war die gesamte Atmosphäre von Schwefeldampf gesättigt … Eine regelrechte Schreckensszenerie entstand: Schreie von angsterfüllten Einwohnern, die ziellos hin und her liefen – das Gackern von Geflügel und Tierlaute aller Art – das Krachen fallender Bäume – und das donnernde Geräusch des Mississippi, der für einige Minuten rückwärts floss.«[3]

Das Erdbeben und zwei weitere, die am 23. Januar und 7. Februar 1812 folgten, waren so gewaltig, dass ein neuer See entstand: der Lake Reelfoot, der 170 Kilometer nordöstlich von Memphis in Tennessee liegt.

In Tennessee herrscht wie in Kalifornien eine ständige Unruhe durch kleinere Erdbeben, die alle so schwach sind, dass die Menschen sie gar nicht wahrnehmen. Die Stärke dieser Beben ist überhaupt nicht mit dem großen Beben von New Madrid zu vergleichen – und trotzdem muss man sie natürlich zu den Erdbeben zählen. Wie alle Erdbeben sind sie unerwartete Rucke in der Erdkruste, bei denen Energie frei wird.[4] Aus dem gewaltigen Größenunterschied der Erdbeben ergibt sich eine Frage: Handelt es sich bei einem Beben, bei dem die Energie von tausend Atombomben frei wird, überhaupt um die gleiche Art von Ereignis wie bei einem Beben, das hundert Millionen Mal schwächer ist? Welche Voraussetzungen müssen in der Erdkruste herrschen, damit sich ein Megabeben ereignen kann? Diese Fragen sind von großer Bedeutung. Das Erdbeben von New Madrid im Jahr 1811 traf ein Gebiet, das damals dünn besiedelt war – ein Beben dieser Größenordnung würde heute das gesamte moderne Memphis in Schutt und Asche legen.

Wir haben schon gesehen, wie sehr der Erste Weltkrieg die damaligen Historiker verwirrt und beunruhigt hat – nicht nur der großen Zahl der Opfer wegen, sondern auch, weil er aus dem Nichts heraus entstanden zu sein schien. Die Historiker hatten nicht mit ihm gerechnet. Im Nachhinein war es natürlich einfacher, Gründe für die Katastrophe zu finden, manche Wissenschaftler vermuten sogar, dass sie etwas mit bloßer Langeweile zu tun hatte:

> »Viele Menschen in Europa wollten einfach deshalb den Krieg, weil sie die Langeweile und die Vereinzelung ihrer zivilen Existenz satt hatten. Die Untersuchungen der Entscheidungsprozesse, die zum Krieg führten, konzentrieren sich in der Regel auf das rationale strategische Kalkül und übersehen dabei die gewaltige Kriegsbegeisterung der Öffentlichkeit, durch die sich alle Länder zur Mobilmachung gedrängt sahen … Ein Augenzeuge beschrieb die Stimmung der Berliner Menschenmassen so: ›Keiner kennt den anderen, aber alle beherrscht das eine ernste Gefühl: Krieg, Krieg, und alle gehören zusammen …‹«[5]

Wir haben alle etwas von jenem »gesunden Menschenverstand«, der nach triftigen Gründen hinter allen möglichen großen Ereignissen sucht – selbst wenn wir nur auf beispiellose Langeweile stoßen.

Geophysiker sind da nicht viel anders. Bei den großen Erdbeben sind sie jetzt allerdings so weit, nicht mehr nach »speziellen« Bedingungen und Ursachen zu forschen. Die beunruhigende Wahrheit scheint zu sein, dass die größten und verheerendsten Erdbeben *ohne* ganz speziellen Grund entstehen. Das würde bedeuten, dass die Vorhersage von Erdbeben so gut wie unmöglich ist, was die vielen Fehlschläge ja auch bestätigen. Weitere Hinweise auf diese Tatsache, mit der die Wissenschaftler schon seit 50 Jahren konfrontiert sind, die sie aber erst seit etwa zehn Jahren in ihrer Bedeutung richtig einschätzen, gibt die Mathematik.

Bombenalarm

Die meisten Geophysiker, die sich mit der Vorhersage von Erdbeben befassen, untersuchen einen oder mehrere Abschnitte längs einer Verwerfung auf Anhaltspunkte, ob in Kürze ein großes Beben zu erwarten ist. Nehmen wir einmal an, man weiß, dass im Laufe der letzten hundert Jahre längs einer Verwerfung (wie beispielsweise dem San-Andreas-Graben) die Verschiebung ein bestimmtes Ausmaß hatte, aber einer der Abschnitte »hängen geblieben« ist. Man könnte dann daraus schließen, dass dieser Abschnitt unter einer besonders starken Spannung steht und über kurz oder lang den »Vorsprung« der anderen Abschnitte aufholen muss. Einige Wissenschaftler waren der Auffassung, in den achtziger Jahren hätte in Kalifornien genau diese Situation vorgelegen. Untersuchungen des Geologischen Dienstes der USA hatten 1983 gezeigt, dass sich der südlichste Teil der Bruchzone des Erdbebens von San Francisco im Jahr 1906 gegenüber dem nördlichen Bereich weit weniger verschoben hatte und daher die Wahrscheinlichkeit für einen Bruch in den nächsten Jahrzehnten sehr hoch war.[6]

Wenn Seismologen eine Verwerfungszone in diesem Sinne untersuchen und dann eine Vorhersage wagen, argumentieren sie meist so: Die Geschichte dieser Verwerfung in diesem Gebiet, die Verteilung von Spannungen und Scherungskräften, die Eigenschaften der Erdkruste usw., usw. zeigen, dass hier eine Bombe tickt, die kurz vor der Explosion steht. Das könnte in der Tat die Antwort auf eine Frage wie »Warum gab es bei New Madrid 1811 ein großes Erdbeben?« sein. Die Erdkruste steht kurz davor, aus den Fugen zu geraten: Die Gesteinsplatten haben nicht genügend Spannung in Form kleiner Beben abgegeben, und die so angesammelte Energie hat daher den Punkt erreicht, an dem sie sich nur noch als Katastrophe entladen kann. Um im Bild zu bleiben: Ein Megaerdbeben ist die Explosion einer Megabombe in der Erdkruste.

Diese Argumente werden noch gestützt durch die vernünftig erscheinende Annahme, dass die Wahrscheinlichkeit für ein großes Beben anwächst, wenn es in dem jeweiligen Verwerfungsgebiet schon lange Zeit kein Beben mehr gegeben hat. Man hört oft die Ansicht, in einer bestimmten Region sei ein großes Beben »überfällig«.[7] So überzeugend und selbstverständlich das klingt – die simple Statistik der zeitlichen Folge von Erdbeben beweist genau das Gegenteil: Je länger es in einer Region kein schweres Beben gegeben hat, umso *weniger* wahrscheinlich ist eines in der nächsten Zukunft.[8] Die Berliner klagen oft darüber, dass drei Busse der Linie 100 kurz hintereinander kommen, nachdem sie zuvor eine Stunde vergeblich gewartet haben. Mit Erdbeben ist es genauso: Sie schlagen in Gruppen zu. Die derzeit verlässlichste Methode, Erdbeben vorauszusagen, besteht darin, auf eines zu warten und dann ein nächstes unmittelbar darauf vorauszusagen.[9]

Die Suche nach der versteckten »Bombe« hat sich bei der Vorhersage von Erdbeben bis jetzt nicht bewährt. Sind die Wissenschaftler möglicherweise noch nicht in der Lage, die Gebiete mit Zug- und Scherungskräften im Erdinneren zu erkennen, die eine »Bombe« darstellen, also ein großes Beben in der Entstehung? Die Verhältnisse in der Erdkruste sind alles andere als einfach, und das Aufspüren einer solchen »Bombe« erscheint fast aussichtslos. Schon vor einem halben Jahrhundert haben zwei amerikanische Seismologen vom California Institute of Technology anhand von Statistiken die Erwartungen ihrer Kollegen, Erdbeben vorhersagen zu können, in starke Zweifel gezogen. Beno Gutenberg und Charles Richter haben in den fünfziger Jahren bewiesen, dass man geophysikalische Forschung nicht nur im Feld oder im Labor betreiben kann, sondern auch indem man Fachliteratur in der Bibliothek studiert.

Wir wissen alle, dass es kleine, mittlere und große Erdbeben gibt. Aber kommen bestimmte Größen besonders häufig vor? Welche »typische« Größe hat ein Erdbeben? Gutenberg und Richter hofften, dass die statistische Auswertung von Erdbebendaten etwas Interessantes in dieser Hinsicht ergeben könnte. Vielleicht haben die meisten Erdbeben die Stärke drei auf der Richterskala oder vielleicht sieben? Vielleicht sind Stärken von zwei, fünf oder acht sehr selten? Mit einer Antwort auf diese Fragen könnte man wenigstens sagen, wie stark das nächste Beben wahrscheinlich sein würde – selbst wenn man nicht sagen könnte, wann und wo es zuschlägt.

Die beiden Forscher sichteten Hunderte von Büchern und Berichten und sammelten Daten von zahlreichen Erdbeben in allen Gegenden der Welt. Zu den Daten gehörte auch jeweils die Stärke des Bebens. Gutenberg und Richter berechneten dann die Häufigkeiten von Beben in Abhängigkeit von ihrer Stärke und stellten das Ergebnis auf sehr einfache Weise grafisch dar. Doch bevor wir diese Darstellung betrachten, sollten wir überlegen, was wir erwarten können.

Eine der Möglichkeiten wäre eine Gaußsche Glockenkurve, eine der bekanntesten Kurven in der Mathematik. Wenn man beispielsweise alle erwachsenen Männer einer Kleinstadt auf die Waage stellt, wird man feststellen, dass die Gewichte nach einer solchen Glockenkurve verteilt sind (Abb. 1). Der Mittelwert kommt am häufigsten vor und wird durch den höchsten Punkt der Kurve markiert. Nach beiden Seiten fällt die Kurve steil ab, da extrem hohe und extrem niedrige Werte ziemlich selten sind. Das Ergebnis mag sein, dass die Männer fast alle zwischen 63 und 100 Kilogramm wiegen und der Durchschnitt bei 81,5 Kilogramm liegt.

Wenn irgendetwas einer Glockenkurve folgt, wird man nur ganz selten auf einen Wert stoßen, der weit entfernt vom Mittelwert liegt. Mit anderen Worten: Der Mittelwert gibt schon einen guten Eindruck davon, was einen erwartet. Gewiss, es existieren auch Menschen, die 120 Kilogramm wiegen, aber das wäre schon eine große Ausnahme, und es wäre völlig »unnormal«, jemanden mit 250 Kilogramm Gewicht zu finden – von 2500 Kilogramm ganz zu schweigen. Alles – vom Intelligenzquotienten bis zu Würfelspielen – gehorcht der Glockenkurve, die von den Mathematikern deshalb auch als »Normalverteilung« bezeichnet wird, weil sie das »Normale« in der Natur beschreibt.[10] Aber wie ist das bei den Erdbeben?

Wenn es so etwas wie ein »typisches« Erbeben gäbe, würde man eine Normalverteilung erhalten, die ausdrückt, dass die Erdbeben mit der

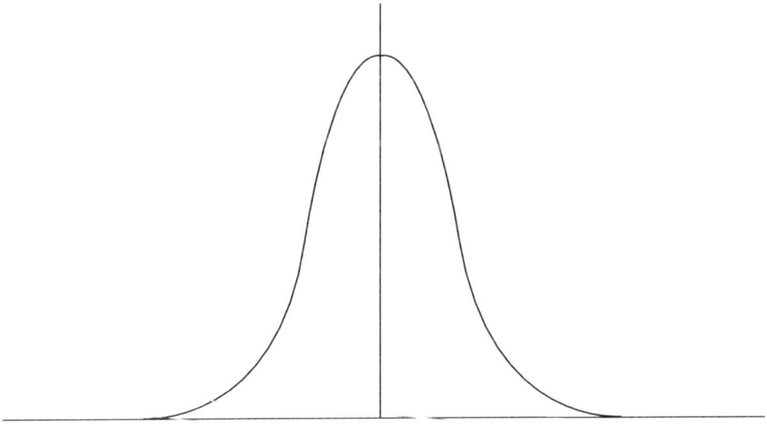

Abb. 1 Die Gaußsche Glockenkurve ist eine der berühmtesten Kurven der Mathematik. Wenn man tausend Zwiebeln oder Äpfel wiegt, wenn man die Prüfungsergebnisse von hundert Studenten untersucht oder die Geschwindigkeit von tausend Autos misst, die auf der Autobahn vorbeifahren, so ist in all diesen Fällen die häufigste Größe der Mittelwert: Die Ergebnisse sind »normalverteilt« und lassen sich als Glockenkurve darstellen. Wenn irgendwelche Größen normalverteilt sind, so bedeutet das, dass sie nur einen relativ kleinen Bereich überdecken und große Abweichungen nach oben oder unten äußerst selten sind.

durchschnittlichen Stärke auch die häufigsten sind. Natürlich mögen die Dinge etwas komplizierter liegen. Es könnte sich zum Beispiel herausstellen, dass es verschiedene Arten von Erdbeben gibt, was dann zu weiteren Gipfeln in der Kurve führen würde. Gutenberg und Richter haben jedoch etwas viel Merkwürdigeres herausgefunden: Es gab überhaupt keinen Gipfel! Sie hatten ein Verzeichnis von Erdbeben auf der ganzen Welt bearbeitet, aber auch Untersuchungen der Erdbeben in Alaska oder in der New-Madrid-Verwerfung zeigen dasselbe Ergebnis: eine Verteilung ohne jeden Gipfel, die nur aussagt, dass Beben umso seltener sind, je größer ihre Stärke ist (Abb. 2).

Dieses Ergebnis scheint uns in der Frage, wie ein »typisches« Erdbeben aussieht, nicht viel weiter zu bringen. Die Kurve, die Gutenberg und Richter erhalten haben, hat eine recht interessante und sehr spezielle Form. In Abb. 2 ist die Anzahl der Erdbeben in Abhängigkeit von ihrer Stärke aufgetragen. Wie wir schon gesehen haben, steigt die Ener-

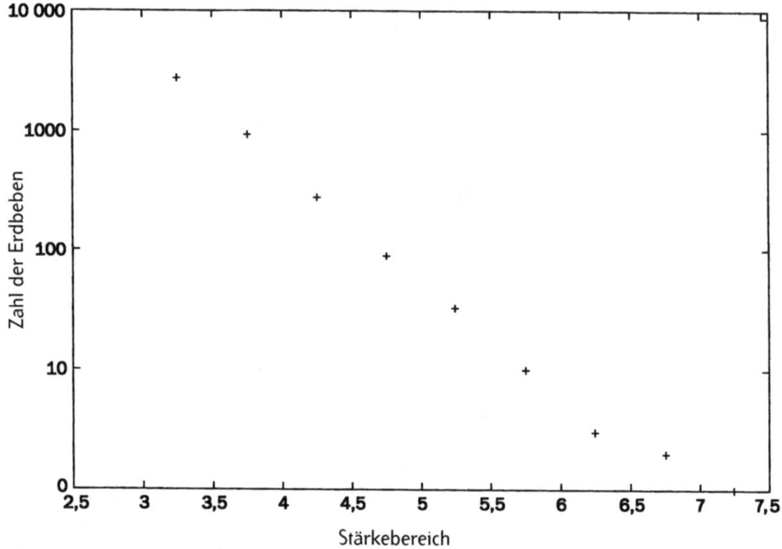

Abb. 2 Die Energie, die bei einem Erdbeben frei wird, variiert über einen ungeheuer großen Bereich. Trotzdem zeigt die Statistik aller Beben ein erstaunlich einfaches Muster. Zwischen 1987 und 1996 wurde Südkalifornien von einer großen Zahl Beben heimgesucht. Die Punkte in der Abbildung geben an, wie viele Beben es in den Stärkebereichen 2,0 bis 2,5; 2,5 bis 3,0 usw. gab. Auf die Energie bezogen zeigt das Ergebnis, dass Beben mit doppelter Stärke viermal seltener auftraten. (Daten des Southern California Earthquake Data Center, die im Internet unter http://www.scecdc.scec.org/scecusers/.plan zu finden sind.)

gie eines Bebens auf das Zehnfache, wenn die Stärke um eine Einheit zunimmt. Auf die Energie bezogen, ist die Aussage des Gutenberg-Richter-Gesetzes ganz einfach: Ein Erdbeben von Typ A, bei dem doppelt so viel Energie frei wird wie bei einem Erdbeben von Typ B, ist viermal seltener als Typ B. Dieses einfache Gesetz gilt über einen äußerst weiten Bereich von Energien.

Physiker nennen Gesetze dieser Art Potenzgesetze. Potenzgesetze haben bei aller Einfachheit eine große Bedeutung. Um herauszufinden, warum das so ist, wollen wir für einen Augenblick die Erdbeben vergessen und uns mit gefrorenen Kartoffeln befassen.

Kartoffel-Logik

Gefrorene Kartoffeln sind wie Felsbrocken: spröde und stets bereit, unter der Gewalt äußerer Einflüsse zu zerspringen. Wenn man eine an die Wand wirft, so zerfällt sie in einen Haufen Trümmer ganz unterschiedlicher Größe – einige so groß wie ein Golfball, ein paar wie Kirschen und andere wie Erbsen oder die Kerne von Weintrauben. Gibt es eine »typische« Größe? Um diese Frage zu beantworten, muss man ein paar Tausend Kartoffeln an die Wand werfen und nach der Methode von Gutenberg und Richter die Bruchstücke nach Anzahl und Gewicht sortieren. Man könnte zum Beispiel zehn Gewichtsklassen einrichten, angefangen mit einem Gramm. Alle kleineren Bruchstücke, die man nicht mehr einsammeln kann, bleiben unberücksichtigt. Dann fertigt man wieder eine Zeichnung an, in der Anzahl und Gewicht der Bruchstücke gegeneinander aufgetragen sind.

Auch für die Kartoffelstücke erhält man eine Kurve ohne besondere Gipfel, ganz ähnlich der, die Gutenberg und Richter für Erdbeben gefunden haben: Es gibt eine große Zahl kleiner Bruchstücke, und die Anzahl der Bruchstücke nimmt mit wachsendem Gewicht immer mehr ab. Wenn man sorgfältig arbeitet, wird man erkennen, dass die Anzahl exponentiell abnimmt: Bei doppeltem Gewicht der Bruchstücke nimmt die Anzahl jeweils ungefähr auf ein Sechstel ab. Wir haben wieder ein Potenzgesetz, wie es schon Gutenberg und Richter gefunden haben. Der einzige Unterschied ist, dass sich bei der Verdopplung der »Größe« (Gewicht des Kartoffelstücks, Stärke des Bebens) die Anzahl auf ein Sechstel verringert statt auf ein Viertel.

Es bleibt noch eine Frage: Was ist mit den ganz winzigen Teilchen, die wir ignoriert haben? Sie sind schließlich auch Kartoffelstücke und müssten demnach berücksichtigt werden! Dazu könnte man eine Lupe holen, auch diese kleinen Teilchen wieder in Gewichtsklassen einteilen und mit den neuen Zählungen die Häufigkeitsverteilung in das Gebiet kleinster Trümmer fortsetzen. Wie sehen die Ergebnisse für diese Größenskalen aus? Zu unserer Überraschung stellen wir fest, dass die Teilchen auch hier wieder demselben Potenzgesetz folgen! So klein auch die Teilchen werden, die man mit einbezieht – jedes Mal, wenn man das Gewicht halbiert, wächst die Anzahl in der Gewichtsklasse auf das Sechsfache. Drei Physiker von der University of Southern Denmark in

Odense haben das geschilderte Experiment 1993 wirklich durchgeführt und dabei den Exponenten des Potenzgesetzes bestimmt.[11]

Das Gewicht der Bruchstücke reichte bei ihrem Experiment von hundert Gramm bis hinab zu einem Tausendstel Gramm – der Exponent war über alle Größenbereiche der gleiche.

Ich habe noch nicht erklärt, warum man das Gesetz ein Potenzgesetz nennt – wir werden es gleich sehen. Aber zunächst wollen wir überlegen, was das alles für unsere ursprüngliche Frage nach dem »typischen« oder »normalen« Gewicht eines Bruchstücks bedeutet. Stellen wir uns vor, wir wären Lebewesen, die ihre Größe ganz nach Wunsch ändern könnten. Wir bräuchten nur mit den Fingern zu schnippen – und schon wären wir von Kirschgröße auf Erbsengröße geschrumpft – oder sogar auf Ameisengröße. Das würde uns die Untersuchung des Haufens der Kartoffeltrümmer sehr erleichtern. Welchen Größenbereich wir auch gerade untersuchen wollten – wir könnten uns selbst in die passende Größe verwandeln und dann in dem Haufen herumspazieren und die Trümmer einsammeln. Nehmen wir an, wir beginnen mit Bruchstücken von Erbsengröße. Wir schauen uns ein wenig um, bekommen ein Gefühl für die Landschaft, die uns umgibt, und entdecken Teile von Erbsengröße und andere, die größer oder kleiner sind. Dann entschließen wir uns, auf ein Zehntel der Größe zu schrumpfen – und würden erstaunt feststellen, dass in dieser kleineren Größenskala die Landschaft genauso ausschaut. Der erbsengroße Forscher würde feststellen, dass es für jedes erbsengroße Trümmerstück sechs Stücke von halber Größe gibt. Genauso würde es dem ameisengroßen Forscher gehen: Jedem ameisengroßen Trümmerstück stehen sechs halb so große Stücke gegenüber. In allen Größenbereichen sieht die Umgebung für den Forscher, der seine Größe dem Bereich angepasst hat, völlig gleich aus. Er kann sich noch so genau umschauen – nur aus dem Aussehen der Umgebung könnte er nicht feststellen, auf welche Größe er gerade eingeschrumpft ist.

Das ist die *Bedeutung* eines Potenzgesetzes. In welcher Weise eine gefrorene Kartoffel zerbricht, mag äußerst kompliziert sein. Tatsächlich zerbricht ja auch jede Kartoffel, die man an die Wand wirft, in völlig anderer Weise – und doch steckt hinter dem komplizierten Vorgang auch ein erstaunlich einfaches Gesetz. Der Trümmerhaufen hat eine Eigenschaft, die man »Selbstähnlichkeit« oder »Skaleninvarianz«

nennt: Er sieht in jeder Größenskala gleich aus, jeder Teil von ihm ist ein kleines Abbild des Ganzen. Mit anderen Worten: Es gibt in dem Trümmerhaufen keine bevorzugte oder herausgehobene Größenordnung. Das ist etwas Besonderes! Hühner legen beispielsweise nie Eier in Fußballgröße oder so klein wie eine Milbe, sie neigen vielmehr dazu, Eier zu legen, deren Größe um einen üblichen, normalen, typischen Wert gemäß einer Glockenkurve schwankt. In dem Prozess, der aus gefrorenen Kartoffeln einen Trümmerhaufen macht, fehlt eine derartige Tendenz: Es entstehen Bruchstücke über einen riesigen Größenbereich (der allerdings auch Grenzen hat: nach oben in der Größe der ganzen Kartoffel, nach unten in der Größe eines Stärkemoleküls). Ein Potenzgesetz sagt also nichts anderes, als dass es keine »typische« oder »normale« Größe von Bruchstücken gibt: Das ist das Wesentliche.

Man sollte noch das technische Verfahren erwähnen, mit dem man ein Potenzgesetz einfach darstellen kann. In der Algebra spricht man von einem Potenzgesetz, wenn sich in einer grafischen Darstellung die Höhe proportional zu einer bestimmten Potenz N des horizontalen Abstands ändert, dieser also N-mal mit sich selbst multipliziert wird. Ein Beispiel: Die Gleichung Höhe = Abstand^2 ergibt eine Kurve, die mit wachsendem Abstand immer steiler nach oben geht, sie folgt einem Potenzgesetz mit dem Exponenten 2. Im Fall der Erdbeben sagt uns die Kurve nach Gutenberg und Richter, dass die Zahl N der Beben mit Energie E umgekehrt proportional zu E im Quadrat (E^2) ist. Was dieses Potenzgesetz ausdrückt, haben wir schon erwähnt: Jedes Mal, wenn man die Energie verdoppelt, sinkt die Zahl der infrage kommenden Beben auf ein Viertel (vier = zwei im Quadrat).

Wenn man also herausfinden will, ob Vorgänge einem Potenzgesetz folgen, muss man nur die Verteilung dessen, was einen interessiert, grafisch darstellen und dann überprüfen, ob die Kurve die geschilderte algebraische Form hat. Wenn das der Fall ist, so haben für den Vorgang Begriffe wie »normal«, »typisch«, »unnormal« oder »ungewöhnlich« keine Bedeutung. Das gilt für alle Potenzgesetze – ganz gleichgültig, um was es sich im Einzelnen handelt – eine Erkenntnis, die uns zu der wichtigsten Schlussfolgerung aus den Beobachtungen von Gutenberg und Richter führt.

Eine einzige Ursache

Die Selbstähnlichkeit, die in dem Haufen der Kartoffelbruchstücke herrscht, bedeutet, dass ein großes Bruchstück nichts anderes ist als die vergrößerte Version eines kleinen. Die Bruchstücke aller Größenordnungen sind das Ergebnis eines Prozesses, der offensichtlich in allen Größenbereichen gleich abläuft. Das Gutenberg-Richter-Gesetz sagt nun dasselbe über Erdbeben aus – und damit über die Prozesse in der Erdkruste, die sie erzeugen. Die Energie von Erdbeben folgt einem Potenzgesetz, die Häufigkeitsverteilung ist also gegenüber der Größenordnung unveränderlich. Dies bedeutet, dass die großen Beben keine anderen Ursachen haben als die kleinen. Wenn es nun keine besonderen Ursachen gibt, die große Beben als etwas Außergewöhnliches herausheben, dann ist die ziemlich paradoxe Schlussfolgerung, dass auch große Beben nicht anders ausgelöst werden als kleine. So gesehen macht es dann wenig Sinn, nach besonderen Erklärungen für Megabeben zu suchen. Sie sind zwar seltener, aber um nichts ungewöhnlicher als die unzähligen kleinen Erschütterungen, die, von uns unbemerkt, ständig unter unseren Füßen stattfinden.

Wichtig ist, dass wir diesen Schluss einzig aus dem Potenzgesetz ziehen können. Genauer gesagt: Das Potenzgesetz fordert dieses Ergebnis zwingend. Glaubt man an das Potenzgesetz von Gutenberg und Richter, so ist es höchst unwahrscheinlich, dass die Vorhersage eines Megabebens möglich ist. Das ganze Projekt, Erdbeben vorherzusagen, wäre demnach von Grund auf unsinnig und kann nicht zum Erfolg führen. Wir werden in Kapitel fünf sehen, wie das Gutenberg-Richter-Gesetz erklärt werden kann und welch faszinierende neue Richtungen sich heute für die Seismologie öffnen. Dabei werden wir etwas genauer erkennen, was es letztlich bedeutet, dass auch »besondere« Erdbeben sich eigentlich ohne besonderen Grund ereignen.

Bevor wir uns diesem Thema zuwenden, wollen wir noch einmal zurückschauen, um einen besseren Überblick zu bekommen. Vor 20 Jahren waren sich die Wissenschaftler aller Fachrichtungen über die große Bedeutung der Potenzgesetze noch nicht im Klaren. Inzwischen ist es jedoch in zahlreichen Fachgebieten in aller Stille zu einer Revolution gekommen, durch die viele der überlieferten Sehweisen abgelöst wurden.

4
Geschichte und Zufall

Als Wissenschaft bezeichnet man jeden Bereich, in dem ein Dummkopf der jetzigen Generation über den Punkt hinaus gelangen kann, der von einem Genie der letzten Generation erreicht worden ist.

Max Gluckman[1]

Die Zeit verhindert, dass alles gleichzeitig passiert.

John Archibald Wheeler

Der Historiker Isaiah Berlin hat die Geschichte des Denkens und der Kultur einmal als »eine immer neue Abfolge großer befreiender Ideen« bezeichnet, »die ganz zwangsläufig zu erstickenden Zwangsjacken werden«.[2] Jede Idee wird letzten Endes an Grenzen stoßen, sei sie noch so schön, neu, machtvoll und beweglich. Im Frühjahr 1686 legte Isaac Newton in London der Royal Society den ersten Band seiner *Philosophiae naturalis principia mathematica*[3] vor. Das Manuskript umfasste seine Einsichten in das Gravitationsgesetz sowie die Grundgesetze der Bewegung und gab für mehr als zwei Jahrhunderte der Forschung die Richtung an. Zu Beginn des 20. Jahrhunderts wurde jedoch der Determinismus, der Newtons Gesetze bestimmt, zum Hemmschuh für das wissenschaftliche Denken.

Der Physik, die sich mit den Geheimnissen der atomaren Welt herumschlug, waren die newtonschen Gesetze hinderlich geworden, und einige Wissenschaftler befreiten sich von ihnen und entwickelten die neue Quantentheorie. »Fragen Sie nicht, wo sie herkommt«, hat einmal der amerikanische Physiker Richard Feynman über Erwin Schrödingers Wellengleichung gesagt, »sie kommt aus Schrödingers Kopf.« Zusammen mit den Theorien von Niels Bohr, Werner Heisenberg und Paul Dirac hat Schrödingers Idee die Wissenschaft ein weiteres Mal befreit und ihr einen völlig neuen Blick auf die Welt ermöglicht. Aber schon in den späten zwanziger Jahren stand man erneut vor einem Berg von verwirrenden Fakten, die mit der nun aktuellen Theorie – der Quantenmechanik – nicht in Einklang zu bringen waren.

Vor nicht allzu langer Zeit hat ein Mathematiker, der bei IBM angestellt war, eine weitere Veränderung des Weltbilds von ähnlicher Tragweite eingeleitet. Benoit Mandelbrot untersuchte das Auf und Ab der Preise für Baumwolle an der Chicagoer Warenbörse. Die Preise fielen und stiegen ohne erkennbare Regel, und die Kurve der Preise über einige Monate sah aus wie die Silhouette eines schroffen Gebirges. Trotzdem versuchte Mandelbrot, hinter diesen Schwankungen ein Gesetz zu finden. Er stellte fest, dass die Aufzeichnungen Preisschwankungen in allen möglichen Zeitskalen zeigten: Es gab schnelle Auf- und Abstiege innerhalb eines Tages, ja sogar innerhalb von Stunden und Minuten – und längerfristige Trends über Wochen und Monate. Das war, für sich gesehen, nicht besonders überraschend und erhellend. Mandelbrot entdeckte aber auch, dass ein kleiner Ausschnitt der Preisentwicklung – beispielsweise über einen Tag – genauso aussah wie die Gesamtkurve, wenn man ihn auf ihre Länge dehnte: Die schnellen Schwankungen schienen den langsamen Schwankungen zu gleichen.

Ein weniger scharfsinniger Forscher hätte dieses Ergebnis als Merkwürdigkeit stehen lassen und wäre wieder zum Tagesgeschäft übergegangen. Nicht so Mandelbrot: Er untersuchte die Preisschwankungen anderer Waren wie Gold oder Weizen – und fand dasselbe Muster. Er ermittelte es auch bei der Kursentwicklung von Aktien und Anleihen: Jeder kleine Ausschnitt einer Kurve erschien wie die Kopie der Gesamtkurve. In den frühen siebziger Jahren wandte sich Mandelbrot von dem Durcheinander der Börsen und Märkte ab und untersuchte die Ausbildung von Flussnetzen in der Natur. Man kann sich kaum etwas vorstellen, was weiter von der Finanzwelt entfernt ist – aber auch hier stieß Mandelbrot wieder auf dasselbe Muster. Er stellte beispielsweise fest, dass ein kleiner Ausschnitt eines Luftbilds des Flussnetzes, das sich zum Mississippi vereint, vergrößert fast genauso wie das Bild des gesamten Flussnetzes aussieht.

In den folgenden zehn Jahren verbrachte Mandelbrot unzählige Stunden in Bibliotheken, diskutierte mit Kollegen aus allen nur denkbaren Fachgebieten und ging der Spur nach, auf die er bei der Untersuchung der Baumwollpreise gestoßen war. Er fand das immergleiche Muster: in Gebirgssilhouetten, in der Form von Wolkenfetzen, in der Bruchkante von Glassplittern, in der rauen Oberfläche eines zerbrochenen Ziegels, bei Küstenlinien, in der Form von Bäumen usw., usw. Über

Jahrhunderte hinweg hatten sich diese unregelmäßigen Formen jeder wissenschaftlichen Beschreibung entzogen, und es schien, dass sie mathematisch nicht erfasst werden können und allen Regeln der klassischen Geometrie trotzen. Mandelbrot hat 1983 in einem richtungweisenden Buch[4] eine *neue* Geometrie vorgestellt und damit den Wissenschaftlern die Augen geöffnet. Er machte klar, dass viele Dinge sehr einfach sind, wenn man nur weiß, wie man sie betrachten muss. Dem Schlüsselbegriff sind wir schon bei unserem Berg von Kartoffeltrümmern begegnet: Es ist die Selbstähnlichkeit.

Inzwischen hat die Wissenschaft Selbstähnlichkeit in zahlreichen Gebieten entdeckt – von den Kratern auf der Mondoberfläche über das im Meer treibende Plankton bis zum Schlagen des Herzens. Wenn Sie bisher gedacht haben, Ihr Herz arbeite gleichmäßig wie der gut abgestimmte Motor eines Autos, so müssen Sie umdenken. Vor einigen Jahren haben der Kardiologe Ary Goldberger von der Harvard Medical School und Physiker der Universität Boston den Herzschlag eines Freiwilligen einen vollen Tag lang aufgezeichnet und die Ergebnisse mathematisch untersucht. Sie haben die Zeit zwischen zwei Herzschlägen gemessen und eine Zahlenreihe mit insgesamt etwa 100 000 Werten zusammengestellt. Die größeren Werte zeigten an, dass das Herz zu dieser Zeit langsamer schlug, die kleineren Werte standen für einen schnelleren Herzschlag.

Goldberger und seine Kollegen kamen bei der Untersuchung ihrer Zahlenreihe auf das gleiche Ergebnis wie Mandelbrot bei seinen Preiskurven: Es gab Schwankungen nach oben und unten, gleichgültig, ob man die Daten über einen Zeitraum von einigen Stunden, einigen Minuten oder einigen Hundert Sekunden betrachtet (Abb. 3). Das menschliche Herz scheint sich nicht damit zu begnügen, immer dasselbe zu tun. Im Gegenteil: Es ändert ständig seine Frequenz. Der Herzschlag ist ein weiteres Beispiel für Selbstähnlichkeit. Was auf den ersten Blick ganz ungeordnet erscheint, folgt in Wirklichkeit einem eigenartigen Gesetz, das sich allerdings deutlich von den altbekannten Gesetzen der Wissenschaft unterscheidet.

Es gibt natürlich auch einen Namen für die Ordnungsmuster, die Mandelbrot entdeckt hat: Er hat sie Fraktale genannt. Ihre Erforschung hat der Wissenschaft in den vergangenen Jahren einen ihrer größten Impulse gegeben.

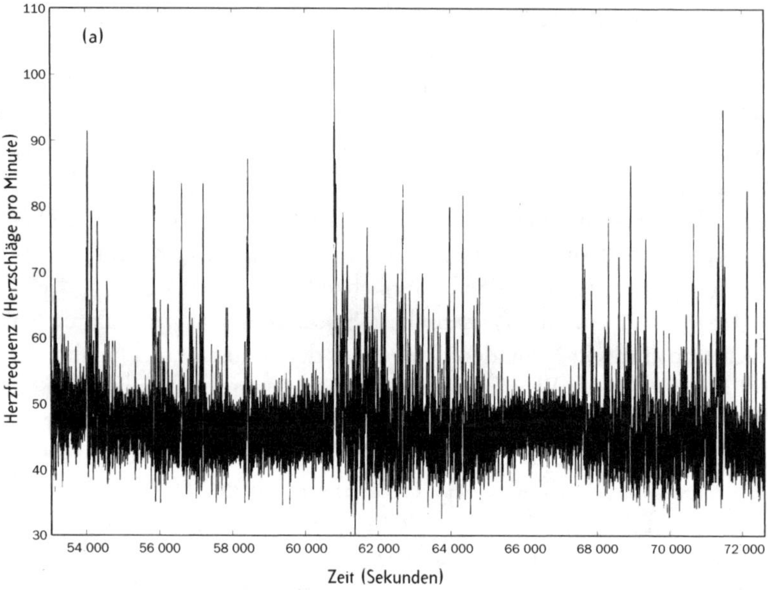
(a)
Herzfrequenz (Herzschläge pro Minute)
110
100
90
80
70
60
50
40
30
54 000
56 000
58 000
60 000
62 000
64 000
66 000
68 000
70 000
72 000
Zeit (Sekunden)

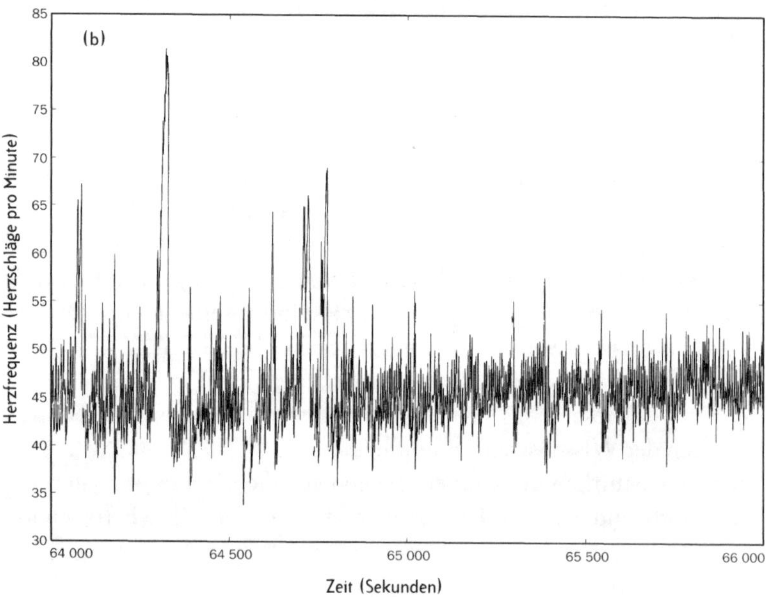
(b)
Herzfrequenz (Herzschläge pro Minute)
85
80
75
70
65
60
55
50
45
40
35
30
64 000
64 500
65 000
65 500
66 000
Zeit (Sekunden)

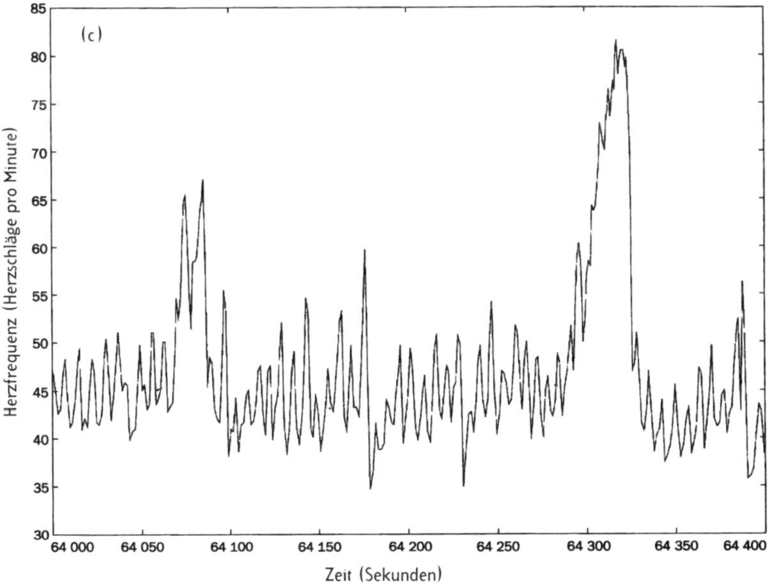

Abb. 3 Es kann keine Rede davon sein, dass unser Herz regelmäßig wie eine Uhr schlägt. Auch bei einem völlig gesunden Menschen variiert die Zeit zwischen zwei Herzschlägen stark. Wir erkennen Trends nach oben und unten mit einer Zeitskala von einigen Stunden (a). Ein ähnliches Bild erhalten wir, wenn wir eine Zeitskala von einigen Minuten (b) oder von einigen Hundert Sekunden (c) betrachten. (Abb. mit freundlicher Genehmigung von Ary Goldberger, Harvard Medical School.)

Die ersten Fraktale

Wenn wir an ein geometrisches Element denken, fallen uns in der Regel Dinge wie Linien und Dreiecke ein – die Grundelemente der euklidischen Geometrie, wie wir sie in der Schule gelernt haben. Im Gegensatz dazu ist ein Fraktal ein geometrisches Objekt ganz anderer Art, ein Objekt mit Selbstähnlichkeit. Wenn auch Mandelbrot der Erste war, der Fraktale in der Natur entdeckt hat, so haben doch Mathematiker schon lange vorher über diese Vorstellung nachgedacht.[5]

Ein einfaches Beispiel für ein Fraktal ist die Koch-Kurve, die der schwedische Mathematiker Helge von Koch 1904 erfunden hat. Man erhält sie, indem man zunächst eine waagrechte Linie zeichnet. Dann zeichnet man in sie einen dreieckigen Knick, sodass das Ganze nun aussieht wie zwei Ebenen, die durch einen Berg getrennt sind. In einem nächsten Schritt zeichnet man in jede der Ebenen und in jede der Flanken einen Knick. Und so geht der Prozess immer weiter: In jede glatte Linie wird ein neuer Knick gezeichnet, und das Bild wird immer detaillierter (Abb. 4). Wenn man das nicht nur sehr oft, sondern unendlich oft wiederholt, erhält man die Koch-Kurve. Man kann die Kurve in ihrer wirklichen Form natürlich nicht mehr zeichnen, da sie unendlich in sich verwickelt ist, aber wichtig ist, sich die Grundidee vorzustellen.

Das Besondere an der Kurve ist, dass sich das gleiche Muster entfaltet, wo immer man sie ansieht und wie nah man sie auch betrachtet. Jeder vergrößerte Ausschnitt gleicht dem Ganzen: Man kann die Koch-Kurve millionenfach vergrößern – und doch wird immer wieder dasselbe Muster auftauchen. Natürlich gibt es vollkommene fraktale Selbstähnlichkeit nur für rein mathematische Fraktale, also für etwas Vorgestelltes – die Zeichnung muss immer unvollkommen bleiben. Auch die hier abgebildete Koch-Kurve kann nicht bis ins letzte Detail dargestellt werden und ist daher nur als Annäherung an ein Fraktal zu verstehen: Unterhalb einer bestimmten Auflösung endet sie.

So wie mit der Abbildung in diesem Buch ist es auch mit den Fraktalen in der realen Welt: Sie haben nie die ganz reine mathematische Form. Bei unseren Kartoffeltrümmern reichte die Selbstähnlichkeit, die sich in dem Potenzgesetz widerspiegelt, von Bruchstücken mit hundert Gramm Gewicht bis zu kleinen Teilen von einem tausendstel Gramm. Der Trümmerhaufen hat also immerhin in einem recht großen Bereich mit einem Faktor von 100 000 fraktale Struktur. In der Natur gibt es ja auch keinen völlig perfekten Kreis und keine völlig gerade Linie – das macht aber die Idee eines Kreises oder einer Linie nicht weniger gut geeignet, um beispielsweise die Bahnen von Gestirnen oder den Weg eines Lichtstrahls zu beschreiben. In ähnlicher Weise bietet auch die mathematische Beschreibung von Fraktalen eine geeignete Sprache, um die Selbstähnlichkeit darzustellen, die wir »irgendwie« überall vorfinden.

Dieses »irgendwie« stößt uns auf einen bestimmten Punkt. Perfekte Fraktale kann man der Vorstellungskraft der Mathematiker zuschreiben – aber wo kommen Fraktale in der realen Welt her? Was ist ihre Ursache? Mandelbrots fraktale Geometrie gibt darüber Auskunft, was ein

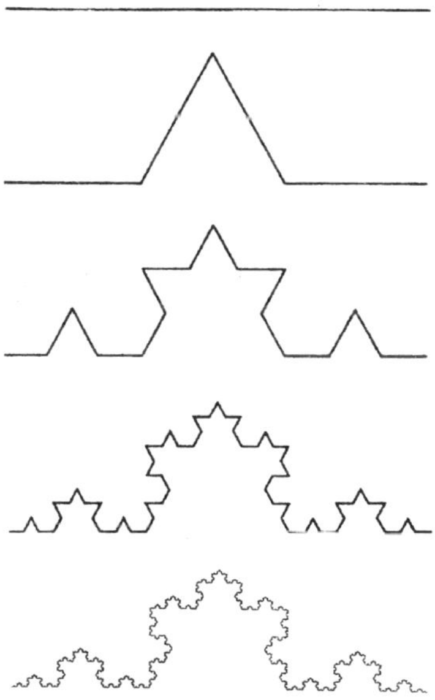

Abb. 4 Die Koch-Kurve, ein Fraktal, das durch einen endlosen Iterationsprozess entsteht.

Fraktal ist und wie sich einzelne Fraktale voneinander unterscheiden. Aber noch so viele Beschreibungen können nicht erklären, *warum* die Dinge so sind, wie sie sind. Wenn man eine Landschaft als fraktal bezeichnet, weiß man noch nichts darüber, *warum* sie so aussieht. In ähnlicher Weise hatte seinerzeit Kepler einige der Gesetzmäßigkeiten der Planetenbewegung beschrieben – lange bevor Newton die Physik erklären konnte, die hinter diesen Bewegungen steht. Auch Mandelbrots Entdeckung ist eine Aufforderung, nach den tieferen Erklärungen zu suchen.

Von Inseln und Elektronen

Woher kommen also die Fraktale in der realen Welt? Eine der Antworten auf diese Frage lautet: aus dem *Chaos*. Diesen Begriff haben wir schon kennen gelernt, und wir wissen, dass er alles Mögliche bedeuten kann. Für einen Ökologen bedeutet es Chaos, wenn die Zahl der Füchse im Bayerischen Wald oder anderswo von Jahr zu Jahr in unvorhersagbarer Weise schwankt. Ein Meteorologe spricht von Chaos, wenn keine Hoffnung besteht, das Wetter der nächsten ein oder zwei Wochen in einem Computermodell zu simulieren. Und für einen Physiker, der einen Teilchenbeschleuniger konstruiert, heißt Chaos, dass die Elektronen, die beschleunigt werden sollen, auf ärgerliche Weise aus der Apparatur verschwinden. Im letzteren Fall kann das Chaos – wie die Fraktale – in wunderschöner Weise auch Kopfschmerzen verursachen.

Weil die Elektronen in einem Beschleuniger nahezu Lichtgeschwindigkeit haben, können sie den Ringtunnel hunderttausendmal pro Sekunde durchfliegen. Es ist nicht überraschend, dass man einen außerordentlich guten Steuermechanismus braucht, um sie in der Spur zu halten. Die Physiker lösen das Problem, indem sie außen am Tunnel Steuermagnete anbringen, die alle von der Bahn abweichenden Elektronen wieder auf sie zurückzwingen. Leider funktioniert das Verfahren nicht immer, und es kommt vor, dass Elektronen bei einem Umlauf ein wenig von der Bahn abkommen. Manchmal läuft der Prozess dieses Abdriftens chaotisch ab, und die kleinen Abweichungen können schnell über alle Grenzen anwachsen und Ärger verursachen: Die Elektronen verlassen den Tunnel an den Seiten.

In den späten siebziger Jahren hat der Physiker John Greene von der General Atomic Corporation in San Diego versucht, das Problem mit einem einfachen mathematischen Ansatz für den Prozess zu lösen.[6] Sein Modell ist zwar ziemlich abstrakt – es kann auf eine große Zahl von Dingen angewandt werden, unter anderem auch auf Elektronen in Beschleunigern –, hat aber doch ein typisches Bild dafür geliefert, wie aus dem Chaos Fraktale entstehen können (Abb. 5). Grob gesagt, entsprechen die kleinen »Inseln« in der Darstellung – kleine, verzerrte Schleifen – Gebieten in der Querschnittsfläche des Beschleunigertunnels, wo Elektronen gut und sicher aufgehoben sind. Elektronen, die in diesen Gebieten mit ihrer Reise beginnen, können den Tunnel tausend- oder millionenmal umlaufen, ohne jemals die engen Grenzen ihrer Insel zu überschreiten. In diesen Gebieten würden die Physiker gern alle Elektronen sehen, denn wenn ein Elektron außerhalb der Inseln startet oder durch irgendwelche Einflüsse in den weiten und schlecht geordneten Raum zwischen den Inseln gedrängt wird, dann bedeutet das Ärger.

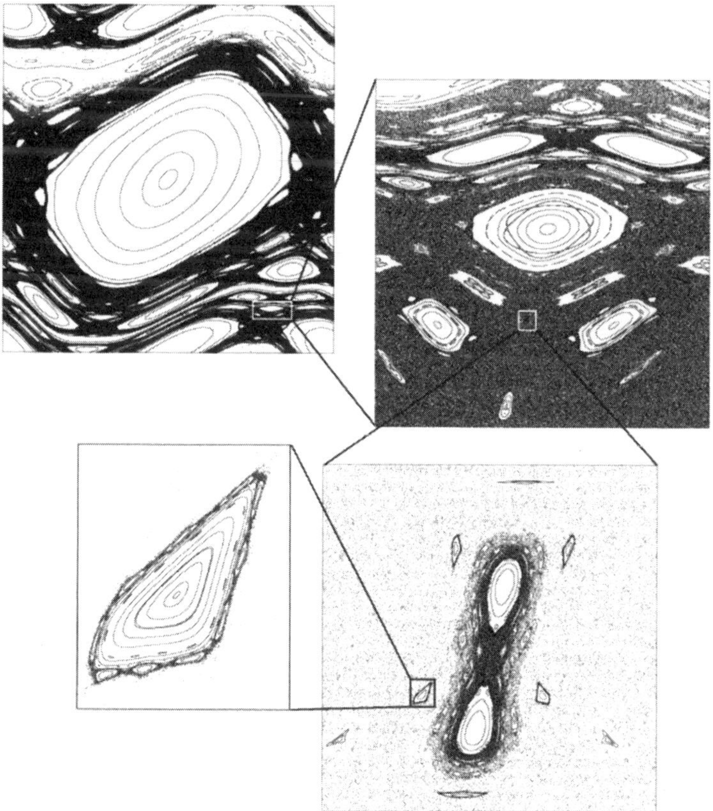

Abb. 5 Bei dem Chirikov-Taylor-Modell wird zunächst ein schwarzer Punkt in einem großen Rahmen gezeichnet. Eine einfache Regel gibt an, wo - in Abhängigkeit von der Lage des ersten - der nächste Punkt gezeichnet wird. Das Modell reproduziert in sehr grober Weise einige Merkmale der Bewegungen von Elektronen in einem Teilchenbeschleuniger. Wenn man die Regel immer wieder anwendet, wird man zu ganz verschiedenen Ergebnissen kommen, je nachdem, wo man anfängt. Startet man in einem der elliptischen Felder, so werden die Punkte auf elliptischen Bahnen kreisen, ähnlich wie die Planeten die Sonne umlaufen. Startet man dagegen in einem der dunklen Gebiete, so wird der Punkt auf chaotische Weise in irgendein finsteres Gebiet gelangen. Eines der erstaunlichsten Ergebnisse des Modellversuchs ist, wie die Inseln der Ordnung im Ozean des Chaos verteilt sind: Vergrößert man einen kleinen quadratischen Ausschnitt, so wird man wieder das gleiche Bild finden - Inseln der Ordnung im Ozean des Chaos. Über alle Größenskalen hinweg bestehen so Ordnung und Chaos nebeneinander. (Abb. mit freundlicher Genehmigung von James Meiss, University of Colorado, Boulder.)

Der Zwischenraum ist wie ein Meer des Chaos. Ein Elektron, das in ihm »schwimmt«, wird irgendwann auf eine Tunnelwand stoßen und aus dem Beschleuniger entkommen.

Faszinierend an diesem Bild ist seine unglaubliche Kompliziertheit. Welchen Teil des chaotischen Meers man auch tausendmal vergrößert – man wird immer wieder Inseln der Ordnung auftauchen sehen. Vergrößert man das Gebiet um eine Insel, so werden neue kleine Satelliteninseln auftauchen – und auch weitere chaotische Gebiete, und wenn man das Gebiet um eine Satelliteninsel vergrößert, entdeckt man Satelliten der Satelliten – und so weiter ohne jedes Ende. Chaos und Ordnung sind über alle Größenordnungen hinweg in einem fraktalen Muster miteinander verknüpft. Es nimmt daher nicht wunder, dass es keine geringe Leistung ist, die Teilchen in einem Beschleuniger auch nur für einige Sekunden zusammenzuhalten.

Aus dem Chaos können also Fraktale entstehen – und es gibt Tausende von weiteren Beispielen dafür. Und doch ist all das noch recht abstrakt und erklärt nicht die Muster von Adern auf einem Blatt oder die Sprünge in der Oberfläche von Schlamm, der in der Sonne trocknet: Beispiele, bei denen von Chaos nichts zu sehen ist! Es muss also noch eine andere Antwort auf unsere Frage nach der Herkunft der Fraktale geben.

Zeitabhängige Physik

Diese andere Antwort liefert uns die Beobachtung, dass die Mehrzahl der Fraktale in der Natur bei natürlichen Prozessen von Wachstum und Entwicklung auftreten. In einer gewissen Weise scheint dort die Geschichte – genauer: die *Vor*geschichte – eines Prozesses eine wichtige Rolle zu spielen, und die Physik, die Fraktale und Potenzgesetze erklären soll, muss diese Vorgeschichte mit einbeziehen und berücksichtigen, dass die Zeit eine Richtung hat. Sucht man in Bibliotheken etwas zu dem Thema »Physik und Geschichte«, so wird man allerdings kaum fündig werden und bestenfalls auf Werke stoßen, die sich mit der Geschichte der Physik befassen. Physiker haben für das Problem ihre eigene Fachsprache. Um sie zu verstehen und um die Verbindung von

Physik und Vorgeschichte zu erkennen, hier ein Beispiel: Wir schütten ein paar Salzkörner in ein Glas mit warmem Wasser und rühren um. Das Salz wird sich auflösen. Die Bedeutung der Vorgeschichte – oder, »physikalisch« gesprochen, der Zeitrichtung – wird klar, wenn wir versuchen wollten, die Salzkörner wieder erstehen zu lassen.

Unter dem Mikroskop betrachtet, ist jedes Salzkorn ein Kristall mit Natrium- und Chloratomen, die in perfekter Weise geometrisch in einem Gitter angeordnet und in ihm energetisch gefesselt sind. Im Wasser werden nun diese Atome von Wassermolekülen angestoßen. Je wärmer das Wasser ist, umso schneller bewegen sich die Moleküle, umso größer ist der Impuls, den sie bei Zusammenstößen übertragen, und umso leichter kann es ihnen gelingen, ein Atom aus seinem Gitterplatz zu lösen. Wenn das Wasser warm genug ist, werden schon nach kurzer Zeit alle Atome aus ihren Plätzen vertrieben sein: Es gibt keinen Kristall mehr, das Salz ist aufgelöst und die Atome treiben isoliert im Wasser, auf allen Seiten von Wassermolekülen umgeben. Dieser Gleichgewichtszustand wird, wenn sich die äußeren Bedingungen nicht ändern, ewig andauern. In einem Gleichgewichtszustand hat die Vorgeschichte keinerlei Bedeutung mehr.

Wenn man nun das Glas in einen Kühlschrank stellt und abkühlt, so werden wieder Salzkristalle entstehen, sobald eine bestimmte Temperatur unterschritten wird. Die Natrium- und Chloratome werden sich wieder auf einem Gitter anordnen, und die Wassermoleküle werden zu langsam sein, um sie von dort zu vertreiben.[7] Liegt die Temperatur nur wenig unter dem Schwellenwert, so spricht man von einem Wachstum der neuen Kristalle »im Gleichgewicht« – genauer gesagt: von einem Wachstum sehr nahe am Gleichgewichtszustand. Das Wachstum geht in dieser Situation nur sehr langsam voran, und es entstehen makellose Kristalle mit ganz regulären euklidischen Formen, die fehlerfrei sind wie Diamanten.

Der Grund dafür ist, dass die Wassermoleküle nahezu die Energie haben, um das Wachstum anzuhalten, aber eben nur nahezu. Wenn ein Atom einen Gitterplatz einnimmt, so ist die Wahrscheinlichkeit groß, dass es wieder herausgeschlagen wird und dann im Bereich der Kristalloberfläche herumschwimmt. Es wird sich wieder anlagern und erneut vertrieben werden – bis es dann schließlich den »richtigen« Platz findet, wo es ganz perfekt in den wachsenden Kristall passt. Auf diese Weise wächst der Kristall ohne Gitterfehler: Jedes Atom ist an seinem richtigen Platz. Auch hier spielt der geschichtliche Ablauf des Prozesses keine Rolle, denn wenn man das Experiment hundertmal wiederholt, wird man immer wieder genau dasselbe Ergebnis erhalten.

Was passiert nun, wenn die Temperatur weit unter dem Schwellenwert liegt? Dann wird es interessant, denn die Kräfte, die das Wachsen des Kristalls bewirken, sind jetzt relativ gesehen stärker: Der Kristall wächst unter Nicht-Gleichgewichtsbedingungen. Jedes Atom, das sich irgendwo an dem wachsenden Kristall anlagert, bleibt dort gefangen, weil es die nun sehr langsamen Wassermoleküle nicht mehr herausschlagen können. Der Kristall wächst sehr schnell, und die Atome finden sich zusammen, wie es der Zufall gerade will. Man kann sich das Ergebnis vorstellen: In dieser Art atomarem Verkehrsstau wird der Kristall nicht sehr regelmäßig wachsen, sondern auf komplexe Weise mit allen möglichen seitlichen Auswüchsen und Fäden.

Um die Art der Strukturen und die Gründe für ihre Entstehung besser einschätzen zu können, haben Physiker ein einfaches mathematisches Modell erfunden, das die wesentlichen Abläufe erhellt und als ein Musterbeispiel für die neue »Physik zeitabhängiger Prozesse« gelten kann. Trotz seines einschüchternden Namens – Modell für »diffusionsbegrenzte Aggregation«[8] – ist es äußerst einfach und funktioniert auf erstaunlich schöne Weise. Es wurde von den Physikern Tom Witten und Leonard M. Sanders von der Universität Chicago entwickelt und stellt eine rein mathematische Variante des gerade diskutierten Kristallwachstums dar. Das Modell erlaubt, das Wachstum bis ins kleinste Detail beobachten zu können.[9]

Das Spiel beginnt mit einem einzelnen Teilchen inmitten eines leeren Raums. Von weit her nähert sich nun auf einem wild gezackten, vom Zufall bestimmten Weg ein weiteres Teilchen. Verfehlt das zweite Teilchen das erste, so zieht es einfach weiter – trifft es sein Ziel, so bleibt es hängen. Ein drittes Teilchen wird nun losgeschickt – Startpunkt und Weg sind wieder vom Zufall bestimmt. Sein Schicksal wird in gleicher Weise entschieden: Trifft es auf das erste Teilchen (oder inzwischen die Anhäufung von zwei Teilchen), so bleibt es hängen – wenn nicht, fliegt es weiter. Das Modell soll zeigen, was passiert, wenn man immer weitere Teilchen auf einen Zufallsweg in das Zielgebiet schickt und wie sich dort ein »Cluster« von Teilchen entwickelt. Anstelle der abstrakten

Abb. 6 Beim Aggregations-Modell wandern klebrige Teilchen auf zufällige Weise von außen heran und bleiben hängen, wenn sie auf ein im Entstehen begriffenes Cluster treffen. Nach einem längeren Lauf des Modells entsteht ein Gebilde wie in der Abbildung. So oft man das Modell auch neu startet: Man wird nie ein Muster zweimal erhalten. Die Details des Ergebnisses können nicht vorhergesagt werden, das grobe Muster ist aber immer gleich und folgt aufs Genaueste einem Potenzgesetz. (Abb. mit freundlicher Genehmigung von Paul Meakin, Universität Oslo.)

Teilchen kann man sich in der Realität beispielsweise Natrium- und Chloratome vorstellen, dem anwachsenden Cluster entspricht dann ein Salzkristall.

Obwohl die Spielregeln so einfach sind, hat das Cluster, das sich bei diesem Wachstum im Nicht-Gleichgewicht bildet, eine wilde Form, die sich völlig von der beim Wachstum im Gleichgewichtszustand unterscheidet (Abb. 6). Warum dies so ist, ist leicht zu erkennen: Wenn im Modell ein Teilchen das Cluster trifft, bleibt es *immer* hängen. Das Anwachsen hat eine Geschichte: Jeder Treffer ist ein historisches Ereignis, das nicht rückgängig gemacht werden kann und seine Spuren hinterlässt, was immer auch noch in der Zukunft geschieht. Jedes Hängenbleiben eines Teilchens ändert die Form des Clusters und macht es wahrscheinlicher, dass sich weitere Teilchen in der Nähe *dieses* Teilchens anlagern – und wenn sie es tun, wird es *noch* wahrscheinlicher, dass noch weitere dazukommen. Das Wachstum ist höchst instabil und stark von jeder Kleinigkeit abhängig, die sich ereignet. Prozesse im Nicht-Gleichgewicht werden entscheidend von der Vorgeschichte bestimmt.

Gedächtnis für Einzelheiten

Francis Crick, der zusammen mit James Watson die Struktur der DNS entdeckt hat, wies darauf hin, dass der Evolutionsprozess ganz wesentlich durch »eingefrorene Zufälle« bestimmt wird. Zufällige Mutationen führen fast immer dazu, dass ein Organismus weniger überlebensfähig ist und sich nicht so gut fortpflanzen kann. Sie bergen letztlich die Gefahr, dass die entsprechende Art ausstirbt. Es gibt aber gelegentlich auch zufällige Mutationen, die für eine Art von Vorteil sind und fortgepflanzt werden. Sie sind genetisch fixiert, also quasi eingefroren. Jede weitere Evolution der Art hat nun diese neue (und bessere) Grundlage. Die günstigen Mutationen bauen immer wieder aufeinander auf und bestimmen den verschlungenen Pfad der Entwicklung in der Zukunft. Dieser Pfad ist im Laufe der Geschichte immer steiler geworden, und die eingefrorenen Mutationszufälle bilden die Grundlage für alle weiteren möglichen Entwicklungen.

Eingefrorene Zufälle sind auch das Kernstück unseres mathematischen Modells. Wie man beim Wachstum des Clusters sieht, ist immer dann die Vorgeschichte eines Prozesses wichtig, wenn ein Vorgang nicht rückgängig gemacht werden kann. Jedes noch so kleine zufällige Ereignis hinterlässt unauslöschliche Spuren und beeinflusst das weitere Wachstum des Gebildes. Wenn man also das Modell ein weiteres Mal oder auch hundertmal neu startet, wird man nie das gleiche Resultat erhalten. Doch trotz alldem haben die entstehenden Strukturen gemeinsame Eigenschaften. Wenn man beispielsweise untersucht, wie viele Teilchen sich im Abstand R vom Mittelpunkt (also dem ersten

Teilchen) befinden, so zeigt sich, dass es bei allen Modellversuchen ungefähr gleichviel sind. Die Teilchenzahl in Abhängigkeit vom Abstand folgt einem unserer nun schon so gut bekannten Potenzgesetze: Verdoppelt man den Abstand R, so erhöht sich die Teilchenzahl um einen Faktor von etwa 3,25.

Wie immer kann man aus dem scheinbar so harmlosen einfachen Potenzgesetz schwerwiegende Folgerungen ziehen: Das Cluster ist ein Fraktal, und für seine einzelnen Bestandteile oder Untercluster gibt es keine typische Größe. Auch hier gilt wieder, dass die Vergrößerung eines Ausschnitts aussieht wie das ganze Gebilde. Obwohl die Cluster aus einer Fülle chaotischer Zufallstreffer entstehen, haben sie doch vorhersagbare Eigenschaften. Die zahlreichen zufälligen Ereignisse stellen insgesamt einen wohlbestimmten und fast gesetzmäßigen Prozess dar: Die entstehenden Cluster haben die unterschiedlichsten Formen, sind aber durch fest bestimmte statistische Eigenschaften gekennzeichnet.

Unser Modell ist also ein Beispiel für einen vom »historischen« Ablauf bestimmten Nicht-Gleichgewichtsprozess, der von seiner Natur her Fraktale erzeugt und skaleninvariant ist. Das Aggregations-Modell zeigt exemplarisch, wie man die Physik zeitabhängiger Prozesse mit ihrer ungeheueren Vielzahl von Möglichkeiten erforschen kann. Die Physiker haben in den letzten beiden Jahrzehnten erkannt, dass man das Kristallwachstum oder ähnliche zeitabhängige Prozesse nicht mit zeitfreien Gleichungen beschreiben kann. Man muss vielmehr der Geschichte Schritt für Schritt nachgehen und kann daher sehr viel aus Modellen wie dem beschriebenen Aggregations-Modell lernen.

Das Modell von Witten und Sanders ist natürlich nur ein Beispiel aus einer Vielzahl von Versuchen. Man braucht nur die Spielregeln zu ändern, und schon erhält man einen anderen Ablauf. Während uns das Aggregations-Modell Aufschluss gibt über die Grundzüge der Kristallisation, kann man mit anderen Modellen andere reale zeitabhängige Prozesse beschreiben. Mit dieser Einsicht können wir nun zu unseren Erdbeben zurückkehren.

Sokrates' größte philosophische Erkenntnis war bekanntlich das ironische Eingeständnis »Ich weiß, dass ich nichts weiß«. Wie wir in Kapitel drei gesehen haben, gilt dies auch für Seismologen – das Gutenberg-Richter-Gesetz ist die große Ausnahme! Dieses Potenzgesetz für die statistischen Eigenschaften von Erdbeben ist eine Art mathematisches Hinweiszeichen, das die Zeitabhängigkeit des physikalischen Prozesses verdeutlicht, der hinter der Entstehung von Erdbeben steht. Die *Erklärung* steht allerdings noch aus – aber vor nicht allzu langer Zeit haben Wissenschaftler ein Modell entwickelt, das diese Erklärung liefern kann.

5
Am Rand der Katastrophe

Die Wissenschaften versuchen nicht, etwas zu erklären, ja sie versuchen kaum, etwas zu interpretieren. Hauptsächlich entwickeln sie Modelle.
John von Neumann[1]

»Alle Wahrheit ist einfach.« – Ist das nicht zwiefach eine Lüge?
Friedrich Nietzsche[2]

Die Wahrheit über die San-Andreas-Verwerfung[3] ist nicht allzu kompliziert. Es ist so ähnlich wie mit der Wahrheit über die Verwicklung der USA in den Vietnamkrieg, die Ermordung John F. Kennedys oder die derzeitige politische Lage in Russland: Je genauer man die Verhältnisse untersucht, umso komplizierter erscheinen sie. Die San-Andreas-Verwerfung ist zunächst eine Linie, die Kalifornien von Nord nach Süd durchschneidet. Zu beiden Seiten der Hauptverwerfungslinie ist die Erdkruste aber zusätzlich von Tausenden kleiner Verwerfungen durchzogen, von denen wieder zahlreiche noch kleinere Verwerfungen abgehen, die sich auch wieder verzweigen – man sollte daher besser von einem Verwerfungssystem sprechen! Dabei enden die Risse und Spalten in der Erdoberfläche keineswegs bei Los Angeles, wo die eigentliche San-Andreas-Verwerfung aufhört: Ihr folgen die Verwerfungssysteme von Benning und San Jacinto, die den Bundesstaat weiter südlich überdecken. Kalifornien ist von Rissen durchzogen wie die Decke einer ruinierten reparaturbedürftigen Straße.

Alle Erdbebengebiete sehen ähnlich zerrissen aus, unterscheiden sich aber in den Details. In China, Kolumbien, Kalifornien oder Japan bilden die Verwerfungen aller Größenskalen jeweils ganz besondere Netzwerke, von denen keine zwei sich gleichen. Es gibt Verwerfungssysteme, die Gebirgsgegenden durchschneiden, andere prägen Ebenen oder Hügeln ihr Muster auf, andere verlaufen für uns unsichtbar auf dem Meeresgrund. Auch die Tiefe der Verwerfungen schwankt stark – sie reicht von fünf bis 30 Kilometer. Schon dieser Unterschiede wegen ist es daher kein Wunder, dass Erdbeben nicht vorhergesagt werden können.

Obwohl sich Erdbeben unter tausend verschiedenen Rahmenbedingungen ereignen, folgt die unüberschaubare Vielfalt doch einem einfachen Gesetz: dem Potenzgesetz nach Gutenberg und Richter. In den achtziger Jahren hatten die Physiker begonnen, sich mit dem Problem des Chaos auseinander zu setzen: Wie kann es sein, dass ein so einfaches Ding wie ein schwingendes Pendel, das ganz regelmäßig angestoßen wird, plötzlich aus dem Takt kommt und sich chaotisch verhält? Im Zusammenhang mit den Erdbeben entsteht eine neue Frage: Wie kommt es, dass die so komplizierten Prozesse in der Erdkruste einem so erstaunlich einfachen Gesetz gehorchen? Warum spielen die Besonderheiten keine große Rolle?

Erdbeben und Sandlawinen

Es ist eine weit verbreitete Meinung, dass große Entdeckungen in dunklen Gelehrtenstuben gemacht werden, in denen sich das einsame Genie abmüht und seine revolutionäre neue Idee gegen alle Widrigkeiten in der dünnen Luft des reinen Denkens Gestalt annimmt. Einer jener Mythen besagt, dass Albert Einstein eines Tages die Geduld gegenüber seinen Lehrern verlor, sich in das Berner Patentamt setzte und im Alleingang die Physik auf den Kopf stellte. Nicht selten haben die großen Ideen allerdings einen ganz prosaischen Ursprung. Sie sind, um Albert Camus zu zitieren, »oft an einer Straßenecke oder in der Windfangtür eines Restaurants geboren«[4], oder sie sind im Netzwerk der modernen Wissenschaft entstanden, wenn Forscher verschiedener Fachrichtungen ihre Gedanken austauschen.

So etwas ereignete sich an einem Sommermorgen des Jahres 1988 während einer Konferenz über Fraktale an einem kleinen College in New Hampshire. An jenem Morgen hielt der Geophysiker Yakov Kagan einen nicht besonders aufregenden Vortrag über Erdbeben. Weil die meisten Zuhörer keine Geophysiker waren, gab er nur einen allgemeinen Überblick und erklärte Schritt für Schritt und mit wenigen grundlegenden Begriffen das so bestechend einfache Gutenberg-Richter-Gesetz. Er verschwieg dabei auch die Tatsache nicht, dass er und seine Kollegen sich trotz aller Misserfolge immer noch treffen, um die

Vorhersage von Erdbeben zu diskutieren. Kagan verwies auf eine merkwürdige Beobachtung: Die einzelnen Verwerfungen eines jeden Systems haben wieder fraktalen Charakter und folgen demselben Potenzgesetz, das besagt, dass Verwerfungen von halber Länge siebenmal häufiger sind[5] und dass es keine »typische« Länge einer Verwerfung gibt.

Wie es der Zufall wollte, saß der Physiker Per Bak unter den Zuhörern. Während des Vortrags von Kagan horchte er auf und dachte an seine Experimente mit den Sandbergen. Wir erinnern uns: Einige Sandlawinen bestanden nur aus ein paar Körnern, andere aus Millionen – und trotzdem wurden beide Arten von Lawinen auf genau die gleiche Weise ausgelöst: indem ein einziges Sandkorn auf den Berg fiel! Wenn genau dieses Sandkorn an genau dieser einen Stelle den Berghang zu steil machte, dann rutschte er nach unten ab. Das könnte das Ende der Geschichte sein. Nun hatten aber Bak, Tang und Weisenfeld festgestellt, dass auf einem Berg, nachdem er in einen »kritischen Zustand« geraten ist, viele Sandkörner kurz vor ihrem Absturz stehen. Und was noch wichtiger ist: Diese Sandkörner sind miteinander verknüpft und bilden fingerförmige Flächen von Instabilität, die unterschiedlich lang sind – einige sind nur kurz, andere überqueren den Berg von einem Ende zum anderen. Daher kann die Kettenreaktion, die ein einziges Sandkorn auslöst, zu einer Lawine von unterschiedlichster Größe führen. Mathematisch gesehen, drückt sich das in einem perfekten Potenzgesetz für die Größe der Lawinen aus. Wenn man die Häufigkeit der Lawinen verschiedener Größe – von einem Sandkorn bis zu Millionen von Sandkörnern – bestimmt, so gilt: Lawinen doppelter Größe sind ungefähr halb so häufig (genauer: die Häufigkeit wird um den Faktor 2,14 reduziert).

Bak begann sich zu fragen: Sollten die Vorgänge in der Erdkruste nach ähnlichen Gesetzen ablaufen? Diese Vorstellung war so reizvoll wie absurd: Wie kann ein simples Sandkastenspiel irgendetwas von Belang über die gewaltigen Umwälzungen im Erdinneren aussagen, durch die neue Seen entstehen und ganze Städte verwüstet werden?

Es lag in keiner Weise auf der Hand, dass die Geschehnisse am Sandberg irgendetwas mit den Bewegungen in der Erdkruste zu tun hatten. Trotzdem machten sich Bak und Tang gleich an die Arbeit, nachdem sie wieder in Brookhaven waren. Sie diskutierten die theoretischen Fragen mit Geophysikern und wühlten sich durch Berge von Forschungsarbeiten. Dabei stießen sie auf ein Modell, das Seismologen schon einige Jahre zuvor entwickelt hatten, das aber unglücklicherweise dem Sandberg-Modell überhaupt nicht ähnelte.

Es war 1967 entstanden, als Robert Burridge und Leon Knopoff von der UCLA versuchten, einen besseren Einblick in die Ursachen von Beben zu gewinnen, indem sie zunächst einige verwirrende Einzelheiten der Physik von Erdbeben vernachlässigten.[6] Obwohl sich Beben innerhalb weit ausgedehnter Netzwerke von Verwerfungen ereignen und es meist gleichzeitig in mehreren Verwerfungen zu Verschiebungen kommt, konzentrierten sich Burridge und Knopoff bei ihrem Ansatz auf nur eine einzige Verwerfung. Wir erinnern uns, dass an der Hauptverwerfung im San-Andreas-Graben die Platte westlich der Verwerfung nach Norden driftet, die östliche Platte nach Süden. Wenn sich das Gestein an der Grenzlinie nicht gegeneinander verschiebt, wird es verformt, und in seinem Inneren bilden sich Spannungen aus. Je größer die Spannungen sind, umso wahrscheinlicher wird eine ruckartige Verschiebung – Erdbeben entstehen also durch den Auf- und Abbau von Spannungen. Burridge und Knopoff versuchten diese Vorgänge schematisch in einem Modell darzustellen.

Stop and Go

Stellen wir uns eine große Holzplatte vor und über ihr eine gleich große Holzdecke, die ständig und unaufhaltsam nach rechts gezogen wird (Abb. 7). An der Holzdecke sind einige biegsame Stangen befestigt, die unten am Boden in Holzblöcken stecken. Wenn sich nun die Decke bewegt, biegen sich die Stangen und versuchen, die Blöcke mitzuziehen – dem steht die Reibung zwischen den Blöcken und dem Boden entgegen. Je mehr sich die Decke bewegt, umso mehr biegen sich die Stangen. Für jeden der Blöcke kommt irgendwann der Moment, in dem die Reibung besiegt ist und er sich ruckartig vorwärts bewegt.

Die Anordnung hat noch ein wichtiges Detail: Zwischen den Blöcken sind Federn angebracht. Wenn es diese Federn nicht gäbe, würde sich jeder Block unabhängig von den anderen bewegen, er würde also hängen bleiben, weiterrutschen, wieder hängen bleiben, erneut wei-

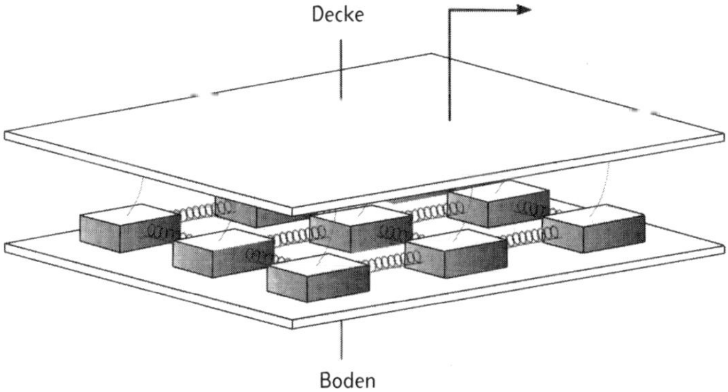

Abb. 7 Burridge-Knopoff-Modell nach Olami, Feder und Christensen (vgl. Anm. 10).

terrutschen und so fort. Die Federn bewirken nun aber, dass sich jede Bewegung eines Blocks auf die mit ihm verbundenen Nachbarn auswirkt und von dort auf deren Nachbarn. Die Kräfte, die auf einen Block einwirken, kommen somit nun nicht nur von der Stange, die ihn mit der Decke verbindet, sondern auch von den vier Federn, die seine Verbindung mit den Nachbarn herstellen. Die Bewegung *eines* Blocks beeinflusst auf diese Weise alle anderen Blöcke.

Was hat das alles mit Erdbeben zu tun? Der Gedanke ist ganz einfach: Die Versuchsanordnung soll – ohne alle »realen« Einzelheiten – eine Verwerfung darstellen. Boden und Decke entsprechen den zwei kontinentalen Platten, die Fläche zwischen den Blöcken und dem Boden stellt die Berührungsfläche der beiden Platten dar. Solange die Reibung das Gestein davon abhält, sich zu bewegen, wird es verformt und speichert dabei Energie. Dieser Vorgang wird durch die flexiblen Stangen simuliert. Und die Federn zwischen den Blöcken? Das Gestein ist in der Regel äußerst hart. Selbst wenn zwei Kontinente mit großer Kraft aneinander reiben, kann es nur geringfügig gepresst oder gedehnt werden. Die Federn sollen diese Pressungen und Dehnungen simulieren, zu denen es kommt, wenn sich die Gesteinsmassen an verschiedenen Punkten der Verwerfung unterschiedlich bewegen. Sie repräsentieren also die elastischen Eigenschaften des Gesteins.

Nun kann das Experiment beginnen: Die Decke beginnt sich zu bewegen. Burridge und Knopoff konnten 1967 zunächst nur eine noch stärker vereinfachte Version der Versuchsanordnung aufbauen, die anstelle eines zweidimensionalen Netzes lediglich aus einer Reihe von wenigen Blöcken bestand. Bak und Tang hatten hingegen 1988 mit ihrem Computer weit bessere Voraussetzungen und konnten Dinge untersuchen, die für das Experiment von Burridge und Knopoff nicht zugänglich waren.

Für eine Computersimulation muss man noch ein weiteres Detail kennen. Ein Block wird sich bewegen, wenn die auf ihn wirkende Kraft eine bestimmte Schwelle überschreitet. Aber was passiert, nachdem sich der Block in Bewegung gesetzt hat? Wie weit sich der Block vorwärts bewegt, hängt davon ab, wie stark die Reibung zwischen Block und Untergrund ist – oder in der realen Welt zwischen den aneinander reibenden Gesteinsplatten. Größere Reibung bedeutet weniger Bewegung, kleinere Reibung mehr. Das Problem ist, dass man die Reibungseigenschaften nicht genau kennt. Um überhaupt voranzukommen, haben Bak und Tang dieses Problem zunächst ausgeklammert.

Die Bewegung der Blöcke könnte man mit den newtonschen Bewegungsgleichungen gut beschreiben. Um aber das Experiment noch mehr auf das Wesentliche des Prozesses zu reduzieren, haben Bak und Tang diese Gesetze durch noch einfachere Regeln ersetzt. Als Ausgangslage diente eine bestimmte Konfiguration der Blöcke in einem bestimmten Augenblick. Was ereignet sich im nächsten Moment? Ist die Kraft zu gering, um einen Block in Bewegung zu versetzen, so passiert einfach nichts – er bleibt an Ort und Stelle, übersteigt die Kraft den Schwellenwert, so bewegt sich der Block. Bak und Tang haben nun eine einfache Regel aufgestellt: Überschreitet die Kraft auf den Block eine bestimmte Schwelle, so macht er einen Schritt nach vorn. Dabei nimmt die in dem Block gespeicherte potenzielle Energie um eine Einheit ab, die zu je einem Viertel auf die Federn zu den vier Nachbarn übergeht. Diese Regel kann man nicht aus den newtonschen Gesetzen ableiten, sie ist aber zumindest plausibel.

Die Welt der Potenzgesetze

Ein Vorteil der einfachen Regel war, dass Bak und Tang Simulationen mit Millionen von Blöcken hätten laufen lassen können – ironischerweise erwies sich das aber als völlig unnötig! Schon bevor sie das erste

Experiment starteten, hatten sie ein Déjà-vu-Erlebnis: Die Anordnung kam ihnen vertraut vor. Ganz ohne Absicht wurde durch die neue Regel dem Experiment eine mathematische Logik aufgeprägt, die der des Modells mit den Sandkörnern glich. Den Sandlawinen von damals entsprachen jetzt die Bewegungen der Blöcke, beide Vorgänge hatten denselben mathematischen Hintergrund, es war der alte Versuch in neuem Gewand.

Nachdem sie einmal so weit vorangekommen waren, konnten Bak und Tang nun endlich die große grundlegende Frage angehen: Wenn die Lawinen an Sandbergen einem Potenzgesetz gehorchen, was bedeutet dies für Erdbeben – zumindest für Erdbeben der Art »stop and go«? Das Gutenberg-Richter-Gesetz macht Aussagen über die Häufigkeit von Erdbeben im Bezug auf die frei werdende Energie. Es erwies sich als recht einfach, diese Zusammenhänge auf das Experiment zu übertragen. Bak und Tang waren ja davon ausgegangen, dass ein Block bei jedem Schritt, den er weiterrutscht, einen bestimmten Energiebetrag abgibt. Der Gesamtenergie eines Bebens entspricht in dem Versuch demnach die Zahl der Vorwärtsschritte, die auf den Auslöser folgen. Wenn wir die beiden Modelle miteinander vergleichen, so sehen wir, dass die Zahl der Vorwärtsschritte im Erdbeben-Versuch der Lawinengröße im Modell mit dem Sandberg entspricht. Daraus kann man schließen, dass die Erdbeben in ähnlicher Weise einem Potenzgesetz folgen wie die Sandlawinen. Es ist bemerkenswert, dass man in der Tat für die »Erdbeben« im Modell ein Gesetz erhält, das dem Gutenberg-Richter-Gesetz für reale Erdbeben sehr nahe kommt.[7] Zur freudigen Überraschung von Bak und Tang schien ihre einfache Versuchsanordnung eines der grundlegendsten Gesetze der Geowissenschaften zu reproduzieren und zu erklären. Die Unterschiede sind minimal: Während sich bei verdoppelter Lawinengröße im Sandberg-Modell die Häufigkeit um den Faktor 2,14 vermindert, vermindert sich die Häufigkeit der Beben bei verdoppelter Energie nach dem Gutenberg-Richter-Gesetz um den Faktor 4 – das heißt also, dass die Exponenten des Potenzgesetzes nicht dieselben sind. Aber dieser kleine Unterschied schmälert nicht die Leistung von Bak und Tang, eine Erklärung für das Auftreten von Potenzgesetzen gefunden zu haben.[8]

Zeichnet man während einer Versuchsreihe auf, wie viele der Blöcke in einem bestimmten Zeitabschnitt in Bewegung geraten, so erhält man ein bizarres, aber doch recht vertrautes Bild. Es ähnelt einer Aufzeichnung der seismischen Aktivität in einem Erdbebengebiet und erscheint wie diese ohne Ordnung und nur vom Zufall bestimmt. Große Erdbeben ragen aus dem Bild heraus wie Palmen in einer Wüste. Wenn sich bei einem kleinen Beben vielleicht nur eine kleine Menge Gestein in Bewegung setzt, so sind es bei einem Megabeben vielleicht riesige Massen. Für den unbefangenen Betrachter erfordern die »Großereignisse« im Modell ebenso eine Erklärung wie reale Megabeben für den Geophysiker. Der Anstoß ist für alle Bewegungen der gleiche – unabhängig davon, ob nur wenige oder viele Blöcke beteiligt sind. Weil sich die Anordnung der Federn und Blöcke in einem kritischen Zustand befindet, ist sie schlecht ausbalanciert, und *alles* ist möglich. Das Vorrücken eines Blocks kann quer über die ganze Anordnung eine Lawine von Bewegungen auslösen – einem Megabeben in der Natur entsprechend. Ob ein kleines oder ein großes Beben entsteht, hängt nur vom Ort der ersten Bewegung ab. Das ist der Grund dafür, dass man Erdbeben nicht vorhersagen kann und eine Warnung vor den gewaltigen Naturkatastrophen unsinnig ist.

Das Ergebnis der Modellversuche war schon fast zu gut, um glaubhaft zu sein, und andere Forscher erhoben auch sofort Einspruch gegen das allzu einfache Schema, das Bak und Tang entwickelt hatten, wobei insbesondere ihre einfache »Bewegungsgleichung« kritisiert wurde. Der Sandhaufen des Modells ist ein »konservatives« Gebilde, was bedeutet, dass kein Sandkorn verloren geht. So viel Lawinen auch zu Tal gehen – die Zahl der Sandkörner bleibt erhalten. Bei ihrem Erdbeben-Modell hatten Bak und Tang für die Gesamtenergie des Systems dasselbe angenommen: Wenn ein Block in Bewegung versetzt wird, fordert die »Spielregel«, dass sich die Bewegungsenergie in potenzielle Energie verwandelt, die zu gleichen Teilen in den Federn zu den vier Nachbarn gespeichert wird. Somit bleibt die Gesamtsumme der Energie immer gleich – ebenso wie die Gesamtzahl der Sandkörner. Daher führen beide Modelle zu so ähnlichen Ergebnissen.

Das Problem ist, dass es in einem realen Netz von Verwerfungen nicht nur die Umwandlung von Bewegungsenergie und der Energie gibt, die in den Verformungen des Gesteins steckt. Wenn die Geophysiker auch wenig über die Gesetze der Reibung zwischen den sich verschiebenden Gesteinsplatten wissen, so ist doch klar, *dass* es Reibung gibt und dass ein Teil der Energien durch die Reibung in Wärmeenergie verwandelt wird. So gesehen, entsprechen die Regeln von Bak und Tang sicher nicht den Verhaltnissen in der Natur. Die beiden Forscher gingen auf diese Einwände ein und versuchten, das Modell der Realität besser anzupassen. Aber mit diesem Schritt veränderten sich auch die Ergebnisse, sie entsprachen nicht mehr denen des Sandberg-Modells, und es trat kein Potenzgesetz mehr auf. Zumindest bis zu diesem Zeitpunkt lieferte das Modell also noch keine schlüssige Erklärung für die Erdbeben.

Ein Druckfehler mit Folgen

1990 verfasste Per Bak zusammen mit seinem Kollegen Kan Chen ein längeres Manuskript über Erdbeben und »selbstorganisierte Kritikalität«[9] und schickte Kopien an andere Physiker, darunter auch Jens Feder in Oslo. Feder startete daraufhin mit seinem Sohn Hans Jacob – er ging damals noch ins Gymnasium – eine Computersimulation, um die Versuche von Bak und seinem Kollegen zu wiederholen und die Ergebnisse zu überprüfen. Die Feders schrieben ihr Programm genau nach den Regeln, die in der zugesandten Arbeit angegeben waren. Sie ließen das Modell laufen und zählten, wie oft »Erdbeben« einer bestimmten Größe auftraten. Immer wenn sie genügend Daten zusammen hatten, zeichneten sie die Ergebnisse grafisch auf und erhielten – ganz wie erwartet – ein Potenzgesetz. Merkwürdigerweise unterschied sich aber das Ergebnis von dem Baks und Chens: Der Exponent war nicht der gleiche!

Die Feders überprüften ihr Computerprogramm und die Anweisungen von Bak und Chen, aber alles schien in Ordnung. Sie ließen ihr Modell immer wieder laufen und erhielten immer wieder den neuen, etwas unterschiedlichen Wert für den Exponenten des Potenzgesetzes. Völlig frustriert griff Jens Feder zum Telefon, und nach einem längeren Gespräch mit Bak stellte sich die Ursache für das Problem heraus: In dem Entwurf der Arbeit, der verschickt worden war, befand sich ein kleiner, aber entscheidender Druckfehler. Eine der Regeln für den Versuch war nicht ganz richtig formuliert, die Feders hatten also die falschen Spielregeln benutzt, genauer gesagt: Sie hatten ein ganz anderes Spiel gespielt. Wunderbarerweise war aber das neue Spiel weder sinnlos noch langweilig. Wenn große Ideen schon in »der Windfangtür eines Restaurants« entstehen, warum sollen sie sich nicht auch Druckfehlern verdanken. Das Rechenmodell mit den »fehlerhaften« Regeln führte zu einem Ergebnis, das dem Gutenberg-Richter-Gesetz sehr nahe kam, und war darüber hinaus – aus zunächst unbekannten Gründen – nicht mit dem Problem behaftet, in einer Weise »konservativ« zu sein, die nicht den physikalischen Gesetzen entsprach.

Im darauf folgenden Sommer versuchte Hans Jacob Feder zusammen mit Zeev Olami und Kim Christensen, Mitarbeitern von Bak in Brookhaven, diese Gründe zu erforschen. Das Trio fing wieder mit dem Originalversuch von Burridge und Knopoff an und begann dann, dem Vorgehen Baks und Tangs folgend, die Regeln immer mehr zu vereinfachen, ohne dabei die zugrunde liegende Physik zu vernachlässigen. Schon bald ergab sich der heikle Punkt, wie man die Bewegung eines Blocks nach ihrem Beginn beschreiben sollte. Olami, Feder und Christensen fanden an der Stelle, an der Bak und Tang ihre Regel zur Verwandlung der Energien eingesetzt hatten, einen anderen Weg, der physikalisch gut begründet war.

Bei der Reibung von Gestein an Gestein entsteht Wärme. Das bedeutet nichts anderes, als dass nur ein Teil der Energie, die in dem gedehnten oder gepressten Gestein gespeichert ist, in Bewegungsenergie verwandelt wird, der Rest aber in Wärmeenergie. Um diesen Vorgang, man nennt ihn Dissipation, im Modell nachzuvollziehen, mussten die drei Forscher einen Mechanismus einführen, der in ähnlicher Weise Energie verwandelt. Sie entwarfen dafür eine neue Spielregel: Immer wenn ein Block sich vorwärts bewegt, verliert er wegen der Reibung auch ein bestimmtes Quantum von Energie an den Boden, und nur der Rest der Bewegungsenergie geht als potenzielle Energie in die Spannungen der Federn zu den vier Nachbarn ein. Diese kleine Korrektur genügte schon. Mit der veränderten Regel, die sich ursprünglich einem Druckfehler verdankt, war das Modell von Olami, Feder und Christensen perfekt.[10]

Das Modell besitzt noch einige andere bemerkenswerte Eigenschaften. Es gibt sicher die Erdbebenentstehung nicht vollkommen wieder, aber immerhin bildet es die zugrunde liegende Logik nach, die diesem Prozess seinen ganz besonderen Charakter gibt. Wenn nun schon kleinste

Änderungen am Modell zu völlig verschiedenen Ergebnissen führen, so wäre das wenig überzeugend. Es entstünde dann zu Recht die Vorstellung, man könne an dem Modell so lange »drehen«, bis die Ergebnisse denen wirklicher Erdbeben entsprechen. So war es beruhigend, dass das Potenzgesetz unverändert blieb, wenn Olami, Feder und Christensen den Anteil der Energie, der über die Reibung verloren ging, von zehn auf 20 oder 30 Prozent änderten. Das heißt mit anderen Worten, dass das Modell überraschend stabil gegenüber Änderungen seiner Parameter ist. Fast jedes Modell, das nach derselben Logik funktioniert, wird Ergebnisse liefern, die dem Gutenberg-Richter-Gesetz folgen. Das neue Modell, das die Dissipation von Energie einschließt, gibt die Eigenschaften von Erdbeben sogar besser wieder als das Originalmodell von Bak und Tang. In der Version von Olami, Feder und Christensen sind Beben doppelter Größe viermal weniger häufig – das ist genau der Wert, den das Gutenberg-Richter Gesetz für Erdbeben angibt!

Das Modell übertraf somit alle Erwartungen. 1995 ließ der Physiker Keisuke Ito von der Universität Kobe in Japan eine Variante laufen und untersuchte die genaue zeitliche Folge, in der Erdbeben auftraten.[11] Reale Erdbeben sind meist von Vor- und Nachbeben begleitet, große Beben treten also in Clustern auf, und man muss umso länger auf ein Beben warten, je länger man schon gewartet hat. Diese Erkenntnis, die ganz gegen unsere Vermutung ist, ergibt sich aus dem Modell. Mathematisch ist dieses Auftreten in Clustern die Folge der statistischen Eigenschaften der Wartezeiten auf das nächste große Beben. Auch sie folgen einem Potenzgesetz: Kurze Wartezeiten kommen häufiger vor als lange. Eine Wartezeit von beispielsweise zwei Wochen ist 2,8 mal weniger häufig als eine von nur einer Woche. Aus der Häufigkeitsverteilung realer Beben – dem Omori-Gesetz – erhält man einen entsprechenden Faktor von 2,6, was dem Wert 2,8 des Modells immerhin sehr nahe kommt.

Warum gerade so?

Angeregt durch die Ideen von Bak, Tang, Olami, Feder, Christensen und vielen anderen, die hier nicht genannt sind, hat man in den letzten Jahren angefangen, den Mechanismus der Erdbeben zu verstehen, genauer gesagt: Dieser Mechanismus, der den Hintergrund des Prozesses darstellt, ist kein tiefes Geheimnis mehr. Der amerikanische Physiker Richard Feynman riet den Studenten der Quantentheorie dringend davon ab, die Frage »Warum gerade so?« zu stellen, um nicht in allzu tiefe geistige Abgründe zu fallen. Dabei haben es die Bewohner der Quantenwelt noch leicht, denn sie müssen nicht unbedingt den klassischen Vorstellungen folgen. Aber obwohl wir vielleicht Erdbeben weniger gut vorhersagen können als Ereignisse in der Welt der Quanten, können wir jetzt auf die Frage »Warum gerade so?« eine Antwort geben.

Etwas verstehen heißt allerdings noch nicht, es auch vorhersagen zu können! In unserem Fall führt das Verständnis der Vorgänge gerade zu der Erkenntnis, dass eine Vorhersage eventuell gar nicht möglich ist, so einfach auch der Prozess der Erdbebenentstehung nach der derzeitigen Vorstellung der Wissenschaftler ist. Die Erdkruste steht unter ständigen Spannungen als Folge der Plattenbewegungen, die durch die Wärme im Erdinneren angetrieben werden. Diese Spannungen bauen sich auf, bis sie in einem Bereich den Schwellenwert überschritten haben und sich dort das Gestein in Bewegung setzt. Dieser Bereich mag nur einen Millimeter groß sein oder sogar mikroskopisch klein – aber die Folgen können gewaltig sein, denn ihre Größenordnung ist von der Größe der Anfangsursache nicht abhängig.

Wenn sich die Erdkruste wie in dem Erdbeben-Modell oder seinem nahen Verwandten, dem Sandberg-Modell, verhält, dann wird sie durch die Dehnungs- und Scherungskräfte in den verschiedenen Bereichen des Gesteins in den kritischen Zustand gebracht. Die Erdkruste ist dann von instabilen Gebieten unterschiedlichster Form und Größe durchdrungen. Wenn sich nun irgendwo Gestein in Bewegung setzt, kann im wörtlichen Sinn alles Mögliche passieren: Das Erdbeben kann im nächsten Moment schon wieder beendet sein – oder die anfängliche Bewegung führt zu Spannungen in Nachbarbereichen und setzt diese in Bewegung. Zu welcher Größe ein Beben letztlich anwächst, hängt an einem winzigen Detail, das unserer Untersuchung vielleicht für immer entzogen bleibt: der Dimension des instabilen Gebiets, in dem die erste kleine Bewegung stattfindet.

Das würde heißen, dass Erdbebenkatastrophen letzten Endes ohne *besonderen* Grund stattfinden. Man kann erklären, warum es solche Beben gibt: weil sich die Erdkruste im kritischen Zustand befindet und damit immer kurz vor gewaltigen Umwälzungen steht. Man kann zwar beschreiben, warum sich Gesteinsbereiche bewegen und wie das abläuft – aber es gibt keine schlüssige Erklärung dafür, warum beispielsweise das Erdbeben von New Madrid im Jahr 1811 so gewaltige Ausmaße annahm. Die ersten Felsmassen, die in Bewegung gerieten, müssen in einem besonders großen Gebiet von Instabilität gelegen haben. Derartige Gebiete überziehen jedes Verwerfungssystem. Ein großes Beben kann jederzeit in jedem von ihnen beginnen. Der Erdbebenexperte Christopher Scholz von der Columbia University hat es bildlich so ausgedrückt, dass ein Erdbeben, wenn es beginnt, noch nicht weiß, wie stark es werden wird. Und wenn es schon das Erdbeben nicht weiß – wie sollen wir es wissen?

Man könnte nun natürlich annehmen, man müsse nur ein genaues Bild der Verteilung der Dehnungs- und Scherungskräfte haben und jede kleinste Einzelheit der Eigenschaften des Gesteins kennen – beispielsweise wie hoch der Schwellenwert der Kräfte ist, bevor sich Teile des Gesteins in Bewegung setzen – und könne dann eine Karte der kritischen Regionen zeichnen. Aber selbst dann wäre es nahezu unmöglich, ein großes Beben vorauszusagen. Es gibt schließlich Hunderte von Millionen Regionen in der Erdkruste, wo winzige kleine Verschiebungen kurz bevorstehen, weil das Gestein bis an seine Grenze gepresst oder gedehnt wurde. Man müsste all diese Punkte ständig beobachten, um sicher zu sein, dass keiner von ihnen in einem großen Gebiet von Instabilität liegt.

Eine Welt aus den Fugen

In diesem Buch geht es aber letztlich nicht um Erdbeben, sondern um die allgegenwärtigen Muster von Ordnung und Ordnungsänderung, die wir überall auf der Welt und auf allen Ebenen vorfinden. Wir haben mit den Erdbeben nur begonnen und sie recht ausführlich diskutiert, um die Methode kennen zu lernen, mit der wir auch andere Gebiete untersuchen wollen. Seien es Erdbeben, Katastrophen in der Finanzwelt, Revolutionen oder verheerende Kriege: Aus ganz verständlichen Gründen wollen wir die Ursachen dieser Vorgänge kennen, um sie in Zukunft vermeiden zu können. Wir werden bald sehen, dass in all diesen Bereichen, vermutlich weil sie sich in einem kritischen Zustand befinden, Fraktale und Potenzgesetze zu finden sind. Wir könnten zu dem Ergebnis kommen, dass unser ganz menschliches Bedürfnis nach Erklärung bitter enttäuscht werden wird. Wenn unsere Welt in jedem Augenblick kurz vor plötzlichen, radikalen Veränderungen steht, dann könnten diese (und andere) Umwälzungen möglicherweise unvermeidbar und selbst im letzten Moment noch unvorhersehbar sein.

Es gibt nun sicher gegen das bisher Gesagte grundlegende Einwände. Man könnte beispielsweise kritisch anmerken, dass ein so simples Modell wie das von Bak und Tang die Grundstruktur der Vorgänge in der Erdkruste kaum wirklich erklären kann. Die erste Veröffentlichung, in der das Modell beschrieben wurde, hat denn auch einen Sturm der Kritik ausgelöst. Viele Geophysiker hatten sich während ihrer gesamten wissenschaftlichen Laufbahn mit der detaillierten Untersuchung von Erdbeben- und Verwerfungsgebieten beschäftigt, um den Mechanismus der Beben zu verstehen. Für sie musste jenes schnell dahingeworfene mathematische Modell eine Beleidigung darstellen, die nur für die theoretischen Physiker bestätigte, was Francis Crick den Mathematikern nachgesagt hat: »Aber schließlich und endlich sind meiner Erfahrung nach die meisten Mathematiker denkfaul; vor allem hassen sie es, Abhandlungen über Experimente zu lesen.«[12] Ein paar Theoretiker, die noch nicht einmal eine Einführungsvorlesung in Geowissenschaften gehört hatten, traten mit dem Anspruch auf, sie könnten die Erdbeben mit einem Modell erklären, das fast keine der komplexen physikalischen Bedingungen realer Beben mit einbezog.

Das Modell von Burridge und Knopoff beispielsweise vereinfacht das Problem in unglaublicher Weise, indem es fast alle Details der Geometrie und der physikalischen Eigenschaften realer Verwerfungen ignoriert. Erdbeben finden in Gestein statt, in realem Gestein – das Modell interessiert sich dafür in keiner Weise, außer dass es die Elastizität des Materials mit den Spiralfedern simuliert. Darüber hinaus haben wir gesehen, dass Erdbeben in der realen Welt höchst selten nur *eine* Verwerfungslinie betreffen, sondern meist ein höchst komplexes Netz. Man kann daher kaum sagen, ein Erdbeben habe nur in dieser oder jener Verwerfung stattgefunden. Verschiebungen finden ständig in einer Vielzahl von großen und kleinen Verwerfungen statt – und doch arbeitet das

Erdbeben-Modell mit nur *einer* »Verwerfung«. Bei dem ein weiteres Mal vereinfachten Modell von Bak und Tang ist es noch krasser: Es verletzt sogar ganz bewusst die Physik, wenn es bei der Verschiebung der Blöcke die Reibung vernachlässigt. Die Version von Olami, Feder und Christensen macht diesen Fehler zum Teil wieder gut, aber auch ihr Modell beruht nicht auf soliden physikalischen Grundlagen. Wie kann ein bewusst »falscher« Ansatz der Physik eines Vorgangs trotzdem zu richtigen Erkenntnissen führen? Nach Ansicht der Geophysiker mögen ja all diese Modelle nette Spielzeuge sein, aber sie sind eben nur Spielzeuge, und die merkwürdige Übereinstimmung ihrer Ergebnisse mit dem Gutenberg-Richter-Gesetz ist für sie ein bedeutungsloser und uninteressanter Zufall.

Einige Geophysiker argumentieren heute immer noch so. Um zu überprüfen, ob diese Kritik berechtigt ist, könnten wir uns mehr und mehr in die Einzelheiten ganz bestimmter Erdbeben vertiefen und versuchen herauszubekommen, was wirklich zählt und was nicht – bei der Fülle der Details ein uferloses Unterfangen. Glücklicherweise gibt es noch eine andere Möglichkeit, auf den Einwand zu antworten, die Modelle würden bewusst die Realität vernachlässigen. Nach dem bisher Gesagten könnte es so aussehen, als sei der kritische Zustand – die Grundlage für das merkwürdige Verhalten sowohl der Sandberge als auch der Erdkruste – eine Entdeckung (oder Erfindung) von Bak, Tang und Weisenfeld aus dem Jahre 1987. Das ist nicht ganz richtig. Bak und seine Kollegen stellten bei ihren Modellversuchen einen kritischen Zustand fest und zogen daraus ihre Schlüsse – die Wurzeln der Wissenschaft kritischer Zustände liegen aber einige Jahrhunderte zurück. Sie liegen tief in der Physik ganz profaner Gegenstände verborgen, beispielsweise von eisernen Magneten oder Wassermolekülen beim Übergang von der flüssigen Phase in die Dampfphase. Schon vor etwa 30 Jahren ist vor diesem Hintergrund eine der bedeutendsten und umwälzendsten Ideen der modernen Physik entwickelt worden, eine Idee, die jedoch außerhalb der physikalischen Fachwelt relativ unbekannt geblieben ist. Sie ermöglicht es heute Physikern, sich mit so weit voneinander entfernten Gebieten wie Seismologie, Physiologie, biologischer Evolution und Ökonomie zu befassen.

6
De magnete

Wir leben heute … in einer Welt, in der die Dichter, Historiker und Staatsmänner sich geradezu etwas darauf einbilden, dass sie von der Wissenschaft nicht die geringste Ahnung haben, haben wollen: Offenbar betrachten sie sie als die schmale Ausgangsöffnung eines Trichters, der viel zu lang ist, als dass ein kluger Mann es wagen dürfte, seinen Kopf hineinzustecken.

Julius Robert Oppenheimer[1]

Was ist Grundlagenforschung? Einen Pfeil in den Himmel schießen und die Zielscheibe dort aufstellen, wo er landet!

Homer Adkins

Der russische Physiker Pyotr Kapitsa, der drei Jahrzehnte lang Direktor des bedeutenden Instituts für Physikalische Probleme in Moskau war, wurde einmal während eines Besuchs bei der Royal Society in London gefragt, was wohl ein Krokodil bedeuten könne, das irgendjemand dort an die Wand eines Labors gemalt hatte. Er nahm ein paar Schritte Abstand, betrachtete das Bild eingehend und schloss dann, man solle es als die Darstellung der tieferen Natur der Wissenschaft interpretieren: »Ein Krokodil kann seinen Kopf nicht drehen. Wie die Wissenschaft muss es sich mit seinem alles verschlingenden Rachen immer vorwärts bewegen.«[2]

In seinem Labor in Moskau hatte Kapitsa 1938 Helium bis zu der für damalige Zeiten unglaublich niedrigen Temperatur von zwei Grad über dem absoluten Nullpunkt herabgekühlt. Er hoffte darauf, in dieser eisigen Umgebung etwas Neues zu entdecken – und er wurde nicht enttäuscht. Es stellte sich heraus, dass sich Helium beim Herabkühlen zunächst in eine ganz gewöhnliche Flüssigkeit verwandelt, aber dann in eine der seltsamsten Substanzen, die es im Universum gibt: in eine Supraflüssigkeit. Eine Supraflüssigkeit kann man wie jede Flüssigkeit in einem Gefäß aufbewahren und ausgießen, wenn man sie aber in einem Becher umrührt, so kreist der Wirbel ewig weiter. Der Supraflüssigkeit fehlt eine Eigenschaft, die alle »normalen« Flüssigkeiten besitzen: die Viskosität oder innere Reibung, die letztlich jede Bewegung wieder zum

Stillstand bringt. Honig hat eine sehr hohe Viskosität – Supraflüssigkeit überhaupt keine.[3]

So seltsam und befremdlich die Eigenschaften einer Supraflüssigkeit auch erschienen, als sie von Kapitsa entdeckt wurden, so wenig konnte sich die Wissenschaft in ihrer Unersättlichkeit mit dem Versuchsergebnis zufrieden geben. Schon nach einigen wenigen Jahren gab es eine brauchbare Theorie des suprafüssigen Heliums, und 1950 war das alles schon kein Geheimnis mehr.

Im Jahr 1600 veröffentlichte der englische Naturwissenschaftler und Arzt William Gilbert eine Arbeit mit dem Titel *De magnete*[4], damals die umfassendste Schrift über die Eigenschaften ganz gewöhnlicher Eisenmagnete. Mit Gilberts Magneten konnte man Nägel anziehen, sie blieben auf Schwertern und Hufeisen hängen und stießen sich gegenseitig ab oder zogen sich an – je nachdem, wie sie lagen. Er berichtet in seinem Werk auch über eine weniger bekannte Eigenschaft: Gilbert hatte einen seiner Magnete in einen Schmelzofen gegeben und dort zum Glühen gebracht. Zu seiner großen Überraschung verlor das Eisen dabei seine Eigenschaft, Nägel anzuziehen. Die extreme Hitze schien die magnetische Kraft zu vernichten.

Man sollte nun meinen, die auch damals schon unersättliche Wissenschaft hätte sehr schnell alle Geheimnisse scheppernder Eisenmagnete aufgedeckt. Es kam jedoch anders: Die erste brauchbare Deutung von Gilberts Beobachtung erschien erst 1907, also 300 Jahre später! Noch weitere 40 Jahre gingen ins Land, bis die Physiker erkannten, dass diese erste Theorie falsch war, und erst nach weiteren 30 Jahren wurde sie durch eine brauchbarere ersetzt. Es dauerte also insgesamt fast vier Jahrhunderte, bis sich die Wissenschaft den Eisenmagneten einverleibt hatte. Bei der Enthüllung seiner Geheimnisse haben die Wissenschaftler zwei grundlegende Dinge gelernt: Die Welt ist einfacher, als man zunächst denkt. Und: Es kommt für das Verständnis des Wesens der Dinge nicht auf die Details an.

Ordnungskräfte

Jedes Atom in einem Stück Eisen ist ein kleiner Magnet, der vom Prinzip her in jede Richtung zeigen kann: nach oben, nach unten, nach links oder nach rechts. Man kann sich das Innere eines Eisenstücks wie ein Heer von Pfeilen vorstellen. Schon vor hundert Jahren wussten die Physiker, dass es von der Organisation dieses Heeres abhängt, ob das Eisen magnetisch ist oder nicht. Liegt das Eisenstück bei Zimmertemperatur auf einem Tisch oder wird es in einem Schmelzofen aufgeheizt, so ist die entscheidende Frage: Wo zeigen jeweils die vielen Pfeile hin?

Ohne Einflüsse von außen würden sich die atomaren Magnete aneinander ausrichten wie ein diszipliniertes Heer, und alle Pfeile würden in dieselbe Richtung zeigen. Nun haben die Pfeile aber einen Feind, der sie durcheinander bringen will: die Wärme. Die Temperatur eines Gegenstands hängt davon ab, wie viel unorganisierte Bewegung in seinem Inneren stattfindet. In warmer Luft fliegen die Moleküle schneller umher als in kalter. Nun fliegen in einem Eisenstück die Atome nicht frei herum, sie vibrieren vielmehr um ihren festen Platz in einem Gitter. Diese Vibrationen werden umso heftiger, je wärmer das Eisen ist. Während nun also die magnetischen Kräfte zwischen den Eisenatomen diese aneinander ausrichten wollen, versucht die Wärme, das zu verhindern, und sorgt für Durcheinander. Wie der Magnet sich nach außen verhält, ist das Ergebnis dieses Kampfes zwischen Ordnung und Chaos.

Hat das Eisenstück Zimmertemperatur, so ist die Wärmebewegung der Eisenatome relativ gering, und es gelingt ihnen daher, sich einheitlich auszurichten. Die Stärke der einzelnen winzigen atomaren Magnete ist natürlich nicht sehr groß, aber ihre Anzahl ist gewaltig – sie liegt für ein kleines Eisenstück schon weit über 10^{24} (das ist eine Eins mit 24 Nullen). Wenn das Heer der Eisenatome zusammenarbeitet, gewinnt es an Stärke – und kann beispielsweise einen Nagel anziehen. Wenn andererseits das Eisen im Ofen zum Glühen gebracht wird, so wird die heftige chaotische Bewegung der Eisenatome jede Ordnung zerstören. Ein Schnappschuss würde uns ein Heer in völliger Auflösung zeigen. Die Wirkung der vielen kleinen Magnete hebt sich in diesem Fall auf, und das Eisenstück ist unmagnetisch (Abb. 8).

Das ist nur eines von vielen Beispielen für einen Vorgang, den die Physiker Phasenübergang nennen. Phasenübergänge ereignen sich,

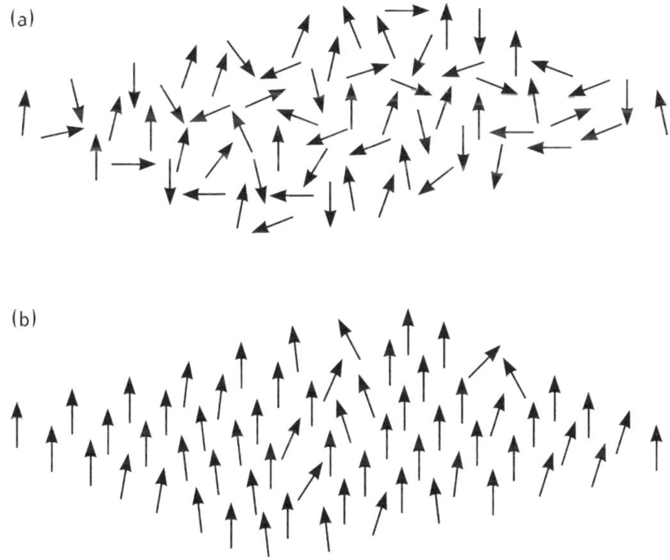

Abb. 8 Bei hoher Temperatur (a) können sich die atomaren Magnete in einem Eisenstück nicht aneinander ausrichten, die thermische Bewegung verhindert dies. Fällt aber die Temperatur unter einen bestimmten kritischen Punkt (b), so geht der Kampf anders aus: Die atomaren Magnete organisieren sich in geordneter Weise, und das Eisenstück wird magnetisch.

wenn die Eiswürfel im Gin Tonic schmelzen, wenn eine Pfütze austrocknet und das Wasser verdunstet oder wenn sich in der Atmosphäre Wolken bilden. In all diesen Fällen geht eine Substanz von einer Phase in eine andere über, und die Atome oder Moleküle, aus denen die Substanz besteht, organisieren sich neu. Kapitsa hatte seinerzeit einen weiteren Phasenübergang entdeckt, als sein Helium von einer normalen Flüssigkeit in eine Supraflüssigkeit überging.

Im Fall des Magneten erscheint alles ganz einfach: Wenn es kalt ist, gewinnen die Ordnungskräfte, wenn es warm ist, wendet sich das Kriegsglück und die Mächte des Chaos tragen den Sieg davon. Aber die Geschichte ist damit noch nicht vollständig erklärt, es fehlt noch ein besonders heikler Punkt. Bei einer bestimmten Temperatur stehen die Kräfte der Ordnung und des Chaos im Patt. Die Substanz ist an ihrem »kritischen Punkt« – auch Curie-Punkt genannt – angelangt, der im Fall von Eisen bei 768 Grad Celsius liegt. Was passiert mit der Armee der Pfeile an diesem Punkt? Was bedeutet es für jemanden, der weder organisiert noch desorganisiert ist, aber irgendwie gezwungen wird, auf der heiklen Grenze zwischen beiden Zuständen zu verharren? Die Antworten auf diese Fragen sind nicht einfach. Erst in den vierziger Jahren brachte die Reise eines Physikers aus der bunten, dreidimensionalen realen Welt in die Niederungen einer zweidimensionalen flachen Scheinwelt einen ersten Lösungsansatz für das Problem.

Die Geschichte des O.

Als im Herbst 1941 die deutsche Armee weite Teile von West- und Nordeuropa überrannte, die skandinavischen Länder Finnland, Dänemark und Norwegen eingeschlossen, konnte sich der norwegische Physiker Lars Onsager glücklich schätzen: Er war schon seit fast zehn Jahren weit entfernt an der Yale University in New Haven (Connecticut). Vielleicht um sich von den schrecklichen Nachrichten aus seinem Heimatland abzulenken, vielleicht aber auch aus unstillbarer Neugier entwickelte er das Verfahren für eine der kompliziertesten Berechnungen, die überhaupt je angestellt wurden.

In jedem beliebigen Stück Eisen führt die Unruhe, die von der Wärme erzeugt wird, dazu, dass immer irgendwelche atomaren Pfeile die Richtung wechseln. Da nun aber schon der winzigste Brocken Eisen eine astronomische Zahl von Atomen enthält, ist es offensichtlich unmöglich, diese Bewegungen bis ins letzte Detail vorauszusagen. Onsager hatte sich klugerweise ein realistischeres Ziel gesetzt. Stellen wir uns vor, wir wären in einem Fußballstadion angestellt und sollten die Massen unter Kontrolle halten, die ins Stadion strömen. Wir würden uns kaum darum kümmern, auf genau welchem Weg der Sepp vom Fanclub Unterhaching an seinen Platz kommt, aber wir würden uns sehr dafür interessieren, wie viele Personen im Durchschnitt durch den Nordeingang und den Osteingang kommen. Onsager wollte ähnliche Informationen über die atomare Welt. Ihm ging es nicht um diesen oder jenen einzelnen atomaren Magneten, sondern darum, wie im Durchschnitt das Muster der Pfeile aussieht, wenn die Temperatur dem kritischen Punkt nahe ist.

Die Betreiber von Stadien tun sich schwer damit, die Antworten auf ihre Fragen zu berechnen, sie lernen aus bitteren Erfahrungen. So gesehen war Onsager in einer besseren Lage, denn Physiker haben wirkungsvolle Werkzeuge, um solche Durchschnittsgrößen zu bestimmen. Die Statistische Mechanik, ein Zweig der Physik, beschäftigt sich mit dem durchschnittlichen Verhalten von Gruppen, die aus einer riesigen Zahl von Teilchen bestehen – beispielsweise aus Atomen oder Molekülen. Eine ihrer wichtigsten Formeln ist die Gibbs-Formel, die von dem amerikanischen Physiker Josiah Willard Gibbs 1902 gefunden wurde. Sie entspricht den newtonschen Gesetzen, nur dass sie für Durchschnittsgrößen von Mengen gilt und nicht für die Bewegung einzelner Objekte. Im Fall der Magnete erkannte aber Onsager, dass nicht einmal diese Formel weiterhelfen konnte. Weil jeder einzelne atomare Magnet jeden anderen Magneten in dem gesamten Eisenstück beeinflusst, würde man sich bald im Dschungel eines mathematischen Gleichungssystems verstricken: Onsager wusste zunächst nicht mehr weiter.

Entschlossen, das Verfahren doch irgendwie anzuwenden, unternahm er drastische Schritte. Die Realität war zu kompliziert, er griff daher zu Vereinfachungen. Zunächst stellte er sich einen Magneten vor, in dem die atomaren Pfeile in ihrer Freiheit eingeschränkt sind: Sie können nicht mehr überall hin zeigen, sondern nur noch nach oben oder unten. Dann legte er fest, dass jeder atomare Magnet nur noch eine Hand voll anderer Magnete in der näheren Umgebung beeinflussen konnte und nicht mehr alle. Das Projekt ließ sich gut an, aber die Schwierigkeiten waren immer noch zu groß. So machte Onsager noch einen weiteren gewaltigen Schritt weg von der Realität: Während reale Magnete wie wir alle in einer ganz gewöhnlichen dreidimensionalen Welt zu Hause sind, beschränkte Onsager das Leben seiner Magnete auf zwei Dimensionen, auf eine flache Ebene, die dem Lebensraum von Insekten glich, die zwischen zwei Glasplatten gepresst sind.

Um uns das Modell besser vorstellen zu können, denken wir an ein Schachbrett mit einem atomaren Magneten auf jedem Feld, der nur die jeweils (maximal) vier benachbarten Magnete beeinflusst. Dieser Modellmagnet ist natürlich nicht viel mehr als die Karikatur eines richtigen Magneten, aber Onsager machte weiter. Die Rechnungen waren immer noch äußerst schwierig. Es zeigte sich, dass es die Gesetze der Statistischen Mechanik erforderten, alle nur irgendwie möglichen Muster von Pfeilstellungen zu berücksichtigen. Schon für ein Brett mit 100 mal 100 Feldern gibt es 2^{10000} mögliche Muster, eine Zahl mit einigen Tausend Stellen, deren Größenordnung jede Vorstellung übersteigt. Ein ganzes Leben würde nicht reichen, alle Zahlen von der Eins bis zu dieser Zahl auf einem Papier niederzuschreiben.[5]

Trotz aller Bedenken begann Onsager mit seinen Rechnungen – in der Hoffnung, irgendein ganz besonderes Muster zu finden. Onsager arbeitete beinahe ein Jahr lang an den Rechnungen und konnte sein Verfahren dabei verfeinern. Zu seiner Bestürzung musste er entdecken, dass immer, wenn ein mathematisches Geheimnis gelöst war, ein zweites ans Tageslicht kam. Jahre später berichtete er: »Es war eine Art von Untersuchung, bei der man irgendwann auf der richtigen Spur ist. Und man muss ihr natürlich weiter nachgehen. Und kurz bevor man ans Ziel kommt, taucht ein neues auf. Jede Spur führt wieder zu einer neuen. Und jede ist zu vielversprechend, als dass man sie aufgeben könnte.«[6] Obwohl es eine solche Unzahl von Anordnungen auf dem Brett gab, konnte Onsager sie mit einigen mathematischen Tricks in Gruppen einordnen, sodass er eine Vielzahl von Rechnungen zusammenfassen konnte. Mit der mathematischen Formulierung des durchschnittlichen Verhaltens seines zweidimensionalen Magnet-Modells war es immer noch sehr schwer, eine Vorstellung vom kritischen Zustand zu bekommen. Es erforderte noch sechs weitere Jahre harter Anstrengung und die Unterstützung der jungen Studentin Bruria Kaufman, bis endlich Bilder der interessantesten Pfeilmuster vorlagen.

Nehmen wir zunächst an, der Magnet X inmitten einer großen Menge von Magneten kippt seinen Pfeil von unten nach oben. Wie wird dieses Ereignis die Magnete in einiger Entfernung beeinflussen? Im physikalischen Fachjargon ist dies die Frage nach der Korrelation zwischen dem *einen* Magneten und den *anderen* Magneten, wenn sich das System nahe dem kritischen Punkt befindet. Wäre die Verteilung der atomaren Magnete völlig vom Zufall bestimmt, so wäre es für den Pfeil jedes Einzelmagneten gleich wahrscheinlich, nach oben oder nach unten zu weisen. Onsager und Kaufman kamen nun zu einem zunächst wenig überraschenden Ergebnis: Die Wahrscheinlichkeit, dass zwei

Magnete sich aneinander ausrichten, ist umso größer, je näher sie beieinander liegen.

Wann immer Onsager und Kaufman den Abstand zwischen zwei Magneten verdoppelten, verringerte sich die Neigung der beiden, in dieselbe Richtung zu zeigen, um den Faktor 1,19. Das Erstaunliche an dieser Entdeckung war, dass man dieses Resultat für Magnete erhält, die zehn, hundert, tausend oder mehr Felder auf dem Riesenschachbrett auseinander liegen: Die Neigung der Pfeilspitzen, sich aneinander auszurichten, folgt einem Potenzgesetz.

Dissidenten

Aus gutem Grund hat man behauptet, die Computer seien »möglicherweise der wichtigste *erkenntnistheoretische* Fortschritt in der wissenschaftlichen Methodik seit der Erfindung genauer Zeitmesser«[7]. Onsager und Kaufman konnten noch keinen Computer benutzen – heute ist das möglich und macht es uns äußerst einfach, die grundlegende »Botschaft« von Potenzgesetzen zu verstehen. Mit einem schnellen Computer ist es kein Problem, ein Gitternetz mit beispielsweise 250 000 atomaren Magneten zu besetzen und dann den Startschuss zu geben. Die Grundidee ist, die Rechnungen für eine Vielzahl von Temperaturen laufen zu lassen und dann das Ergebnis optisch zu markieren: alle Magnete mit dem Pfeil aus der Bildebene heraus in Weiß, die anderen in Schwarz. Abb. 9 zeigt einige typische Resultate.

Die erste Darstellung (Abb. 9a) entspricht dem Zustand des Magneten weit oberhalb der kritischen Temperatur. Ganz wie erwartet, gewinnt dort die thermische Bewegung die Oberhand, und die Einzelmagnete sind völlig ungeordnet. Sie flippen in schneller Folge und völlig zufällig nach oben und unten, es herrscht pures Chaos, und das Bild ähnelt einem Fernsehbildschirm nach Programmschluss. Bei einer Temperatur weit unter der kritischen (Abb. 9b) haben sich im Gegensatz dazu fast alle Einzelmagnete ausgerichtet – im Fall der Abbildung in die Bildebene hinein –, und wir erhalten in diesem Zustand vollkommener Ordnung ein fast schwarzes Bild.[8] Das ist alles noch wenig überraschend.

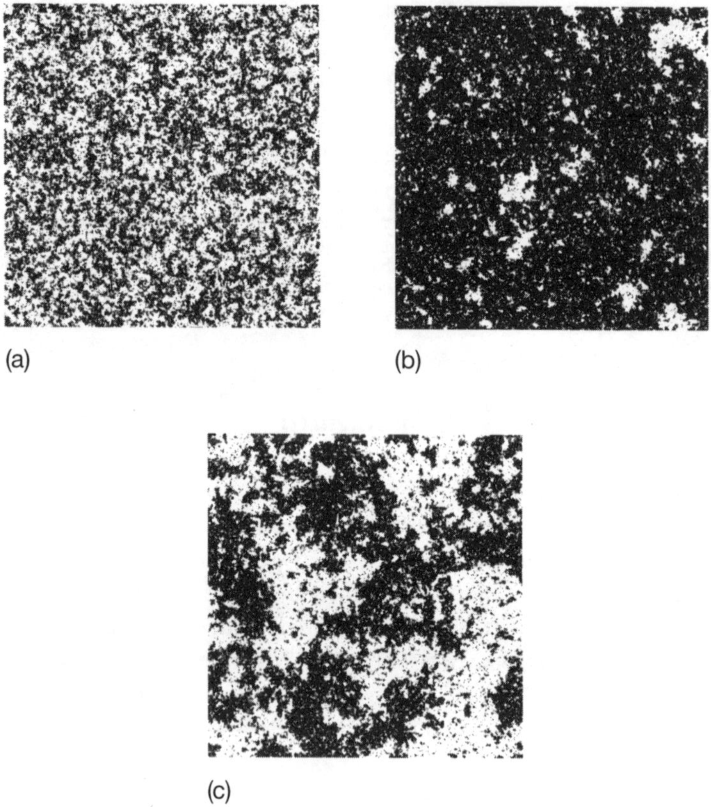

Abb. 9 Oberhalb des kritischen Punkts (a) herrscht in unserem flachen Modellmagneten das Chaos. Die atomaren Magnete zeigen mit gleicher Häufigkeit nach oben (weiß) wie nach unten (schwarz). Die Ausrichtung irgendeines Magneten sagt nichts über seine Nachbarn aus. Unterhalb des kritischen Punkts (b) herrscht strenge Ordnung: Fast alle Magnete sind in die gleiche Richtung ausgerichtet. Der kritische Punkt selbst (c) stellt eine Art Niemandsland zwischen Chaos und Ordnung dar: Weiße und schwarze Magnete bilden sich in ständig wechselnden Bereichen jeglicher Größenordnung.[9]

Erhöht man nun aber die Temperatur um einen geringen Wert auf den kritischen Punkt zu, so werden die Verhältnisse mehr und mehr spannend: Während die meisten Magnete immer noch ausgerichtet sind, beginnen sich einige weiße Gebiete mit Abweichlern auszubreiten.

Erhöht man die Temperatur weiter, so wachsen diese Gebiete an und werden zahlreicher. Es kann vorkommen, dass sich die weißen Bereiche der Dissidenten bei der Annäherung an die kritische Temperatur so sehr ausweiten, dass man das ganze Spielfeld überqueren kann, ohne den weißen Bereich zu verlassen (oder, falls einem das lieber ist, den schwarzen). Der Magnet hat den kritischen Zustand erreicht und ist nun auf der Kippe zwischen seinem magnetischen und seinem unmagnetischen Zustand. Die Bilder, die wir erhalten, verdeutlichen das Wesentliche eines Prozesses, der einem Potenzgesetz gehorcht.

Am kritischen Punkt selbst (Abb. 9c) finden wir Teilmagnete aller Größenordnungen – angefangen von isolierten atomaren Magneten bis zu großen Gruppen oder Clustern, die sich über den gesamten Magneten erstrecken. Auch wenn wir unser Modell durch die Anlagerung weiterer atomarer Magnete bis zur Größe Europas ausbauen, wird sich das Bild nicht ändern: Die Teilmagnete würden von winzigsten Ansammlungen bis zu Clustern reichen, die sich von Rom bis Stockholm ausdehnen. Wie wir aus den Kapiteln drei und vier wissen, ist es wesentlich für Prozesse, die Potenzgesetzen folgen, dass es keine »typische« Größenordnung gibt – und das ist genau das Bild, das wir am kritischen Punkt erhalten: Die atomaren Magnete sind *fraktal* angeordnet.

Den sich ständig ändernden Zuständen in der Nähe des kritischen Punkts kann allerdings ein *einziges* Bild kaum gerecht werden. Man müsste einen Film drehen und würde sehen, dass ständig neue weiße Gebiete auftauchen, während andere verschwinden, und dass sich die Formen der Gebiete ebenso verändern wie ihre Verknüpfung untereinander. Der kritische Zustand weist also gewaltige Fluktuationen auf – ständig sind plötzliche radikale Änderungen möglich. Der Begriff »hoch sensibel« wäre noch untertrieben. Weil das Heer der Pfeile auf der Kippe zwischen den beiden möglichen Phasen des Systems steht, kann schon der kleinste Zufall den Absturz nach der einen oder der anderen Seite auslösen. Ein einziger atomarer Magnet, der seine Richtung ändert, kann eine Lawine von Richtungsänderungen ins Rollen bringen, die letztlich den gesamten Magneten überzieht.

Aber wir wollen nicht allzu sehr abschweifen. Was Onsager untersucht hat, war zugegebenermaßen – verglichen mit der Wirklichkeit – ein lächerlich einfaches Modell, und auch unsere Computerrechnungen sind nur Simulationen eines Magneten, der in eine zweidimensionale platte Spielzeugwelt hineingezwungen ist. Was passiert, wenn wir die Versuchsanordnung wieder realistischer machen? Was geht in »echten« Eisenmagneten vor? Und was ereignet sich in anderen Stoffen am kritischen Punkt – in Wasser beispielsweise oder in Kapitsas unterkühltem Helium? Um Antworten auf diese Fragen zu erhalten, müssen wir den Blick auf einige »kritische Zahlen« werfen.

Grundprinzipien

Die Zahl »1,19«, die Onsager und Kaufman für ihr Potenzgesetz ermittelt haben, ist eine Art Kennzahl für diesen bestimmten kritischen Zustand. Bei den Potenzgesetzen in den vorangegangenen Kapiteln fanden wir jeweils ähnliche Aussagen für die Übergänge von einer Größenordnung zur nächsten. Es sei beispielsweise an das Gutenberg-Richter-Gesetz erinnert, nach dem Erdbeben mit doppelter Stärke viermal weniger häufig sind – die Kennzahl ist hier vier. Oder denken wir an die Kartoffeltrümmer, wo das Potenzgesetz durch die Zahl sechs gekennzeichnet ist. Jede dieser Kennzahlen gehört zu einem bestimmten selbstähnlichen Prozess mit fraktalen Mustern. Um die Eigenschaften eines kritischen Zustandes zu beurteilen, beschäftigen sich die Physiker nicht nur damit, *dass* es ein Potenzgesetz gibt, sondern auch damit, durch welche Kennzahl[10] es bestimmt wird.

Wir wissen, dass kritische Zustände bei Phasenübergängen aller möglichen realen Substanzen vorkommen oder auch bei künstlichen Anordnungen wie Onsagers Magnet-Modell. Onsagers »Magnet« hat die Kennzahl 1,19 – man sollte nun annehmen, dass ein realer Eisenmagnet eine andere Kennzahl hat, nachdem ja Onsagers Rahmenbedingungen so weit von der Realität entfernt sind. Zu vermuten wäre auch, dass sich die Kennzahlen für andere kritische Zustände und andere Phasenübergänge voneinander unterscheiden, schließlich unterscheidet sich ja die Wechselwirkung zwischen den Atomen eines Gases erheblich von der zwischen zwei atomaren Magneten in einem Stück Eisen: Die Atome oder Moleküle in einem Gas können sich frei bewegen und beispielsweise aufeinander stoßen, während die atomaren Magnete an ihre Gitterplätze gebunden sind und nur ihre Orientierung ändern können. Im Falle des supraflussigen Heliums spielen sogar die Gesetze der Quantenwelt eine wichtige Rolle, und die beteiligten Kräfte sind völlig anders geartet als die uns vertrauten.

Forscher in den sechziger Jahren waren daher sehr überrascht, als sie bei der Untersuchung der Übergänge von Sauerstoff, Neon und Kohlenmonoxyd aus der Gasphase in die flüssige Phase immer auf exakt die gleichen Kennzahlen für den kritischen Zustand stießen. Noch erstaunter waren sie, als diese Zahlen auch für Phasenübergänge beim Mischen und Trennen von Chemikalien galten, einem Vorgang, der keinerlei Ähnlichkeit mit der Kondensation von Wasserdampf aufweist. Regelrecht schockierend war, dass auch eine dreidimensionale Version von Onsagers Modellmagneten von dieser Zahl bestimmt wurde – trotz der geringen Ähnlichkeit des Modells mit der Natur.

1965 stießen die Physiker auf etwas fast Unglaubliches: Bei Phasenübergängen durchläuft jeder Prozess einen kritischen Zustand, dessen mathematische Beschreibung nahezu nichts damit zu tun hat, welche Dinge beteiligt sind und welcher Natur der Vorgang ist. Zunächst war das nur eine reizvolle Idee, die noch nicht ausformuliert war. 1970 entwickelte dann der junge Physiker Leo Kadanoff von der Universität Chicago eine bessere Grundlage für die Theorie und stellte das wirklich Entscheidende in den Mittelpunkt.

Nähert man sich vom ungeordneten Zustand her dem kritischen Punkt, so können zu jeder Zeit und an jedem Ort geordnete Unterbereiche entstehen und wieder verschwinden. Bis zu welcher Größe diese Unterbereiche anwachsen und wie schnell sie sich wieder auflösen, hängt davon ab, wie leicht es für die Ordnung erzeugende Kraft ist, von einer Stelle aus auch andere Stellen in der Nähe zu beeinflussen, also letztlich von der geometrischen Anordnung. Der wesentliche Punkt ist also nicht die Physik, sondern die Geometrie. In einem realen Magneten kann jeder atomare Magnet seine Nachbarn in allen drei Richtungen des Raums beeinflussen, in der flachen Welt unseres Modells existieren nur zwei Richtungen.

Bei der Untersuchung der Kennzahlen des kritischen Zustands bei verschiedenen Phasenübergängen fand Kadanoff heraus, dass die grundlegenden geometrischen Verhältnisse entscheidend sind, also die

Struktur des Raumes, in dem sich die beteiligten Teilchen befinden. Darüber hinaus ist nur noch eine weitere Eigenschaft von Bedeutung: die Form der Teilchen. Bei Xenon ähneln beispielsweise die Atome kleinen Billardkugeln – sie können sich leicht im Raum drehen, aber sie haben keine Vorzugsrichtung, können also nicht in eine bestimmte Richtung zeigen. In einem Magneten ähneln die Atome dagegen eher Pfeilen, die nichts tun können, außer in bestimmte Richtungen zu zeigen. Wenn sich nun die einzelnen Teilchen – seien es Atome, Moleküle oder andere – auf vielfältige Weise »individuell« verhalten können, so wird sich Ordnung nur schwer von einer Stelle aus weiterverbreiten, was mit Sicherheit die Struktur der Selbstähnlichkeit im kritischen Zustand beeinflusst.

Das eigentlich Verblüffende an Kardanoffs Entdeckung ist, dass andere Eigenschaften der Teilchen *keine* Rolle spielen – weder das Atomgewicht noch die elektrische Ladung. Es ist auch völlig gleichgültig, ob es sich um Sauerstoff, Stickstoff, Krypton, Nickel oder Eisen, um einfache Atome oder komplizierte Moleküle handelt. Man kann alles vergessen, was man über die Eigenschaften der beteiligten Teilchen weiß, selbst die Stärke der Wechselwirkung[11] zwischen ihnen ist ohne Belang für die Strukturierung des kritischen Zustands. Physiker nennen dieses überraschende Ergebnis, das inzwischen durch Tausende von Experimenten und Computersimulationen bestätigt wurde, »Universalität des kritischen Zustands«.

Im kritischen Zustand kämpfen die Kräfte der Ordnung und des Chaos um einen äußerst fragilen Gleichgewichtszustand, ohne dass es einen eindeutigen Sieger oder Verlierer gibt. Auch der Verlauf dieses Kampfes mit seinen ständigen Veränderungen und Frontverschiebungen ist von den Eigenschaften der beteiligten Teilchen fast unabhängig – es zählt einzig und allein die Geometrie: die Form der Teilchen (Kugeln, Pfeile etc.) und die Abstände – sonst nichts.

Wir wollen nun einen kleinen, aber lehrreichen Schritt in eine abstrakte Welt machen, die Welt aller Substanzen, die man sich überhaupt vorstellen kann. Es wird in dieser Welt natürlich unterschiedliche Völker geben – beispielsweise ein Volk der »Pfeile«, das in drei Dimensionen lebt, und ein Volk der »Punkte« in einem nur eindimensionalen Raum. Im physikalischen Fachjargon werden diese Völker als »Universalitätsklassen«[12] bezeichnet. Das Erstaunliche ist, dass zwei Substanzen – seien es reale oder nur vorgestellte – mit noch so unterschiedlichen Eigenschaften denselben kritischen Zustand einnehmen, wenn sie nur derselben Universalitätsklasse angehören.

Universalität

Wir haben diesen kleinen Umweg nur gemacht, um wieder auf den kritischen Zustand und seine besonderen Eigenschaften zurückzukommen, nachdem wir jetzt in der Lage sind, uns mit den tieferen Schlussfolgerungen auseinander zu setzen. Die Universalität des kritischen Zustands ist ein großes Geschenk der Natur an die Wissenschaft: Man versteht *alle* physikalischen Systeme einer Universalitätsklasse, wenn man *eines* der Systeme verstanden hat. Selbst die gröbsten Modelle wie beispielsweise Onsagers Magnet-Modell gehören irgendeiner Universalitätsklasse an. Wenn man deshalb etwas über das Verhalten eines realen physikalischen Systems am kritischen Punkt wissen möchte, kann man all die lästigen realen Eigenschaften vergessen und sich ganz auf ein mathematisches Modell konzentrieren – es muss nur derselben Universalitätsklasse angehören. Es genügt ein grobes, stark vereinfachtes Modell, ja es darf sogar physikalische Gesetze verletzen und alle möglichen Details der Realität außer Acht lassen – man kann trotzdem sicher sein, dass sein kritischer Zustand genauso organisiert ist wie bei dem realen physikalischen System, solange nur die zwei entscheidenden Dinge übereinstimmen: die Form der Teilchen und die Geometrie ihrer Anordnung. Jedes noch so simple Modell »arbeitet« dann wie die Realität. 1995 stellten beispielsweise Physiker an der ETH Zürich einen äußerst dünnen Magneten her. Sie erzeugten zunächst einen Film von Eisenatomen mit nur einer Schicht. Dann fügten sie diesem Film an zufällig ausgewählten Stellen eine weitere Lage Atome bei und an einigen wenigen Stellen der zweiten Lage eine dritte. Das Ergebnis war eine recht grobe Realisation von Onsagers Magneten mit seiner flachen Welt: Der Film mit den Eisenatomen war weder exakt zweidimensional, noch waren die Atome in einem perfekten Gitter angeordnet. Es gab noch weitere Unterschiede: Weil Eisen ein Metall ist, folgt aus den Gesetzen der Quantenmechanik, dass die einzelnen atomaren Magnete nicht lokalisiert, sondern gewissermaßen über den gesamten Magneten »verschmiert« sind. Während im Modell die Wechselwirkungen zwischen benachbarten Atomen genau definiert und in allen Fällen gleich sind, unterscheiden sie sich in dem unregelmäßig aufgebauten Eisenfilm geringfügig voneinander. Trotz all dieser Unterschiede stimmte der kritische Exponent für den Eisenfilm *exakt* mit dem aus Onsagers Modell überein. Die geometrischen Verhältnisse waren identisch – und das genügte.[13]

Damit kommen wir wieder auf die Einwände gegen das Erdbeben-Modell zurück, das wir in Kapitel vier betrachtet haben und das mit seinem simplen »stop and go« kaum Ähnlichkeit mit den Vorgängen in der realen Erdkruste aufweist. Nicht einmal die Eigenschaften des Gesteins werden im Modell berücksichtigt, geschweige denn die Tatsache, dass in der realen Welt Erdbeben in einem Netz von Verwerfungen und nicht auf einer einzelnen Verwerfungslinie stattfinden. Erinnern wir uns an die Fragen aus Kapitel vier: Wie kann man zu irgendwelchen grundlegenden Erkenntnissen über Erdbeben kommen, wenn man bekannte physikalische Eigenschaften einfach ignoriert? Ist es mehr als eine zufällige Übereinstimmung, wenn auch das Modell das Gutenberg-Richter-Gesetz liefert?

Inzwischen haben wir tiefer gehende Erkenntnisse gesammelt und wissen, dass man bei Dingen im kritischen Zustand Wesentliches über ihr Funktionieren auch verstehen kann, wenn man das eine oder andere Detail weglässt – man muss nur die wenigen unverzichtbaren berücksichtigen. Im Hinblick auf das Gutenberg-Richter-Gesetz und die Tatsache, dass Erdbeben dazu neigen, in selbstähnlicher Weise zeitlich gehäuft aufzutreten, scheint sich die Erdkruste im kritischen Zustand zu befinden und daher weder eine »typische« Zeitskala noch eine »typische« räumliche Skala zu haben. Das nimmt den Einwänden gegen das Vernachlässigen von Details ihre Brisanz. Es ist in der Tat möglich, die Prozesse in der Erdkruste mithilfe eines stark vereinfachten Modells zu verstehen – etwa dem Modell von Burridge und Knopoff oder den neueren Varianten von Bak und Tang oder von Olami, Feder und Christensen.[14]

Wir sind nun an einem Punkt unserer Überlegungen angelangt, den wir mit »kritischem Denken« bezeichnen können. Systeme, die sich im kritischen Zustand befinden, sind auf ähnliche Weise organisiert, wobei die Organisation nicht von bestimmten Details der Systeme oder ihrer Bestandteile abhängig ist, sondern von der grundlegenden Geometrie und Logik des Ganzen. Ein kritischer Zustand baut sich unabhängig von den Eigenschaften des Systems auf und kann daher auch erforscht werden, ohne dass man diese Eigenschaften kennt und berücksichtigt.

Wir werden bald sehen, dass Merkmale eines kritischen Zustands auch in vielen anderen Bereichen zu finden sind: in der Wirtschaft, bei Ökosystemen und sogar im »Funktionieren« der Wissenschaft selbst. Wenn wir nun die Phasenübergänge vergessen und uns mit diesen Systemen befassen, so können wir erwarten, dass es nur wenige verschiedene Formen von Ordnungszuständen und kritischen Zuständen gibt. Dinge, die auf den ersten Blick sehr verschieden aussehen, können in der Ordnungsstruktur sehr ähnlich sein.

7
Kritisches Denken

Das Ziel des wissenschaftlichen Denkens ist es, das Allgemeine im Besonderen und das Ewige im Vergänglichen zu erkennen.
Alfred North Whitehead[1]

Der Zweck eines Modells ist es nicht, die Daten zu reproduzieren, sondern die Fragestellungen zu präzisieren.
Samuel Karlin[2]

Am frühen Nachmittag des 2. Dezember 1942 stieg ein Team von Physikern die Stufen zu den Squashplätzen im Untergeschoss des Football-Stadions der Universität von Chicago hinab. Es war der Augenblick eines historischen Experiments. In einem improvisierten Labor auf einem der Plätze hatten die Wissenschaftler den weltweit ersten Kernreaktor aufgebaut. Sie hatten in einen gewaltigen Graphitblock Löcher gebohrt und Stäbe aus angereichertem Uran hineingeschoben. Enrico Fermi, der Kopf des Unternehmens, hatte sechs Jahre zuvor entdeckt, dass man Urankerne durch den Beschuss mit Neutronen spalten kann und dabei wieder Neutronen frei werden. Diese wiederum können im Prinzip weitere Kernspaltungen verursachen, wenn sie auf Urankerne stoßen und so eine Kettenreaktion auslösen – eine Kettenreaktion, die sich selbst aufrecht erhält.

So sah zumindest die Theorie aus. Nach dieser Theorie konnte der Reaktor sich auch ganz von selbst in Gang setzen, wenn man nicht vorsichtig war. Die Urankerne zerfallen schon ohne Anstoß von außen auf natürliche Weise und stoßen dabei ein Neutron ab. So kann unter günstigen Bedingungen bereits ein einziges Neutron eine Kettenreaktion auslösen, die dann nicht mehr aufzuhalten ist. Fermi hatte deshalb Steuerstäbe aus Cadmium zwischen die Uranstäbe eingeschoben, um den Reaktor zu bremsen, bis er mit seinen Vorbereitungen fertig war. Mit diesen Stäben konnte man die Neutronen wieder einfangen und so dafür sorgen, dass jede Lawine, die von einem einzelnen Neutron ausgelöst wurde, schon bald zum Stillstand kam. An jenem 2. Dezember wollte nun Fermi die Bremsen lösen und untersuchen, was dann passieren würde.

Kurz nach 15 Uhr holten alle tief Luft: Fermi ergriff ein Seil und zog die Cadmiumstäbe ganz langsam aus dem Block. Der Physiker Eugene Wigner stand mit einer Flasche Chianti bereit – nervös, aber voller Hoffnung. Als die Steuerstäbe langsam aus dem Kern verschwanden, begann ein Geigerzähler gelegentlich zu klicken, kurze Zeit später knatterte er wie ein Maschinengewehr. Fermi hatte mit dem Rechenschieber ausgerechnet, wie weit er die Steuerstäbe entfernen durfte, ohne dass der Reaktor »durchging« und es zu einer katastrophalen Kettenreaktion kommen würde. Um 15.36 Uhr begann der Geigerzähler verrückt zu spielen. Fermi hielt die Steuerstäbe an: Der Reaktor war kurz vor dem kritischen Zustand, wo ein einziges weiteres Neutron eine Lawine gewaltiger Größenordnung hätte auslösen können.

Die Lehre aus dieser Geschichte ist, dass ein System nicht unbedingt ganz von selbst in einen kritischen Zustand gerät: Die Steuerung ist entscheidend! In einem Kernreaktor bedarf es ebenso wie in einem Magneten gewisser Bemühungen, um den kritischen Zustand zu erreichen, in dem dann jedes winzige Ereignis gewaltige Veränderungen auslösen kann. Wenn man ein Stück Eisen in einen Schmelzofen wirft, so wird es den kritischen Zustand beim Aufheizen schnell durchlaufen. Es bedarf aber gehöriger Anstrengungen, es in diesem Zustand bei 768 Grad Celsius zu halten – schon bei Abweichungen von ein bis zwei Grad kann man die Ausbildung von Teilbereichen nicht mehr beobachten.

Das ist der Grund, warum Bak, Tang und Weisenfeld 1987 so überrascht und verwundert waren, dass ihr einfaches Sandberg-Modell ganz von selbst in einen kritischen Zustand überging. Ihr Computer schüttete – vom Zufall bestimmt – Korn für Korn auf eine ebene Fläche. Der Berg wuchs an, wurde steiler, und Lawinen begannen abzugehen. Zunächst bestanden sie nur aus wenigen Körnern, dann wuchs die Lawinengröße mit der Größe des Bergs. Zuletzt erreichte der Berg den kritischen Zustand und war dann für Lawinen *aller* Größenordnungen anfällig – wie Fermis Reaktor an dem Punkt, an dem das Experiment abgebrochen wurde. Bak und seine Mitarbeiter hatten aber überhaupt nicht eingegriffen, um ihr Modell an den kritischen Punkt zu bringen – dieser Zustand hatte sich von selbst eingestellt.

Sie hatten diesem »Wunder« den Namen »selbstorganisierte Kritikalität« gegeben. Zum allerersten Mal hatten Physiker ein Beispiel dafür gefunden, wie sich der spektakuläre kritische Zustand völlig frei und ohne Zutun von außen einstellte. Und noch mehr: Der kritische Zustand erwies sich als dauerhaft. Wenn man beispielsweise eingriff und die Hälfte des Bergs einfach wegwischte, so änderte sich nichts! Die weiteren herunterrieselnden Körner stellten den kritischen Zustand binnen kurzem wieder her. Niemand würde in die bayerischen Urwälder gehen, um dort einen Magneten im kritischen Zustand zu suchen: Für einen Magneten ist der kritische Zustand ein ganz besonderer, seltener Zustand. Wenn nun aber ein kritischer Zustand ganz von selbst entstehen kann wie bei dem Sandberg-Modell, so liegt die Annahme nahe, es könnte möglicherweise auch in der Natur Systeme mit dieser bemerkenswerten Eigenschaft geben.

Isaac Newton hat entdeckt, welchen Bewegungsgesetzen die Planeten folgen. Inzwischen weiß man, dass diese Gesetze universelle Geltung haben. Ihnen gehorchen auch Kometen, Regentropfen, fallende Äpfel und Satelliten, darüber hinaus Flüssigkeiten und Flugzeuge, ja alles auf der Erde und im Universum. Max Planck hat die Grundlagen der Quantentheorie entwickelt, als er die Wellenlänge der Strahlung erklären wollte, die von heißen Materialien ausgesandt wird. Auf diesem Weg hatte er eine Theorie gefunden, die im gesamten Bereich der Physik ihre Auswirkungen hatte. Nachdem große Entdeckungen gemacht worden sind, sehen die Forscher plötzlich überall Zusammenhänge, die sie vorher nicht wahrgenommen hatten.

Wir wissen bereits, dass selbstorganisierte Kritikalität bei den unvorhersagbaren und so gesetzlos erscheinenden Bewegungen in der Erdkruste eine Rolle spielt. Das langsame und unerbittliche Driften der Kontinentalplatten entspricht dem beständigen Rieseln der Sandkörner im Modell und versetzt die Erdkruste in den kritischen Zustand, in dem »Lawinen« – in diesem Fall lawinenartige Verschiebungen längs einer Verwerfung – aller Größenordnungen auftreten. Wir können nun die Frage stellen, ob es noch mehr Vorgänge gibt, die auf den ersten Blick ähnlich kompliziert erscheinen, aber derselben einfachen Logik gehorchen wie das Sandberg-Modell. Über mehr als zehn Jahre wurde diese Frage in einer »hektischen Atmosphäre des Streits«[3] diskutiert. Inzwischen haben die Physiker zwar noch nicht alle Probleme gelöst, aber immerhin einige ebenso scharfsinnige wie faszinierende Theorien entwickelt.

Brände nach Plan

Es ist nicht leicht zu verstehen, warum der Brand im Yellowstone-Nationalpark von 1988 so verheerende Ausmaße annahm. Ob und wie und wo Waldbrände ausbrechen, hängt von der Art der Bäume ab, von ihrem Abstand und von der Verteilung von Wald, Unterholz und Grasflächen. Wind facht Brände an, Regen bringt sie zum Erlöschen, und auch die Vorgeschichte des Waldes spielt eine Rolle: Der Baumbestand ist in einigen Bereichen älter als in anderen, die Brennbarkeit ist nicht überall gleich. Natürliche Barrieren wie Flüsse oder Felsen können die Ausbreitung des Feuers aufhalten, aber Glut kann durchaus auch über einen Fluss getragen werden und Kilometer entfernt ein neues Feuer entfachen.

Wenn man all diese Einflüsse bedenkt, ist es kaum überraschend, dass man mit der Vorhersage von Waldbränden ebenso wenig Erfolg hat wie bei Erdbeben. Dass die Brände den U. S. Forest Service im Yellowstone-Nationalpark so oft überrascht haben, mag daran liegen, dass die Situation so kompliziert ist und man viel zu viel berücksichtigen muss. Es könnte aber auch noch einen weiteren, etwas weniger offensichtlichen Grund geben. 1998 haben die Geologen Bruce Malamud, Gleb Morein und Donald Turcotte Daten über die Waldbrände in den USA und Australien im Laufe der letzten hundert Jahre zusammengetragen. Dabei haben sie die »Größe« eines Waldbrands durch die Zahl der verbrannten Bäume oder durch seine Fläche definiert und die Frage untersucht, ob es so etwas wie den »typischen« Waldbrand gibt.

Um herauszubekommen, ob die Geschichte der Waldbrände auf ein Patt zwischen den zerstörerischen Kräften der Natur und den Gegenmaßnahmen der Menschen hindeutet, haben Malamud und seine Mitarbeiter grafisch dargestellt, wie oft Brände mit einer Fläche von einem Quadratkilometer, zehn Quadratkilometern usw. auftraten. Die Daten von 4284 Bränden im Gebiet des U. S. Fish and Wildlife Service aus den Jahren 1986 bis 1995 ergaben ein bemerkenswert eindeutiges Potenzgesetz, wobei der Bereich der Größenordnungen einen Faktor von einer Million überdeckte. Wieder einmal finden wir den nun schon gut bekannten statistischen Zusammenhang: Waldbrände mit doppelter Fläche treten um den Faktor 2,48 weniger häufig auf. Mit anderen Worten: So kompliziert auch die Vorgänge bei der Ausbreitung von

Waldbränden sind, so folgen sie doch einem überraschend einfachen Schema, wenn man ihre Häufigkeit in Abhängigkeit von der Größe betrachtet. Man erhält eine Art Gutenberg-Richter-Gesetz für eine ökologische Katastrophe.

Wir erinnern uns, dass ein Potenzgesetz auf einen Prozess verweist, der skalenunabhängig ist. Mit anderen Worten: »Große« Ereignisse sind nichts als vergrößerte Kopien »kleiner« Ereignisse, beide werden auf die gleiche Weise verursacht. Auch Megabeben werden nicht durch ganz besondere Ursachen ausgelöst, sondern sind ebenso wie die kleineren Beben die zwar seltene, aber natürliche Folge davon, dass sich die Erdkruste in einem kritischen Zustand befindet und für weit reichende Kettenreaktionen anfällig ist. Die Forscher an der Cornell University in Ithaka fanden heraus, dass ihre Erkenntnisse nicht nur für Waldbrände in den USA, sondern auch in Australien und vermutlich überall auf der Welt gelten. Vereinfacht könnte man wie bei den Erdbeben sagen: Wenn ein Waldbrand ausbricht, weiß »er« noch nicht, wie groß er werden wird. Waldbrände brechen aus, weil sich Wälder im kritischen Zustand befinden, ihr Ausmaß ist weitgehend vom Zufall abhängig.

Das ist zumindest das Ergebnis der bloßen Daten. Natürlich ist auch ein Potenzgesetz nichts als ein Haufen Zahlen. Sie mögen zwar andeuten, dass die Ursachen für große und kleine Erdbeben die gleichen sind, lassen aber doch für Skeptiker noch viele Fragen offen. Um einen tieferen Einblick in die Entstehung derartiger Potenzgesetze zu erhalten, gingen Malamud und seine Kollegen noch einen Schritt weiter. Wir haben uns im letzten Kapitel mit dem Prinzip der Universalität befasst, das es erlaubt, Systeme im kritischen Zustand sehr leicht mit einem stark vereinfachten Modell zu beschreiben. Man kann dabei alle Einzelheiten ausblenden, solange man nur die zugrunde liegende Logik berücksichtigt, die für die Ausbreitung von Störungen und Änderungen über das gesamte System bestimmend ist. Wie sieht nun diese Logik bei Waldbränden aus?

Die Forscher um Malamud haben dafür drei Grundprinzipien herausgearbeitet. Das erste besagt – wenig überraschend –, dass Wälder aus Bäumen bestehen, deren Zahl zunimmt, wenn man den Wald sich selbst überlässt. Das zweite Prinzip ist, dass irgendwann irgendwo ein Baum zu brennen anfangen wird. Das dritte Prinzip lautet, dass dieses

Feuer auf benachbarte Bäume übergreifen wird. Für jeden Mitarbeiter einer Forstbehörde stellt ein solches Schema eine schier unglaubliche Vereinfachung der Realität dar, was aber Malamud und seine Kollegen nicht daran hinderte, ein Rechenmodell auf diesen drei Prinzipien aufzubauen und dann ihren Computer zu starten.

Ähnlich wie in dem Modell mit dem Sandberg wird in dem Waldbrand-Modell bei jedem Zeitschritt an einer per Zufall bestimmten Stelle in einem Gitternetz ein neuer Baum gepflanzt. Im Laufe der Zeit verbreiten sich so die Bäume in zufälliger Anordnung über die Modellfläche. Nach einer bestimmten Anzahl neuer Bäume wirft nun der Computer ein Zündholz über dem Modellwald ab, wobei auch hier die Stelle vom Zufall bestimmt wird. In dem Modellwald wachsen also mit einer bestimmten Rate Bäume nach, und mit einer deutlich kleineren Rate – beispielsweise mit einem Zündholz nach 200 oder 400 neuen Bäumen – werden Brände gelegt. Fällt ein Zündholz auf einen freien Platz, so passiert gar nichts, fällt es auf einen besetzten Platz, so fängt der Baum zu brennen an. Das Modell gibt nun vor, dass jeder brennende Baum alle Nachbarn in Brand setzt, die nur einen Gitterpunkt entfernt sind – also maximal vier. Das ist auch schon das ganze Modell: Vom Zufall bestimmt wachsen Bäume, irgendwann wird dann einer in Brand gesetzt, und der Brand breitet sich aus, wenn es unmittelbare Nachbarn gibt.

Das Modell enthält keine Barrieren, also weder Waldlichtungen noch Flüsse, Straßen und Brandschneisen. Das Modell kennt auch nur eine Baumsorte – alle Bäume sind gleich leicht entzündbar und brennen auf gleiche Weise, wenn sie einmal in Brand gesetzt sind. Trotz all dieser Vereinfachungen stimmen die Ergebnisse des Modells – ganz nach dem Prinzip der Universalität – mit den Daten realer Waldbrände hervorragend überein. Malamud und seine Mitarbeiter ließen zahlreiche Simulationen laufen und zählten jeweils, wie oft Brände einer bestimmten Fläche entstanden. Wie in realen Wäldern gab es wesentlich mehr kleine Brände als große. Über diese qualitative Übereinstimmung hinaus lieferte das Modell ein fast perfektes Potenzgesetz.[4] Das Netzwerk der Bäume auf dem Modellgitter schien ganz von selbst in einen kritischen Zustand zu gelangen, in dem das nächste Zündholz einen Brand ganz unvorhersagbarer Größe auslösen konnte – sogar einen Brand, der den gesamten Wald vernichtete.

Aufgrund dieser bemerkenswerten Übereinstimmung von Realität und Modell schlossen Malamud und seine Mitarbeiter, dass sich nicht nur die Erdkruste in einem selbstorganisierten kritischen Zustand befindet, sondern auch Wälder – zumindest, wenn man sie sich mehr oder weniger selbst überlässt. Diese Einschränkung muss man machen, denn das Modell lieferte auch ein recht merkwürdiges Ergebnis, das den Forstbehörden helfen kann, die Anzahl der großen Brandkatastrophen in Zukunft zu verringern.

Überkritisch

Der Brand von 1988 im Yellowstone-Nationalpark verheerte mehr als 6 000 Quadratkilometer Waldfläche. Befindet sich ein System im kritischen Zustand, so steht es immer am Rande einer Katastrophe. Es ist überflüssig, nach *besonderen* Ursachen für Großereignisse zu suchen: Brände – wie immer sie auch beginnen – werden gelegentlich zu Großbränden, weil sich ein Wald im kritischen Zustand befindet und damit Fermis Kernreaktor ähnelt. Inzwischen scheint es aber, dass die Wälder im Yellowstone-Nationalpark und auch in anderen amerikanischen Parks in einer noch schlimmeren Situation sind. Hätte Fermi seinerzeit nicht damit aufgehört, die Steuerstäbe aus dem Kern herauszuziehen, so wäre der Reaktor »durchgegangen«. In einer katastrophalen Kettenreaktion hätte jedes Neutron immer weitere Lawinen ausgelöst, und niemand hätte den Tag mit Wigners Chianti feiern können. Fatalerweise haben die Forstbehörden in den USA im Lauf des letzten Jahrhunderts das ökologische Gegenstück zu Fermis Steuerstäben aus den Wäldern entfernt – mit dem Ergebnis, dass die Wälder heute nicht nur am Rande der Katastrophe stehen, sondern sich schon mitten in ihr befinden. Das Waldbrand-Modell kann zeigen, warum.

Wir erinnern uns, dass der Computer hin und wieder ein Zündholz abwarf. Malamuds Team konnte festlegen, wie oft. Bei einigen Simulationen ließen sie nach je hundert neuen Bäumen ein Zündholz fallen, bei anderen erst nach 2 000. Im ersten Fall entstanden zahlreiche Brände, im zweiten Fall war die Häufigkeit geringer und die Baumdichte wuchs immer mehr an. Bei einem Zündholz auf 2 000 neue Bäume war das Gitter in der Regel dicht besetzt, bevor ein Brand entstand. *Wenn* er dann entstand, war er verheerend: Ein einziger brennender Baum führte zur Vernichtung des gesamten Waldes. Mit anderen Worten: Je seltener Brände entstanden, umso größer war die Wahrscheinlichkeit, dass sie sich zu einer alles vernichtenden Katastrophe ausweiteten.

Malamud und seine Kollegen nannten dies den »Yellowstone-Effekt«. Er kann erklären, warum das U. S. Bureau of Land Management trotz aller Anstrengungen, auf natürliche Weise verursachte Feuer zu verhindern, feststellen musste, dass diese in den letzten Jahren umfangreicher wurden und schwerer unter Kontrolle zu bringen waren. Von 1890 galt bei den amerikanischen Forstbehörden ein Programm der »Null-Toleranz« gegenüber Bränden mit natürlicher Ursache, und man hat mit aller Macht versucht, auch noch das kleinste Feuer zu löschen. Das ist das reale Gegenstück zu dem Modellablauf mit zu wenigen Zündhölzern, und es scheint, dass die Konsequenzen dieselben sind.

Eine weitere Folge der Null-Toleranz war, dass die Wälder zu überaltern begannen.[5] Alte Bäume wurden nicht mehr durch junge ersetzt, und die natürliche Entwicklung des Waldes veränderte sich. Leicht brennbares Material in Form von Baumleichen, Gras, Zweigen, Gestrüpp, Rinde und Blättern sammelte sich an, und die Wälder gingen von ihrem »natürlichen« kritischen Zustand in den überkritischen über. Brände scheinen unverzichtbar zu sein, um einen Wald im kritischen Zustand zu halten. Die Natur lagert, wie Steve Allison-Bunnell angemerkt hat, »alles für den Jüngsten Tag« in den Wäldern ab: »Die geschützten Wälder bilden mit ihren Baumleichen und toten Stümpfen, dem leicht brennbaren Unterholz und vielem Gras reichlich Nahrung für Großbrände. Ein einziger Blitzschlag oder eine brennende Zigarettenkippe genügt, um die Zeitbombe explodieren zu lassen.«[6]

Die U. S. Federal Wildland Fire Policy hat inzwischen erkannt, in welche Situation die nicht bewirtschafteten Wälder in den USA durch die Praktiken in der Vergangenheit gekommen sind:

»Katastrophale Brände verheeren heute Millionen von Quadratmetern natürlicher Landschaft, insbesondere dort, wo die Vegetation durch menschliche Nutzung verändert wurde und wo über ein Jahrhundert lang Brände verhindert worden sind. Eine ernstliche und dauerhafte Verschlechterung der ökologischen Situation ist möglich, wo die Anhäufung von brennbarem Material das für den normalen geschichtlichen Verlauf verträgliche Maß übersteigt.«[7]

Die Konsequenz aus dieser Erkenntnis ist, dass die Forstbehörden kleinere und mittlere Feuer nicht mehr bekämpfen. Im Gegenteil: Sie legen heute sogar kontrollierte Feuer, um das Anwachsen von brennbarem Material zu begrenzen. Bei Bränden mittlerer Größe verbrennt ein Teil des gefährlichen toten Holzes im Wald. Mit dem Blick auf das Waldbrand-Modell heißt das, dass die Zahl der möglichen Ausbreitungspfade verringert wird und auf diese Weise kleine Ursachen nicht zur großen Katastrophe führen müssen.

Die U. S. Federal Wildland Fire Policy trifft – vielleicht ohne es zu wissen – den Nagel auf den Kopf, wenn sie feststellt, dass »Brände in naturbelassenen Wäldern natürliche Prozesse sind, die man wieder in das Ökosystem einfügen muss«. Möglicherweise dauert es Jahre, um das Gleichgewicht wieder herzustellen – und selbst dann werden natürlich gelegentlich Großbrände ausbrechen. Das ist bei einem System im kritischen Zustand letztlich unvermeidlich, aber zumindest werden die alles verheerenden Katastrophen weniger häufig vorkommen als in einer überkritischen Situation.

Wenn wir uns an das Prinzip der Universalität erinnern, so zeigt auch das Waldbrand-Modell, dass die grundlegenden Erkenntnisse über die Ausbreitung eines Brandes wenig mit den komplizierten Details der beteiligten Bäume zu tun haben, sondern die ganz einfachen geometrischen Eigenschaften des Systems darüber entscheiden, wie sich Störungen ausbreiten. Wälder sind offenbar ein hervorragendes Beispiel für selbstorganisierte Kritikalität.

Relativ kritisch

Zu Beginn des 20. Jahrhunderts haben sich Denker aus allen Bereichen gern auf Albert Einsteins Relativitätstheorie berufen, um zu beweisen, dass die Erkenntnis der Wahrheit irgendeiner Sache ganz entscheidend vom Blickwinkel abhängt. Ironischerweise war für Einstein selbst die Botschaft seiner Theorie eine ganz andere: Die Relativitätstheorie beruht auf der Vorstellung von Unveränderlichkeit, also der Annahme, dass Dinge sich *nicht* ändern, wenn man den Blickwinkel ändert. So ähnlich ist auch der Grundgedanke der selbstorganisierten Kritikalität zu verstehen. Ihre Stärke liegt darin, dass sie universell ist und zur Erklärung aller möglichen Systeme herangezogen werden kann, ohne dass man sich um die Millionen unterschiedlicher Teile, all die Moleküle, Bäume oder was auch immer kümmern muss, aus denen sie zusammengesetzt sind.

In den grasreichen Ebenen im Westen der USA findet man etwa 300 Heuschreckenarten. Es gibt keine Tierart, die mehr Grünzeug vertilgt. In einem Durchschnittsjahr fressen die Heuschrecken etwa 20 Prozent aller Blätter und verändern so die Ökologie der Grasflächen auf dramatische Weise. Der Effekt ist gewöhnlich positiv, weil sie bei ihrer Futtersuche den Nährstoffkreislauf im Boden unterstützen und so für die Stabilität der Pflanzengesellschaften sorgen. Manchmal aber übersteigt ihre Zahl jedes Maß. In den Jahren 1983 und 1984 explodierte in den Black Hills von Wyoming die Zahl der Heuschrecken, und die Grasflächen waren regelrecht mit ihnen übersät. Die Behörden im Westen hatten schon über ein Jahrhundert lang versucht, derartige Plagen vorauszusehen und zu kontrollieren, weil die Farmer in diesem Gebiet das Grasland als Weidefläche brauchen. Es ist aber nicht leicht, ein solch dramatisches Anwachsen der Heuschreckenzahlen zu erklären. Die Ökologen schätzen, dass an die 20 000 Faktoren die Größe der Heuschreckenpopulation bestimmen – vom genauen Verlauf der Temperatur und des Niederschlags in den einzelnen Jahreszeiten bis zum Auftreten natürlicher Feinde wie Raubtiere und Parasiten.

1994 haben schließlich zwei Ökologen, die Brüder Dale und Jeffrey Lockwood, die Heuschreckenplagen mathematisch genauer untersucht. Was sie herausgefunden haben, kann uns nicht überraschen. Das Landwirtschaftsministerium der USA hatte für verschiedene Gebiete von Idaho, Montana und Wyoming über mehr als 50 Jahre die Flächen registriert, auf denen die Heuschreckenzahl einen Schwellenwert überschritten hatte, der als gerade noch tolerierbar definiert war. Man hatte angenommen, dass das Wirken der Tiere langfristige Spuren in der Pflanzenverteilung hinterlassen würde, wenn ihre Zahl acht je Quadratmeter überschritt. Die so gewonnenen Daten sind ein guter Anhaltspunkt für das Ausmaß einer Heuschreckenplage. Bei der Untersuchung der Statistiken fanden die Brüder Lockwood heraus, dass die Flächen einem Potenzgesetz folgen. Über kleine Flächen verteilte Plagen treten häufig auf, großflächige Plagen selten. Eine wichtige Aussage des

Potenzgesetzes ist jedoch wieder, dass die Auslöser für die Plagen, seien sie groß oder klein, immer dieselben sind und dass kleine Ursachen im einen Fall kaum Folgen haben, im anderen Fall zu einer katastrophalen Vermehrung der Tiere führen können. Selbst aus der eingehenden Untersuchung der lokalen Bedingungen am Ausgangspunkt der Plage kann man nicht auf ihr endgültiges Ausmaß schließen.[8]

Für die Schädlingsbekämpfung kann dieses Ergebnis ebenso lehrreich sein wie die oben dargestellten Erkenntnisse über Waldbrände. Einerseits wird klar, dass die Vorhersagen der Ökologen über eine drohende Heuschreckenplage auch nicht besser werden, wenn sie alles über die 20000 bestimmenden Faktoren wissen. Große Plagen könnten unvermeidbar sein, weil das dichte Netz der Wechselwirkung zwischen Organismen und physikalischen Rahmenbedingungen sich in einer Art kritischem Zustand befindet. Es wäre dann möglicherweise sinnlos, Vorhersagen machen zu wollen. Andererseits kann es sich als falsch erweisen, dass man in der Vergangenheit die Vermehrung der Heuschrecken gebremst hat, weil diese Unterdrückung der natürlichen Entwicklung die Wahrscheinlichkeit einer großen Plage erhöht.

Ähnliche Verhältnisse haben Forscher auch in ganz anderen Zusammenhängen gefunden. 1996 untersuchten Roy Anderson und Chris Rhodes von der Universität Oxford die Masern-Epidemien in den Jahren 1912 bis 1969 auf den abgelegenen Färör-Inseln im Nordatlantik zwischen Island und Norwegen. Sie entdeckten, dass auch die Häufigkeit einer Epidemie in Abhängigkeit von ihrer Größe (das heißt der Zahl der Erkrankten) einem Potenzgesetz folgt. Rechnungen mit dem Waldbrand-Modell – mit Menschen statt der Bäume und Infektionen statt der Zündhölzer – stimmten genau mit den Beobachtungen überein.[9] Wieder einmal wird auf überzeugende Weise deutlich, dass die Details keine Rolle spielen und dass daher ein Modell, mit dem man ursprünglich die Ausbreitung von Waldbränden simulieren wollte, auch hervorragend funktioniert, um die Ausbreitung von ansteckenden Krankheiten in der Bevölkerung zu untersuchen. Die »Objekte« mögen Bäume oder Personen sein und die »kleine Störung« ein brennender Baum oder ein infizierter Mensch – sie breitet sich in gleicher Weise aus.

Mit den Vorstellungen vom kritischen Zustand kann man auch noch viel exotischere Dinge in unserem Universum erklären. Es gibt Sterne, die man als Pulsare bezeichnet und die vollständig aus Neutronen bestehen. Ihre Materie ist ungeheuer dicht gepackt – ein Teelöffel von ihr würde mehr wiegen als der größte Wolkenkratzer. Pulsare sind auch so etwas wie astronomische Leuchttürme: Jeder sendet einen Lichtstrahl aus, der durch das All streicht, weil sich der Pulsar um seine Achse dreht. Die Astronomen können immer dann einen Lichtpuls sehen, wenn der Lichtstrahl auf die Erde trifft. Hin und wieder ändert sich die Pulsfrequenz des Sterns jedoch plötzlich um einen geringen Wert, als ob der Pulsar sich schneller drehen würde: ein Vorgang, den man *glitch* nennt.

Manche dieser Sprünge oder *glitches* sind dramatischer als andere, das heißt, sie deuten auf eine größere Zunahme der Drehgeschwindigkeit hin. 1993 haben zwei Physiker von der University of Texas in Austin, R. Garcia-Pelayo und P. D. Morley, die Daten von Pulsaren aus 20 Jahren untersucht und herausgefunden, dass die Sprünge einem perfekten größenunabhängigen Potenzgesetz folgen: Kleine Sprünge sind häufiger als große.[10] Garcia-Pelayo und Morley entwickelten auch Vorstellungen, wie es dazu kommen kann: Weil das Neutronenmaterial, aus dem der Pulsar aufgebaut ist, so dicht gepackt ist, wirkt die Schwerkraft an der Sternoberfläche mit ungeheurer Stärke und versucht, den Stern noch dichter zusammenzupressen. Man könnte diese Kraft mit derjenigen vergleichen, die als Folge der Kontinentaldrift an einer Verwerfungszone angreift. In der Regel setzt das Material des Pulsars dieser Kraft so viel Widerstand entgegen, dass der Stern nicht kollabiert – so wie meist die Erdkruste in Ruhe bleibt. Aber gelegentlich gibt es kein Halten mehr.

Bei einem solchen »Sternbeben« organisieren sich die Neutronen neu und bilden einen nunmehr kleineren und dichteren Sternenball, der ein wenig schneller rotiert – so wie sich ein Eistänzer schneller dreht, wenn er die Arme anwinkelt. Wenn diese Annahmen richtig sind, spiegelt das Potenzgesetz für die Pulsar-Sprünge das Gutenberg-Richter-Gesetz für Erdbeben wider – angewandt auf das Neutronenmaterial dieser fernen Sterne.

Im vergangenen Jahrzehnt haben Physiker die Spuren selbstorganisierter Kritikalität in der Struktur von zusammengeknülltem Papier ebenso gefunden wie bei der Bewegung magnetischer Felder in Supraleitern, den überraschenden Ausbrüchen von Flares auf der Sonne und sogar bei der Entstehung von Verkehrsstaus. Diese Liste könnte man beliebig fortsetzen. Kritische Zustände scheint es in allen denkbaren Bereichen zu geben, gleichgültig welche Objekte beteiligt sind und welche physikalischen Eigenschaften sie haben. In einem gewissen Sinn ist die Struktur kritischer Zustände grundlegender als die Physik. Sie steht als ein Ordnungsprinzip für viele Bereiche der Welt quasi hinter der Physik.

Reis: der bessere Sand

Der kritische Zustand herrscht in vielen Bereichen der Welt, aber bei weitem nicht in den meisten. Ein Bottich voll kaltem Wasser, ein Magnet – kurz: die meisten Dinge befinden sich unter fast allen Umständen *nicht* im kritischen Zustand. Auch Bak, Tang und Weisenfeld sind natürlich nicht der Meinung, alles sei im kritischen Zustand. Sie hatten gehofft, dass man mit der Theorie der selbstorganisierten Kritikalität eine Vielzahl von Dingen beschreiben könnte, insbesondere Dinge, die *nicht* im Gleichgewicht sind. Ein Bottich voll kaltem Wasser befindet sich in Ruhe, es herrscht Gleichgewicht – das ständige gleichmäßige Rieseln von Sand auf einen Sandberg stört dieses hingegen, es entsteht ein Nicht-Gleichgewichtszustand. In ähnlicher Weise treibt die Wärme im Erdinneren die Kontinentalplatten zu ständiger Bewegung an und bringt dadurch die Erdkruste aus dem Gleichgewicht.

Es gibt aber auch viele Dinge, die zwar weit entfernt vom Gleichgewicht sind, sich aber *nicht* im kritischen Zustand befinden. Erwärmt man beispielsweise kaltes Wasser von unten, so wird es in Bewegung geraten. Diese Bewegung ist aber weder chaotisch noch unvorhersagbar, sie folgt auch *keinem* Potenzgesetz. Wenn man wie der französische Physiker Henri Bénard um 1900 dieses Experiment mit großer Sorgfalt durchführt, so wird man entdecken, dass sich ein Feld perfekter sechseckiger Zellen bildet (Abb. 10). Im Inneren jeder dieser Zellen bewegt sich das erhitzte Wasser nach oben, im Bereich der Grenzen nach unten. Nicht jedes System im Nicht-Gleichgewicht ist also in einem kritischen Zustand – einige sind es, andere nicht.

Die Frage ist daher, wann selbstorganisierte Kritikalität auftritt und wann nicht. Wir erinnern uns: Bak, Tang und Weisenfeld haben die

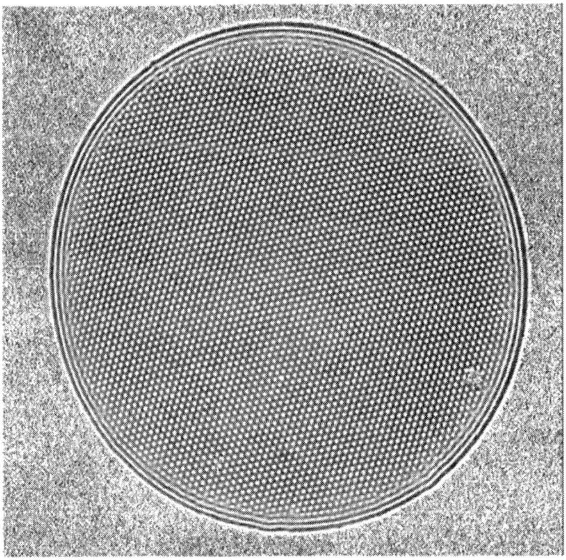

Abb. 10 Hexagonales Muster der Konvektion beim Rayleigh-Bénard-Experiment (von oben gesehen). Die Flüssigkeit fließt in den dunklen Bereichen nach unten und steigt in den hellen Bereichen auf. (Abb. mit freundlicher Genehmigung von Eberhard Bodenschatz, Cornell University, New York.)

Computersimulation eines Sandbergs untersucht, also ein *Modell* und nicht einen realen Sandberg. In den frühen neunziger Jahren haben Physiker bei sehr gewissenhaft durchgeführten Experimenten etwas entdeckt, was auf den ersten Blick enttäuschend ist: Lawinen an realen Sandbergen folgen einem Potenzgesetz nur annähernd. Es zeigte sich, dass reale Sandberge nicht so sehr dem Sandberg-Modell, sondern viel eher den Waldbränden im Yellowstone-Nationalpark ähneln: Sie zeigen eine Tendenz zu besonders großen Lawinen! Wenn man also in Neutronensternen, der Erdkruste und Waldbränden selbstorganisierte Kritikalität beobachtet, so muss man Einschränkungen für den Bereich machen, in dem sie entdeckt wurde: bei Sandbergen tritt sie nicht auf. Während der Modell-Sandberg von Bak und seinen Mitarbeitern von selbst in einen kritischen Zustand gerät, gilt dies nicht für reale Sandberge.

Diese überraschende Erkenntnis gibt uns aber Hinweise darauf, wie selbstorganisierte Kritikalität *wirklich* funktioniert und wo wir sie erwarten können. Christensen, Frette und weitere Mitarbeiter am Imperial College in London haben 1995 entdeckt, dass das Sandberg-Modell zwar nicht das Anwachsen realer Sandberge beschreibt, sehr wohl aber das Verhalten von Bergen aus Getreidekörnern – man muss also nur Körner aus Reis nehmen statt aus Sand! Bei einem äußerst akribisch durchgeführten Experiment, bei dem Christensen und sein Team einzelne Reiskörner in den Raum zwischen zwei senkrecht stehenden Plexiglasscheiben fallen ließen, fanden sie ein perfektes Potenzgesetz für die abgehenden Lawinen.[11]

Es gelang ihnen auch, auf spektakuläre Weise den seltsamen Rhythmus der Vorgänge im kritischen Zustand zu zeigen. Sie ließen ihr Experiment für einige Zeit laufen, filmten den Vorgang und zählten auf den Bildern, wie viele Körner jeweils in bestimmten Zeitintervallen abrutschten. Das Ergebnis war ein wildes Auf und Ab, das völlig unvorhersagbar war (Abb. 11). Lange Zeitabschnitte, in denen fast nichts passierte, wurden unterbrochen von gewaltigen Lawinenabgängen, regelrechten Katastrophen. Aus der Sicht eines Korns, das von einer solchen großen Lawine mitgerissen wurde, war es sicher eine interessante Frage, warum gerade diese Lawine so immens ausfiel.

Wieso funktioniert es nun mit Reis – aber nicht mit Sand? Es scheint mit den Eigenschaften der Körner zu tun zu haben: Sandkörner sind relativ schwer und gleiten relativ leicht. Wenn sie einmal ins Rutschen geraten sind, neigen sie dazu, weiterzurutschen und dabei den ganzen Berg mitzureißen. Im Gegensatz dazu sind Reiskörner leicht und klebrig. Wenn also ein Reiskorn abrutscht, wird es meist nicht weit kommen und an der nächstbesten Stelle des Hangs hängen bleiben. Die Modellkörner bei Bak und seinen Kollegen waren sehr »leicht« und »klebrig«, sie ähnelten also eher Reis- als Sandkörnern. Das Modell ist also eher ein Reisberg-Modell.

Offensichtlich können also doch bestimmte Eigenschaften der beteiligten Objekte, die ihre Wechselwirkung untereinander bestimmen, den Unterschied zwischen Kritikalität und irgendetwas anderem ausmachen. Das gilt auch für die Rate, mit der die Körner gestreut werden. 1994 wies der Physiker Geoff Grinstein von der IBM-Forschungsabteilung darauf hin, dass der Modellsandberg nur dann einen kritischen Zustand erreicht, wenn der Computer die Körner in sehr langsamer Folge streut. Er muss das Korn einwerfen und dann warten, bis die eventuell ausgelöste

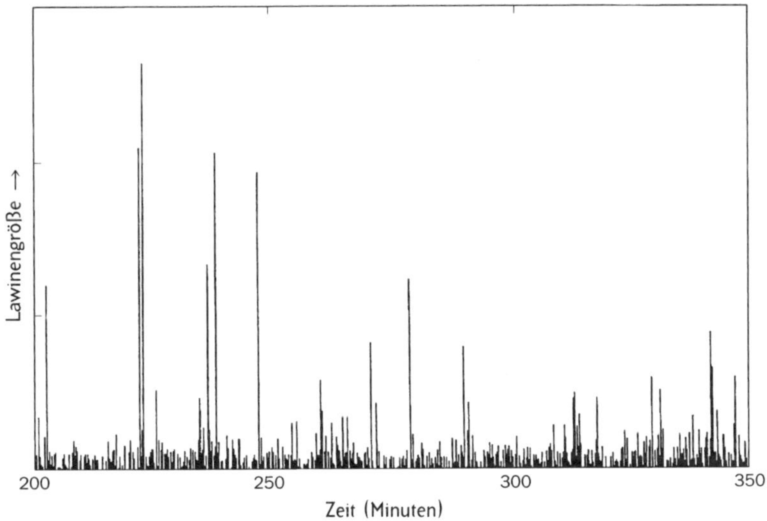

Abb. 11 Die sporadischen und unvorhersagbaren Lawinen im Reisberg-Modell. Die Höhe jeder Linie gibt die »Größe« der Lawine an, die von einem einzelnen Korn ausgelöst wurde. Genauer: Die Höhe der Linie ist proportional zum gesamten Verlust an Höhe, die alle von der Lawine betroffenen Reiskörner im Modell erlitten haben. Damit wird nicht nur die Zahl der beteiligten Körner berücksichtigt, sondern auch deren Fallhöhe. (Abb. mit freundlicher Genehmigung aus Frette u.a. 1996, vgl. Anm. 11.)

Lawine zur Ruhe gekommen ist, erst dann darf er ein neues Korn einwerfen. Folgt das neue Korn zu schnell, so verschwindet der kritische Zustand, und auch das Potenzgesetz gilt nicht mehr.

Diese experimentellen Feinheiten führen zu einer Reihe wichtiger Schlußfolgerungen. Bak und seine Mitarbeiter waren erstaunt, dass sich im Modell der kritische Zustand ganz von selbst einstellte, ohne dass von außen gesteuert werden musste. Inzwischen sieht es so aus, als haben sie sich selbst hinters Licht geführt. Die Körner müssen sehr langsam eingeworfen werden, und sie müssen leicht und klebrig sein. Bei ihrem Versuch, neu entdeckten Verhaltensmustern von Systemen auf die Spur zu kommen, hatten die Forscher, ohne es zu wissen, ihr Modell so eingestellt, dass es das Gewünschte lieferte. Selbstorganisierte Kritikalität scheint sich nur einzustellen, wenn das System sehr langsam aus dem Gleichgewicht gebracht wird und wenn die Wechselwirkung zwischen den einzelnen Teilchen sehr stark ist.

Die Wirkung der Feinabstimmung auf das Sandberg-Modell wurde erst in den letzten paar Jahren erkannt und stellte einen schweren Rückschlag für das Konzept der selbstorganisierten Kritikalität dar, über die Bak beispielsweise einmal geschrieben hat, dass sie »zur Beschreibung der realen Welt von entscheidender Bedeutung ist. In der Tat, das ist schon die ganze Idee, ... dass der Berg von selbst wieder in den kritischen Zustand gerät, wenn wir ihn in einen anderen Zustand zwingen«[12]. Wenn man das Modell abstimmen muss, so sind dafür Wissenschaftler zuständig – wie findet eine solche Abstimmung aber in der realen Welt statt?

Dass eine Feinabstimmung überhaupt nötig ist, spricht nicht so sehr gegen die Theorie, wie es auf den ersten Blick scheint. In fast jeder guten Theorie gibt es Parameter, die verändert werden können, um sie an die Wirklichkeit anzupassen. Die elektromagnetischen Gleichungen Maxwells enthalten die Lichtgeschwindigkeit, die Quantentheorie die Plancksche Konstante, und wenn man die theoretischen Ansätze auf die Realität anwenden will, muss man diese Größen berücksichtigen und noch einige mehr – die Masse von Elementarteilchen beispielsweise. Die Standardtheorie der Elementarteilchen gilt als hervorragender Ansatz, obwohl sie 19 derartige Größen enthält, an denen man »drehen« kann. Wenn man also mit einem Modell viele reale Dinge beschreiben kann und nur zwei Größen abstimmen muss, so kann man schon sehr zufrieden sein.

Dazu kommt noch, dass nach neueren Untersuchungen die Feinabstimmung des Sandberg-Modells sehr »weich« ist. Solche Fragen gehen schon sehr in die technischen Einzelheiten, aber wir wollen doch ein paar Worte darüber verlieren. Die Phasenübergänge, die wir im letzten Kapitel untersucht haben, waren jeweils Übergänge zwischen zwei Gleichgewichtszuständen. Das heißt, die Dinge waren im Gleichgewicht und haben je nach den äußeren Bedingungen, beispielsweise der Temperatur, bestimmte Organisationsformen angenommen. Die Physiker haben gerade erst damit begonnen, Phasenübergänge zwischen Zuständen zu untersuchen, in denen *kein* Gleichgewicht herrscht, wo also das System ständig durch äußere Kräfte beeinflusst wird. Das ist aber ein sehr weites Feld, denn fast alles in der Welt ist *nicht* im Gleichgewicht.

Die Physiker Alessandro Vespigniani vom Internationalen Zentrum für Theoretische Physik in Triest und Stefano Zapperi von der École Supérieure de Physique et Chimie Industrielles in Paris haben die

Modelle für Sandberge und Waldbrände als Beispiele von Modellen mit Übergängen zwischen Zuständen betrachtet, die *nicht* im Gleichgewicht sind. Sie sind zu dem Ergebnis gekommen, dass die Erfinder dieser Modelle die Parameter genau so gewählt hatten, dass die Entwicklung automatisch auf den kritischen Zustand zulief.[13] So muss, wie schon oben angemerkt, das Verhältnis der Streurate der Körner im Sandberg-Modell zur Rate der abstürzenden Körner sehr klein sein, ja gegen null gehen, damit sich der kritische Zustand einstellt.

Nun kann es einfacher sein, einen Wert kontrolliert gegen null gehen zu lassen, als ihn auf irgendeine andere Größe einzustellen. Wenn man einen Magneten im kritischen Zustand beobachten will, so muss die Temperatur auf genau 768 Grad Celsius abgestimmt werden, denn schon bei einer Abweichung von nur fünf bis zehn Grad, also rund zehn Prozent des Zahlenwerts, verfehlt man das Phänomen. Geht es aber um einen sehr kleinen Wert, beispielsweise um 0,0001, so wird man auch nach einer Änderung um zehn Prozent und selbst nach einer Verdopplung oder Verhundertfachung noch einen sehr kleinen Wert haben. Daraus folgt, dass sowohl das Sandberg- als auch das Waldbrand-Modell auf eine Änderung des Parameters weniger empfindlich (also »weicher«) reagieren als der Magnet.

Das mag erklären, warum selbstorganisierte Kritikalität in so vielen Bereichen der realen Welt vorkommt, dass man vielleicht besser von »ziemlich robuster« Kritikalität sprechen sollte. Erdbeben und Epidemien scheinen, warum auch immer, einigermaßen gut »eingestellt« zu sein. Wir werden sehen, dass dieselben Grundbedingungen – geringer Antrieb von außen und das Überwiegen der Wechselwirkung im Inneren – auch für den Fortschritt der Wissenschaften, für das Entstehen von Ideen und deren Veränderung, ja vielleicht sogar für die Geschichte der Menschheit gelten. Wir werden schließlich bei der Diskussion der Grenzen selbstorganisierter Kritikalität erkennen, dass man eine weitere Form von Selbstorganisation entdeckt hat, die ebenso einfach strukturiert ist wie die selbstorganisierte Kritikalität – wenn nicht gar noch einfacher – und die viele Prozesse beherrscht, die mit dem Konzept eines kritischen Zustands nicht erfasst werden können.

Aber bevor wir uns diesen Themen zuwenden, wollen wir noch ein dramatisches Beispiel untersuchen: das komplizierte System des Lebens auf der Erde als das Musterbeispiel eines kritischen Zustands und die Katastrophen, die gelegentlich seine Existenz bedrohen.

8
Zeit des Sterbens

Es liegt in der Natur der Hypothese, dass, wenn man einmal eine solche empfangen hat, man ihr alles und jedes als passende Nahrung zuführt; und sie von dem ersten Augenblick ihrer Erzeugung in der Regel an allem wächst, was man sieht, hört, liest oder kennen lernt. Das ist sehr vorteilhaft.

Laurence Sterne[1]

So etwas wie eine philosophiefreie Naturwissenschaft gibt es nicht; es gibt nur eine Naturwissenschaft, die ihr philosophisches Gepäck ungeprüft mit an Bord nimmt.

Daniel Dennett[2]

Der Hell Creek ist ein kleiner Zufluss an einem Ende des Fort-Peck-Staubeckens im äußersten Osten von Montana, der sich auf seinem Weg von den Bergen in die Ebene tief in den Boden eingeschnitten hat. Weite Prärieflächen, Grasland und Täler mit Kiefern bestimmen die Landschaft in diesem Gebiet der USA, seltsam geformte Felsen leuchten orange und purpurn in der glühenden Sonne. Der Hell Creek fließt zwischen solchen zerklüfteten Felsnasen, die ihre Geschichte von heißen trockenen Sommern und eisigen Wintern erzählen, von Wind und Wetter, die in langsamer beständiger Arbeit das Gestein zerkleinern. Jedes Jahr wird weiteres Gestein zermahlen und bildet eine neue dünne Schicht auf den Ablagerungen, die so einen Spiegel der langen geologischen Vorgeschichte darstellen. Die Paläontologen graben seit mehr als hundert Jahren in diesen Ablagerungsschichten und untersuchen die Fossilien – und haben dabei die schreckliche Geschichte des größten Massenmords auf unserer Erde aufgedeckt.

Wenn Paläontologen weiter in die Vergangenheit zurückgehen möchten, so bedeutet das in der Regel, dass sie in tieferen Schichten der Ablagerungen graben müssen. Am Hill Creek genügt es, weiter den Fluss hinabzugehen. Bei einem Morgenspaziergang kann man so leicht einen Zeitraum von zehn Millionen Jahren durchqueren.[3] Nicht weit von dem Staubecken entfernt sind die freigelegten Ablagerungen etwa 70 Millionen Jahre alt und aus einer Zeit, als die großen Ebenen Amerikas noch von einem flachen Meer bedeckt waren. Die Ablagerungen gleichen einem reich gefüllten Friedhof mit versteinerten Muscheln und unzähligen anderen Seetieren. Ein Stück weiter flussaufwärts sind die Ablagerungen um einige Millionen Jahre jünger, sie stammen aus einer Zeit, als sich das Meer zurückgezogen hatte, das östliche Montana mit üppiger Vegetation bedeckt war und Flüsse das Land durchzogen. An dieser Stelle findet man Zähne, Klauen, kleine Teile von Pflanzen und Spuren einer ursprünglichen Welt voller Leben, wo der *Tyrannosaurus rex* seine klassischen Kämpfe mit seinem größten Feind, dem *Triceratops* ausfocht. Wenn man nach Überresten des *Tyrannosaurus rex* suchen will, sollte man es hier tun: Nur am Creek River hat man bis jetzt vollständige Skelette gefunden. Geht man nun noch ein wenig weiter flussaufwärts, so ändert sich das Bild völlig. An der Wegmarke »65 Millionen Jahre« scheint das Schicksal in der fantastischen Welt der Dinosaurier zugeschlagen zu haben: Die Ablagerungen zeigen, dass es relativ plötzlich zu einer verheerenden Periode von massenhaftem Aussterben in der Tierwelt gekommen war. Am Ende der Kreidezeit, wie die Geologen und Paläontologen die Zeit der Dinosaurier nennen, verschwinden alle Spuren der Riesenechsen und Tausender anderer Arten.

Die Verringerung der Fossilienzahl am Ende der Kreidezeit ist so dramatisch, dass die Geologen sie zur Definition der Grenze zwischen den zwei geologischen Zeitaltern der Kreide und des Tertiär verwenden. Diese Grenze, auch KT-Grenze genannt, ist in Tausenden von Grabungen und Fundorten auf der ganzen Erde deutlich markiert. In Nordspanien hat man beispielsweise das massenhafte Aussterben von Ammoniten nachgewiesen, jenen Meerestieren mit gewundenen Gehäusen, die schon seit 330 Millionen Jahren in großer Zahl in den Ozeanen lebten. »Unterhalb« der Grenze, also in älteren Schichten, findet man überall versteinerte Ammoniten, »oberhalb« keine. Irgendjemand hat vor 65 Millionen Jahren einen ungeheuerlichen Massenmord begangen. In einem – geologisch gesehen – winzigen Moment wurden die Dinosaurier und 75 Prozent aller anderen Lebewesen ausgerottet.[4]

Was war passiert? Was die Dinosaurier betrifft, so hatte schon 1905 ein Forscher angemerkt, dass »bei einer derartigen Körpermasse, die jede Lebenstüchtigkeit beschnitt, die Kurzlebigkeit dieser Art kein Wunder gewesen sei«[5]. Ein anderer äußerte Zweifel an der Potenz der

Dinosaurier und vermutete, dass »die Zunahme des Körpergewichts dazu geführt hatte, dass die Tiere zu Eunuchen wurden«[6]. Dann gab es Zeiten, in denen man das Aussterben der Dinosaurier darauf zurückführte, dass sie blind wurden, dass Säugetiere ihre Eier auffraßen, dass sie durch Vulkanausbrüche ins Reich der Vergessenheit geschickt wurden oder dass sie eine Klimaänderung nicht vertrugen – es war, ganz nach Wahl, zu kalt, zu heiß, zu trocken oder zu feucht geworden.[7] Im Übrigen sollte man nicht vergessen, dass nicht nur die Dinosaurier ausgerottet wurden!

Auf Tagungen und in Fachzeitschriften wurden weltweit heftige Diskussionen darüber geführt, was wohl der Anlass dafür sein konnte, dass in so kurzer Zeit fast das gesamte Leben auf der Erde vernichtet wurde. Es vergeht auch heute noch kaum eine Woche, in der nicht »Beweise« für oder gegen bestimmte Hypothesen vorgelegt werden.[8] Aber wenn auch niemand genau weiß, was passiert ist, so sind sich doch inzwischen alle Wissenschaftler einig, dass das Ereignis nicht so außergewöhnlich war. Wenn man sich die Fossilienfunde genauer anschaut, so erkennt man, dass es häufig derart verheerende Katastrophen gab – und die am Ende der Kreidezeit war nicht einmal die schlimmste.

Weit vor der KT-Grenze, etwa vor 250 Millionen Jahren, findet man im Gestein Spuren eines weiteren dramatischen Artensterbens. Auch dieser Wechsel war so abrupt, dass er zur Markierung der Grenze zwischen zwei geologischen Zeitaltern verwendet wird: dem zu Ende gehenden Perm und dem beginnenden Trias. Der Geologe Samuel Bowring und seine Mitarbeiter vom MIT haben 1998 den Zeitablauf dieser Übergangsphase bestimmt und festgestellt, dass sie »nur« 10 000 Jahre dauerte. Das mag recht lang erscheinen, aber wenn man daran denkt, dass es seit mehr als 600 Millionen Jahren mehrzellige Lebewesen gibt, ist es nur ein Augenblick in der geologischen Geschichte der Erde. Bowring und seine Kollegen ermittelten, dass »das Ereignis die umfassendste Ausrottung von Leben während der letzten 540 Millionen Jahre darstellt«[9] und dabei 95 Prozent aller Lebewesen in den Meeren und ein ähnlicher Prozentsatz an Land vernichtet wurden.

Vergleichbare Katastrophen ereigneten sich auf der Erde vor 440, 365 und 210 Millionen Jahren. Zusammen mit dem Massensterben an der KT-Grenze und am Ende des Perms bilden sie die »Großen Fünf« – so wie es fünf große Erdbeben im Gebiet von San Francisco gab (1836,

1838, 1868, 1906 und 1989). Charles Darwin hat einmal geschrieben, dass unter dem Blickwinkel der Theorie von der Evolution »die frühere Annahme, dass alle Bewohner der Erde in aufeinander folgenden Perioden durch Katastrophen fortgefegt worden seien, ... allgemein aufgegeben« wurde.[10] Offensichtlich weiß man es inzwischen besser. Wenn das System des Lebens uns auch stabil erscheint und sich auf den ersten Blick nur äußerst langsam ändert, so sagen doch die historischen Spuren etwas anderes. Dabei sind die fünf Zeiten des großen Artensterbens nur die hervorstechendsten »plötzlichen« Unterbrechungen. Die Funde belegen darüber hinaus zahllose kleinere Perioden, in denen Arten verschwanden. Es erscheint nach alldem eher als normal, dass das Leben auf der Erde gelegentlich von Katastrophen heimgesucht wurde.

Natürlich ist nicht jedes Aussterben einer Art gleich ein Massenaussterben. Die Biologen schätzen, dass es im Laufe der Geschichte des Lebens auf der Erde einige Milliarden verschiedener Arten gegeben hat. Derzeit existieren davon noch um die zehn Millionen – das bedeutet, dass 99 Prozent aller Arten, die es jemals gab, inzwischen ausgestorben sind. Das Aussterben von Arten ist so sehr Teil der Evolution, dass jemand einmal gesagt hat, »auf den ersten Blick ist alles ausgestorben«. Untersuchungen haben gezeigt, dass nur 35 Prozent der ausgestorbenen Arten Opfer von Massenaussterben waren, der Rest, also zwei Drittel, verschwand im Rahmen der ständig im Hintergrund stattfindenden Veränderungen.[11]

Für die großen Katastrophen des Massenaussterbens ist das alles aber keine Erklärung. Welches Geheimnis könnte hinter ihnen stecken?

Höhere Gewalt

Die Versicherungswirtschaft kennt für Unfälle oder Katastrophen, die jedes Maß überschreiten und für die man keine Schuldigen finden kann, den Ausdruck »höhere Gewalt«. Wenn ein Herbststurm Ihr Hausdach abdeckt oder ein Blitzschlag Ihren nagelneuen Porsche in Brand setzt, dann sind Sie Opfer jener höheren Gewalt. Die zerstörerischen Kräfte der Natur haben Sie heimgesucht, und die Versicherung zahlt – da gibt es kein Wenn und Aber.

Viele Wissenschaftler sehen in den Fällen von Massenaussterben – im Gegensatz zu dem ständig stattfindenden Artensterben im Hintergrund – in ähnlicher Weise Akte höherer Gewalt. Jede Form von Leben braucht eine stabile Umgebung, an die es sich anpassen kann. Der Mensch benötigt beispielsweise Sauerstoff, die richtige Umgebungstemperatur, genügend Wasser und Nahrung und darf nicht zu starker Sonnenstrahlung ausgesetzt sein. Wenn sich irgendetwas in der Umwelt dramatisch verändert, besteht Gefahr für das Leben. Die meisten Wissenschaftler, die sich mit der massenhaften Vernichtung von Arten befassen, suchen die Ursache dafür in Veränderungen der Umwelt. Unter den Tausenden von Möglichkeiten waren es in den letzten zwei Jahrzehnten der Forschung vor allem zwei Vorgänge, die als besonders wichtig angesehen wurden – einer gewaltiger als der andere.

1980 brachte ein Wissenschaftlerteam um den Physiker Luis Alvarez von der University of California in Berkeley zur Erklärung der Katastrophe am Ende der Kreidezeit einen gewaltigen Asteroiden oder Kometen ins Spiel, dessen Einschlag zu gravierenden Veränderungen in der Atmosphäre geführt haben sollte.[12] Nach Ansicht einer der Forscher hatte der Asteroid »einen Durchmesser von zehn Kilometern und eine Geschwindigkeit von einigen zehn Kilometern pro Sekunde. Seine Bewegungsenergie hatte eine zerstörerische Wirkung, die zehntausendmal größer war als die des gesamten Atomwaffenarsenals auf der Erde«[13]. Bei seinem Einschlag wurden demnach gewaltige Felsmassen pulverisiert, ein Krater von 40 Kilometer Tiefe geschlagen und riesige Mengen von glühenden Felsteilchen, Sand und Staub in die Atmosphäre und in den Weltraum geschleudert.

Die Felspartikel verwüsteten beim Zurückfallen auf die Erde einen Bereich von mehreren Tausend Kilometern um den Einschlagskrater, »alle Bäume und alle Tiere, die nicht unter Felsen oder in Höhlen Schutz gefunden hatten, wurden in Flammen gesetzt, verkohlt oder gebraten … Waldbrände überzogen ganze Kontinente«[14]. Das waren aber erst die Voraussetzungen für die eigentliche Katastrophe. Der Staub, der bis in die oberste Stratosphäre geschleudert worden war, verdunkelte über Monate hinweg die Sonne und erzeugte finstere Nacht. Pflanzen gingen ein, und Pflanzen fressende Tiere verhungerten. Die Verwüstungen hatten die Nahrungskette unterbrochen, das gesamte

System des Lebens fiel zusammen wie ein Kartenhaus, wobei möglicherweise auch die wildesten Fleischfresser nicht mehr überleben konnten, weil sie keine Beute mehr fanden.

Die Theorie klingt eher nach einem Märchen, es gibt aber durchaus Belege, die sie untermauern. So hatten die Wissenschaftler in dem Gestein aus der Zeit zwischen Kreide und Tertiär große Mengen des seltenen Elements Iridium gefunden – und zwar nicht nur an einer Stelle, sondern an einigen Hundert über die ganze Erde verteilt. Als die Erde einst aus einem heißen Feuerball entstand, sanken alle schweren Elemente nach unten. Iridium gehört zu diesen schweren Elementen und kommt daher in der Erdkruste nur in Spuren vor. Wie gelangte es also in so großen Mengen in die KT-Schicht? Nun enthalten Asteroiden und Kometen relativ viel Iridium. Was auch immer auf der Erde eingeschlagen war – das in ihm enthaltene Iridium hatte seinen Weg in die obere Atmosphäre gefunden, war über die gesamte Erde verteilt worden und hatte sich am Boden in der KT-Schicht abgelagert. Wissenschaftler haben in der KT-Schicht auch noch andere seltene Elemente wie Ruthenium und Rhodium gefunden und festgestellt, dass ihre Häufigkeit genau den Werten für Asteroiden und Kometen entspricht.

Wer davon noch nicht überzeugt ist, wird es vielleicht durch eine weitere Entdeckung. Elf Jahre nach der Veröffentlichung der Arbeit von Alvarez und seinen Mitarbeiter hat ein anderes Forscherteam auf der mexikanischen Halbinsel Yucatan einen gewaltigen Krater gefunden.[15] Wenn man auf dem Rand des Chicxulub genannten Kraters steht, ahnt man davon nichts, da er fast zwei Kilometer tief unter der Erdoberfläche begraben ist. Der Krater hat einen Durchmesser von 180 Kilometern. 1992 konnte sein Alter bestimmt werden: Er entstand vor 65 Millionen Jahren!

Die Theorie von Alvarez und seinen Kollegen ist allerdings nicht ganz unproblematisch. Sicher ist, dass der Krater beim Einschlag eines riesigen Körpers entstanden ist. Die weltweiten Iridiumablagerungen und andere Hinweise sprechen dafür, dass die Folgen des Einschlags die gesamte Erde betrafen, die Frage ist aber, ob das ausgereicht hat, um eine massenhafte Vernichtung von Arten auszulösen. Alvarez und seine Mitarbeiter haben sich in ihrer Veröffentlichung von 1980 zwar ausführlich »mit den geologischen und physikalischen Beweisen für einen

Einschlag und den physikalischen Folgen dieses Einschlags befasst, die Diskussion der biologischen Folgen nimmt dagegen nur eine halbe Seite ein«[16]. Der Grund für diese Zurückhaltung ist sehr einfach: Niemand weiß genau, welche Folgen ein derartiger Asteroideneinschlag für das Leben auf der Erde haben könnte.

Es ist zudem sehr verwirrend, dass zwar einige Arten ausstarben, andere aber völlig unbeeinträchtigt blieben. Wie ein Mitarbeiter von Luis Alvarez zugab, »überlebten zahlreiche kleine Landlebewesen, Säugetiere und Reptilien wie Krokodile und Schildkröten. Niemand versteht wirklich, warum diese Tiere der Vernichtung entkamen.«[17] Um noch ein weiteres Problem anzuführen: Andere gewaltige Asteroideneinschläge in der Vergangenheit scheinen keinem Lebewesen geschadet zu haben! 1998 haben Ken Farley vom California Institute of Technology und andere Forscher Nachweise für einen Krater in Nordsibirien gefunden, der einen Durchmesser von hundert Kilometer hat und zur selben Zeit wie ein 85-Kilometer-Krater an der Chesapeake-Bucht in den USA vor 35 Millionen Jahren entstanden ist, als Kometen aus einem Kometenschwarm des Sonnensystems auf der Erde einschlugen. Die Fossilienfunde aus jener Zeit zeigen jedoch nichts Ungewöhnliches.[18]

Im Hinblick auf diese offenen Fragen sind nicht alle davon überzeugt, dass die Dinosaurier ausstarben, weil das Schicksal in Form eines riesigen Felsbrockens aus dem All zugeschlagen hatte. Unter Forschern sind noch eine Reihe anderer Theorien im Gespräch. Die Dinosaurier waren auf der Erde nicht allein. Vor einigen Jahren hat der Geologe Leigh Van Valen von der Universität Chicago nachgewiesen, dass sich die Säugetiere in den 100 000 Jahren vor der KT-Grenze außerordentlich gut entwickelten und ihre Zahl stark anstieg: Möglicherweise haben sie die Dinosaurier verdrängt. Einige Paläontologen sind der Meinung, dass der Kampf durch Klimaänderungen entschieden wurde: Die Säugetiere konnten sich besser an das kühler gewordene Klima anpassen als die Dinosaurier, die feuchtwarmes Klima gewöhnt waren. Diese Klimaveränderung hätte auch für viele andere Arten das Ende bedeuten können. Man kann daher berechtigte Zweifel haben, ob die Artenvernichtung an der KT-Grenze überhaupt etwas mit dem Asteroideneinschlag zu tun hat.

Kühle Winde

Ungelöste Fragen werfen auch die anderen Zeiten massenhafter Artenvernichtung vor 210, 250, 365 und 440 Millionen Jahren auf. Bis jetzt hat man dafür noch keine »passenden« Einschlagkrater gefunden. Das mag ja in den kommenden Jahren noch gelingen, aber die meisten Paläontologen vermuten, dass etwas anderes am Werk war, beispielsweise die schon genannten »plötzlichen« Klimaänderungen. Nach Steven Stanley von der Johns Hopkins University in Baltimore gibt es »eine einfache Tatsache, die Klimawechsel als allgemeine Auslöser von Massenuntergängen wahrscheinlich macht: die Leichtigkeit, mit der eine weltweite Temperaturänderung Myriaden von Arten ausrotten kann«[19].

Jede Art ist schließlich an ein bestimmtes Klima angepasst, wie immer dies aussehen mag. Bei langfristig sinkenden Temperaturen muss daher eine Art in tiefere Regionen oder in Richtung Äquator wandern, um weiterhin in einer für sie günstigen Klimazone zu bleiben – oder sie muss sich den neuen kühleren Bedingungen anpassen. Es gibt aber Arten, für die eine solche Wanderung unmöglich ist, sei es, dass Gebirge, große Seen oder der Ozean sie verhindern, sei es, dass sie in den Wipfeln von Bäumen leben, die weiter im Süden nicht vorkommen. Auch wenn der Klimawechsel zu abrupt erfolgt, kann es sein, dass sich eine Art nicht schnell genug anpassen kann und ausstirbt.

Während des Artensterbens gegen Ende des Perm vor 250 Millionen Jahren fiel die globale Temperatur äußerst schnell. Darüber hinaus ereigneten sich noch einige andere merkwürdige Dinge. So sank der Meeresspiegel deutlich ab, was zur Folge hatte, dass zusätzlich riesige Bodenflächen der Luft ausgesetzt wurden. Der ehemalige Meeresboden enthielt aber ungeheuere Mengen organischer Substanz, die nun beim Kontakt mit der Atmosphäre chemisch reagierte und dabei große Mengen von Sauerstoff absorbierte. Nach Schätzung des Paläontologen Paul Wignall von der Universität Leeds in Großbritannien ist bei diesem Vorgang der Sauerstoffgehalt in der Atmosphäre auf die Hälfte des heutigen abgesunken. Er stellte fest, dass »das Artensterben an der Grenze von Perm zu Trias wie die Geschichte eines Todes durch Ersticken erscheint«[20].

Man ist sich bis heute nicht darüber einig, welche der vielen erwähnten Einflüsse für die verschiedenen Perioden des Artensterbens jeweils wichtig waren. Einige Paläontologen verweisen auch auf die gelegentlich dramatische Zunahme der Vulkantätigkeit, wobei jeweils gewaltige Mengen von Staub in die Atmosphäre verfrachtet werden, wieder andere sehen den Grund in weltweiten Perioden von Trockenheit. Man könnte die Liste möglicher Ursachen endlos fortsetzen und sich darüber wundern, wie genau jede dieser Hypothesen durch Fakten belegt wird. Fest steht jedoch, dass sich vor 65, 210 und 250 Millionen Jahren etwas Besonderes auf der Erde ereignet hat: Die Temperaturen und/oder der Meeresspiegel sind gefallen oder angestiegen, Vulkane sind ausgebrochen, die UV-Strahlung ist angestiegen usw., usw. Welche Folgen diese Änderungen für das Ökosystem der Erde hatten, bleibt weiterhin reine Vermutung. Es ist daher kein Wunder, dass man so viele mögliche Ursachen für das Artensterben in Betracht gezogen hat, und der Paläontologe David Raup fragt mit Recht: »Könnte es sein, dass die Liste möglicher Gründe für das Aussterben nichts anderes ist als eine Auflistung der Dinge, die uns als Einzelpersonen bedrohen?«[21]

Immerhin sind sich fast alle Wissenschaftler darin einig, dass das massenhafte Artensterben durch eine mehr oder weniger schockartige Änderung der Umweltbedingungen ausgelöst wurde, die es von dem ständig stattfindenden Aussterben von Arten deutlich unterscheidet. Während »normaler« Zeiten führt das Wechselspiel der Evolution dazu, dass einmal die eine Art und dann eine andere in Vergessenheit gerät. Wie es der Paläontologie David Jablonski ausgedrückt hat, wird diese Normalität aber durch Eingriffe von außen unterbrochen: »Der Wechsel zwischen Normalperioden und Zeiten mit Massenaussterben prägt die Struktur der Evolution in der Geschichte des Lebens auf der Erde.«[22] In ähnlicher Weise beschreiben Richard Leakey und Roger Lewin das Muster der Änderungen des Ökosystems der Erde:

»Dieses Muster hat zwei Komponenten: Phasen des ›normalen‹ Aussterbens, in denen Arten mit geringer Häufigkeit verschwinden, und Episoden des massenhaften Aussterbens, einschließlich der großen Krisen des Lebens. Die treibende Kraft beim ›normalen‹ Aussterben ist nach übereinstimmender Meinung der meisten Biologen die natürliche Selektion, bei der die Konkurrenz eine wichtige Rolle spielt.«[23]

Die meisten Biologen glauben nicht, dass der Evolutionsprozess aus sich selbst heraus so gewaltige Umwälzungen wie das Massenaussterben von Arten bewirken kann. Für sie gibt es die Evolution auf der einen Seite und die Umwälzungen durch Schocks von außen auf der anderen Seite. Das ist ein einfaches und beruhigendes Bild – aber es hat leider einen schwerwiegenden Haken.

Zehn Jahre in der Bibliothek

Der Paläontologe Jack Sepkoski von der Universität Chicago forscht lieber in der Bibliothek als draußen im Feld. Er gräbt nicht nach Fossilien, sondern nach Informationen über Fossilien, die andere zuvor entdeckt haben. Anfang der siebziger Jahre begann Sepkoski als junger Akademiker in Harvard, seine Notizbücher mit einem Haufen Daten zu füllen, die er aus Büchern und Forschungsarbeiten zusammengesucht oder im Gespräch mit Studienkollegen und anderen Paläontologen erfahren hatte: Er wollte ein umfangreiches Verzeichnis des Auftauchens und Verschwindens von Artengruppen erstellen.

Wenn man an Evolution denkt, so hat man meist Arten im Blick. Nicht so Sepkoski. Es gibt am Baum des Lebens dicke Äste, von denen kleinere Äste abgehen, die sich dann in immer kleinere Äste verzweigen – bis zu den kleinsten Zweigen: den Arten. All diese Kategorien haben die Biologen sorgfältig mit Namen versehen. Mehrere Arten (einschließlich ihrer Unterarten) bilden eine Gattung, mehrere verwandte Gattungen werden zu einer Familie zusammengefasst. Über Ordnung, Klasse und Stamm setzt sich die systematische Gliederung der Tier- und Pflanzenwelt weiter fort. Sepkoski veröffentlichte 1982 eine erste Version seiner Datenbank der fossilen Funde, die die Entstehung und das Verschwinden von Tausenden von Familien dokumentiert. Aber das war nur ein Zwischenschritt. Nach weiteren zehn Jahren der Suche und des Sammelns hatte er eine Datenbank über 40 000 verschiedene Gattungen innerhalb von 5 000 Familien fertig gestellt, die alle wirbellosen Wassertiere umfasste.

Sepkoski hatte für seine Arbeit wirbellose Wassertiere gewählt, also beispielsweise Schwämme und Korallen, weil sie die überwiegende Zahl der gefundenen Fossilien ausmachen. Als die Arbeiten 1993 abgeschlossen waren, lag eine Zusammenfassung der Geschichte des Lebens vor: alle Aufs und Abs, alles Wachsen und Absterben in den letzten 600 Millionen Jahren der Erdgeschichte.[24] Sepkoski regte mit dieser Arbeit andere Forscher an, und schon wenig später konnte der Geologe Michael Benton von der Universität Bristol in Großbritannien eine weitere Datenbank auf der Grundlage anderer Funde vorlegen. Sie dokumentiert die Entstehung und Auslöschung von etwa 7 000 Familien, die in diesem Fall Wasser- und Landtiere umfassen.[25]

Bevor wir uns fragen, was wir aus einem derartigen Datenschatz lernen können, ein Wort darüber, wie schwierig es ist, ihn zusammenzustellen. »Zehn Jahre in der Bibliothek« gibt einen Eindruck von der Fülle von Literatur, aber es sagt noch nichts über einige heikle Probleme, denen sich Forscher ausgesetzt sehen, die derartige Projekte angehen.[26] Ein Problem liegt in der Dominanz der unmittelbaren Vergangenheit. Nur einige wenige der Lebewesen, die zu irgendeiner Zeit leben, enden als Fossilien. Die meisten sterben einfach, ihre Körper zerfallen – und das wars. Von denjenigen aber, die zu Fossilien geworden sind, haben die jüngeren weit bessere Chancen, so lange erhalten zu bleiben, bis sie ein Paläontologe ausgräbt. Es ist daher ganz unvermeidlich, dass in Fossilienfunden die jüngste Vergangenheit im Übermaß vertreten ist.

Auch die Intensität der Forschung hat einen Einfluss auf die Daten. Sind es überhaupt nur wenige Fossilien, die bis in die Gegenwart erhalten bleiben, so sind es noch weit weniger, die auch gefunden werden. Viele Arten werden daher für immer unentdeckt bleiben. Wenn nun beispielsweise ein besonders eifriger Forscher gezielt eine bestimmte Periode der geologischen Vergangenheit in Angriff nimmt, so simulieren die vielen Funde, die er bei seinen Grabungen machen wird, für diese Zeit einen plötzlichen Anstieg der Artenvielfalt.

Dazu kommen noch eine Reihe weiterer Probleme. Es bedeutet eine erhebliche Einschränkung, wenn man wie Sepkoski und Benton nur das Aussterben von Gattungen und Familien untersucht. Um möglichst viel über das Auftauchen und Verschwinden von Lebewesen zu erfahren, wäre es sicher am besten, Arten zu untersuchen, was aber schwierig ist, weil die Anzahl der Fossilienfunde relativ klein ist. Hat man nun einige Fossilien einer bestimmten Art datiert und will abschätzen, wann diese Art ausgestorben ist, so entstehen neue Probleme. Als ersten Ansatz könnte man die Entstehungszeit des jüngsten Fossils wählen. Liegen nur wenige Funde vor, so wird dieser Ansatz kein besonders genaues Ergebnis liefern. 1982 haben die Geologen Phil Signor und Jere Lipps von der University of California in Davis darauf hingewiesen, dass es sehr unwahrscheinlich ist, die Zeit des Aussterbens einer Art zu erfassen, wenn man nur wenige Fossilienfunde zur Verfügung hat. Wahrscheinlicher ist, dass man die Mitte des Zeitraums zwischen Entstehung und Verschwinden der Art erfasst. Man wird daher das Artensterben immer zu früh datieren, wobei der Fehler umso größer ist, je weniger Fossilien man hat. Zu diesem Signor-Lipps-Effekt gibt es auch ein Gegenstück, den Lipps-Signor-Effekt, wie er scherzhaft genannt wird: Er beeinflusst die Abschätzung des Zeitpunkts, zu dem eine Art entstanden ist. Wenn man nämlich die Entstehungszeit des ältesten verfügbaren Fossils zugrunde legt, wird man die Entstehung immer später ansetzen, als sie in Wirklichkeit stattfand.

Dies alles zusammen bedeutet, dass auf der Grundlage von nur wenigen Fossilienfunden die Arten später entstehen und früher ausgelöscht werden, als es in Wirklichkeit der Fall war. Glücklicherweise verringert sich die Fehlerquote, wenn man mehr Fossilien zur Verfügung hat. Das war der ausschlaggebende Grund für Sepkoski und später für Benton, nicht Arten zu untersuchen, sondern die ihnen übergeordneten Gattungen und Familien, deren Auftauchen und Aussterben man genauer datieren kann. Bei der Sammlung ihrer Daten haben die Forscher sich sehr darum bemüht, auch die anderen genannten Einflüsse – das Überwiegen jüngerer Funde, der Effekt besonders intensiver Forschung und Ähnliches – zu berücksichtigen, in ähnlicher Weise wie ein sorgfältig arbeitender Historiker ein Dokument nicht unbesehen als ein Stück Wirklichkeit verwenden darf, sondern es kritisch betrachten und einordnen muss. Folglich geben die Daten von Sepkoski und Benton das derzeit beste Bild der Entwicklung des Lebens in der Vergangenheit.

Bisher ging man also meist davon aus, dass es zweierlei Artensterben gibt: das ständig im Hintergrund der evolutionären Entwicklung stattfindende und das katastrophale massenhafte, das in besonderen Perioden der Geschichte durch Klimawechsel, den Einschlag von Asteroiden oder andere Schockereignisse in der Biosphäre hervorgerufen wird. Die Daten von Sepkoski und Benton scheinen diese Vorstellung zumindest grob zu bestätigen. Die Darstellung der Zahl der Familien, die jeweils in Zeitabschnitten der geologischen Geschichte ausgestorben

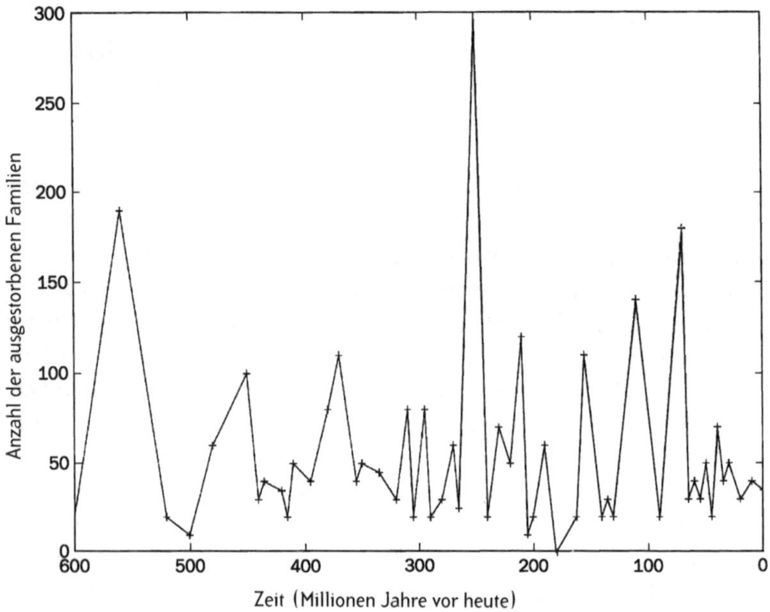

Abb. 12 Darstellung des massenhaften Artensterbens. Die Höhe eines Punktes gibt an, wie viele Familien in dem jeweiligen geologischen Zeitabschnitt ausgestorben sind. Die fünf höchsten Punkte entsprechen den fünf »größten« Perioden von Massenaussterben, in deren letzter vor 65 Millionen Jahren die Dinosaurier dahingerafft wurden.

sind, ergibt ein recht ausgewogenes Bild, das an einigen Stellen durch plötzliche verheerende Katastrophen unterbrochen wird (Abb. 12).

Ganz neue Erkenntnisse vermittelt eine andere Form der Darstellung, bei der die Häufigkeit des Artensterbens in Abhängigkeit von seiner Größenordnung (das heißt der Zahl der betroffenen Arten bzw. Familien) aufgetragen wird. 1996 untersuchten die Physiker Ricard Sole und Susanna Manrubia auf diese Weise Sepkoskis Daten und fanden ein uns ja schon gut bekanntes Gesetz: ein Potenzgesetz. Das Ergebnis ähnelt dem bei Erdbeben: Ein Artensterben mit der doppelten Zahl betroffener Familien ist viermal seltener. Auch dieses Potenzgesetz gilt über einen weiten Bereich von Größenordnungen: vom Aussterben nur einiger weniger Familien bis zu katastrophalen Ereignissen, bei denen Tausende von Familien ausgelöscht wurden.

Wieder stellt sich die Frage, ob gewaltige Ereignisse auch immer gewaltige Anlässe haben, ob also in diesem Fall die Ursache für ein massenhaftes Artensterben eine Katastrophe dramatischen Ausmaßes sein muss. Wir haben in früheren Kapiteln – im Zusammenhang mit Erdbeben und Waldbränden – gesehen, dass Annahmen dieser Art in den letzten Jahren durch die Forschung erschüttert wurden. Das bemerkenswert einfache Potenzgesetz für das Artensterben liefert einen Hinweis darauf, dass auch das massenhafte Artensterben von den Wissenschaftlern zu Unrecht als irgendetwas Besonderes eingestuft wurde – es erscheint nur auf den ersten Blick so, wenn man alle Fälle von Artensterben auf einer Zeitskala anordnet. In Anbetracht des Potenzgesetzes ist ein Massenaussterben jedoch nicht mehr der Ausnahmefall innerhalb der Evolution und die Folge höherer Gewalt, sondern die unvermeidliche Begleiterscheinung der ganz gewöhnlichen Evolution.

9
Das Netz des Lebens

Die erste Pflicht eines Menschen von Kultur ist es, immer bereit zu sein, die Enzyklopädie neu zu schreiben.
Umberto Eco[1]

Man sollte die Dinge so einfach wie möglich machen – aber nicht einfacher.
Albert Einstein

In den späten siebziger Jahren braute sich auf den Grünflächen Südenglands eine kleine ökologische Katastrophe zusammen. Ganze Scharen von Kaninchen verwüsteten Tausende von Hektar besten Ackerlands. Zum Glück hatte die britische Regierung eine sichere und einfache biologische Lösung an der Hand: das *Myximitosis*-Virus. Dieses Virus, das sich fast nur im Körper von Kaninchen vermehrt, bringt sie nicht um, aber es macht infizierte Tiere träge. Ihre Vermehrung geht langsamer voran, und sie werden leichter Opfer von Raubtieren. Deshalb hatte die Regierung die Vorstellung, man müsse nur die Kaninchen mit *Myximitosis* infizieren, um ihre Vermehrung unter Kontrolle zu bekommen, und würde dabei das übrige ökologische Gleichgewicht in der Natur nicht stören. Natürlich war alles doch nicht so einfach.

Zunächst verminderte sich tatsächlich innerhalb weniger Jahre die Zahl der Kaninchen rapide. Unterdessen waren aber die Preise für Vieh gesunken, und es war für Landwirte kaum mehr attraktiv, die Grasflächen als Weideland zu nutzen. Weniger weidendes Vieh und weniger nagende Kaninchen hatten zur Folge, dass das Gras höher wuchs als früher. Das klingt noch nicht besonders dramatisch. Nun gibt es aber eine Ameise namens *Myrmica sabuleti*, die zwar in Wiesen mit kurzem Gras gut gedeiht, nicht aber, wenn das Gras zu hoch wird. Also ging die Zahl der *Myrmica* stark zurück. Diese Ameisenart unterhält wiederum eine seltsame Beziehung zu einer Schmetterlingsart, dem großen blauen *Maculina arion*. Wenn ein Schmetterlingsweibchen seine Eier legt, so werden sie von den Ameisen in ihren Bau geschleppt. Die Larven werden von den Ameisen gehegt und gepflegt, bis die Schmetterlinge ausschlüpfen. Die Anzahl der *Maculina arion* war schon in den späten siebziger Jahren stark zurückgegangen, und als nun noch die Zahl der Ameisen sank, verschwanden die Schmetterlinge fast ganz. Die Verbreitung des *Myximitosis*-Virus in England führte somit zu höherem Gras, zu weniger Ameisen und zum Verschwinden eines wunderschönen blauen Schmetterlings.

Kaum vorhersagbare ökologische Kettenreaktionen wie in unserem Beispiel sind nichts Ungewöhnliches. Um die Struktur eines Ökosystems zu untersuchen, machen Wissenschaftler oft Experimente, indem sie beispielsweise ein Sorte von Raubtieren entfernen und dann beobachten, welche Folgen das für die Beutetiere hat. Man könnte meinen, das wäre leicht vorherzusagen: Ohne die Raubtiere wächst die Zahl der Beutetiere an. 1998 hat jedoch Peter Yodzis von der Universität Guelph in Kanada etwas ganz anderes herausgefunden.[2] Bei der Untersuchung von 13 verschiedenen Ökosystemen zeigte sich, dass die Verknüpfungen innerhalb der Systeme viel zu zahlreich und zu komplex waren, als dass man die Folgen eines Eingriffs hätte vorhersagen können. Das galt selbst für die Auswirkungen auf die Beutetiere, wenn man ein Raubtier entfernte. So konnte zum Beispiel die Entfernung eines Raubvogels, der eine bestimmte Art von Mäusen fraß, zu einer *geringeren* Zahl dieser Mäuse führen als zuvor: Der Raubvogel hat möglicherweise auch gern Konkurrenten der Mäuseart gefressen, die sich jetzt prächtig vermehren und die anderen Mäuse verdrängen. Bei derart verborgenen indirekten Verknüpfungen kann die Änderung der Arten und der Anzahl der Organismen alle nur denkbaren Folgen haben – selbst für Arten, die auf den ersten Blick von der Änderung gar nicht betroffen sind.[3]

Eine neuere umfassende Untersuchung kam zu ähnlichen Schlüssen. Seit mehr als 30 Jahren werden jährlich in den USA und in Kanada die Bestände von über 600 verschiedenen Vogelarten registriert. Diese Daten geben detaillierte Informationen über die Schwankungen des Bestands all dieser Arten. 1998 haben der Ökologe Timothy Keitt von der University of California in Santa Barbara und der Physiker Eugene Stanley von der Universität Boston diese Daten ausgewertet und für jede Art berechnet, in welchem Maß sich die Anzahl der Vögel von Jahr zu Jahr geändert hat: Einmal mag der Wert um zehn Prozent angestiegen sein, im folgenden Jahr mag er um 15 Prozent gesunken sein. Keitt und Stanley sind nun mit den Zahlen der Vogelpopulationen ähnlich vorgegangen wie Gutenberg und Richter mit der Stärke von Erdbeben, das heißt, sie haben die Häufigkeiten bestimmter Raten des Anstiegs oder der Abnahme bestimmt.

Das Ergebnis war bemerkenswert: Es gibt keine »typische« Rate für die Änderung der Vogelpopulationen. Wenn man davon ausgeht, dass die häufigste »Änderung« darin besteht, dass sich nichts ändert, so nimmt die Häufigkeit der Änderungen (seien es Zunahme oder Abnahme) mit ihrer wachsenden Größe ab. Sie folgt dabei in beide Richtungen demselben Potenzgesetz. Keitt und Stanley schlossen: »Für die hier untersuchten Arten gibt es keine charakteristische Größenordnung der Schwankungen ihrer Populationsgröße.«[4] Mit anderen Worten: Man kann weder die Größe noch die Richtung der Änderung im nächsten Jahr vorhersagen.

Wir finden hier wieder jene Art von Skaleninvarianz, die wir von kritischen Zuständen kennen, wie sie sich einstellen, wenn Systeme auf der Kippe zwischen zwei Phasen stehen. Keitt und Stanley haben bei der Interpretation ihrer Ergebnisse auch in der Tat eine direkte Verbindungslinie zur Wissenschaft der Phasenübergänge gezogen, wenn sie anmerken, dass die Skaleninvarianz am kritischen Punkt

> »in diesen unbelebten Systemen daher kommt, dass jedes Teilchen direkt mit einigen wenigen Nachbarteilchen in Wechselwirkung steht und sich, weil die Nachbarn auch wieder mit Nachbarn verbunden sind, diese Wirkungen über weite Strecken im System fortpflanzen. Das Ergebnis sind Potenzgesetze. In ähnlicher Weise haben auch Lebewesen in Ökosystemen direkten Kontakt mit einigen Nachbarn – aber nicht mit allen Artgenossen im System. Die Nachbarn haben wieder Kontakt mit anderen Nachbarn, sodass sich auch hier bestimmte Wirkungen im System fortpflanzen.«[5]

Wenn sich Ökosysteme in einem kritischen Zustand befinden, so drohen auch ihnen katastrophale Umwälzungen, und wir werden skaleninvariante Wahrscheinlichkeitsverteilungen finden. Es stellt sich nun die Frage, ob das Potenzgesetz für das massenhafte Artensterben, das wir im letzten Kapitel kennen gelernt haben, damit etwas zu tun hat. Das Massenaussterben würde dann einfach aus der inneren Struktur des Ökosystems herrühren – ein faszinierender Gedanke!

Die Daten von Keitt und Stanley beziehen sich auf ökologische Ketten von Ursache und Wirkung und berücksichtigen die Wechselwirkung zwischen verschiedenen Arten. Solche Ketten können schon nach einer oder zwei Generationen zu deutlichen Änderungen in der Zahl der Organismen führen. Die Biologen unterscheiden diese »schnellen« Änderungen klar von den äußerst langsamen, durch den Evolutionsprozess bedingten, die erst nach sehr vielen Generationen sichtbar werden. Die Evolution ändert übrigens nicht nur die Zahl der Organismen, sondern auch diese selbst: Der Schnabel wird länger, das Federkleid wird heller oder die Schwanzfeder bekommt einen Farbtupfer. Die Fossilienfunde überdecken einen ungeheuer langen Zeitraum, und man sollte sich daher bei Versuchen, das Massenaussterben zu erklären, eher auf Evolutionsprozesse konzentrieren als auf »schnelle« Prozesse innerhalb von Ökosystemen.

Es ist sicher, dass der Evolutionsprozess zum Aussterben einer Art führen kann, etwa wenn sich die Art veränderten Umweltbedingungen – beispielsweise einem Klimawechsel – nicht anpassen kann. Man kann sich nun leicht vorstellen, dass das Aussterben dieser einen Art Folgen hat, da sie ja nicht isoliert gelebt hat, sondern Teil eines Systems war. So könnte das Aussterben der einen Art das anderer Arten nach sich ziehen und zu einer tödlichen Kettenreaktion führen, die sich über weite Bereiche ausbreitet. Wir werden sehen, dass es tatsächlich Hinweise auf einen Zusammenhang zwischen derartigen Kettenreaktionen und dem Massenaussterben gibt. Einige Wissenschaftler vermuten, dass sich das globale Ökosystem nicht nur bezüglich seiner schnellen ökologischen Prozesse, sondern auch bezüglich der langfristigen Evolutionsprozesse in einem kritischen Zustand befindet und dass somit schon das Aussterben einer Art eine weltweite Katastrophe zur Folge haben kann.

Fitness-Pfade

Stuart Kauffman ist eigentlich Physiker und denkt auch eher wie ein Physiker, aber er beschäftigt sich vorwiegend mit biologischen Problemen – nicht etwa mit kleinen Problemen, wie der Entschlüsselung der Struktur eines Proteins oder der Kartierung eines Gens, sondern mit den wirklich großen. Mitte der achtziger Jahre, während er an der University of Pennsylvania in Philadelphia arbeitete, schlug er vor, die Entstehung des Lebens auf der Erde aus einem völlig neuen Blickwinkel zu betrachten. Zuvor gingen alle theoretischen Ansätze davon aus, dass sich das Leben einem außerordentlich unwahrscheinlichen Zufall verdankt: Vor einigen Milliarden Jahren haben sich in der »Ursuppe« irgendwelche Moleküle zusammengefunden, die sich selbst vervielfältigen konnten. Nachdem dieser Mechanismus des »Weiterlebens von Einheiten, die sich vervielfältigen können«, einmal in Gang gesetzt war, konnte er von selbst weitergehen. Alle Schätzungen ergaben jedoch, dass das Universum nicht alt genug war, als dass sich dieser Zufall hätte ereignen können.

Kauffman begann anhand einfacher mathematischer Modelle die Wechselwirkungen verschiedener Moleküle zu erforschen, die bereits in der Frühzeit auf der Erde existierten – und machte eine aufregende Entdeckung. Es gibt Moleküle, die als Katalysator wirken, das heißt, sie beschleunigen die chemischen Reaktionen zwischen anderen Molekülen und Atomen, ohne selbst mit einbezogen zu werden. Das Molekül A bewirkt beispielsweise, dass sich die Moleküle B und C viel häufiger zum Molekül D vereinigen als ohne sein Beisein. Kauffman untersuchte nun verschiedene nach dem Zufallsprinzip zusammengesetzte »Ursuppen«. Wenn die Zahl der Molekülarten gering war, ereignete sich in der Mischung chemisch nichts von Interesse. Wenn er aber die Zahl erhöhte, bildeten sich Gruppierungen, die Kauffman »autokatalytisch« nannte und die sich quasi wie Münchhausen an ihrem eigenen Schopf aus der Ursuppe ziehen konnten: Das Molekül A wirkt bei der Entstehung von D als Katalysator, D wiederum bei der Entstehung von E oder F, das wiederum C oder G bilden hilft usw. Irgendwann am Ende der Kette wirken dann Y und Z als Katalysator bei der Bildung von A: Der Kreislauf ist geschlossen, und die Bildung eines jeden Moleküls wird durch die katalytische Wirkung eines anderen gefördert.

Immer wenn sich ein solcher selbst verstärkender Prozess in einer Ansammlung von Molekülen einstellt, wird die Zahl der beteiligten Moleküle steil ansteigen. Kauffmans erstaunliche Entdeckung war, dass solche Ringprozesse mit Sicherheit entstehen, wenn nur genügend viele Molekülarten vorhanden sind – wobei deren Anzahl nicht einmal besonders groß sein muss. Wie bei dem Magneten, den wir kennen gelernt haben, gibt es in unserer Molekülmischung einen Phasenübergang von einem langweiligen in einen höchst faszinierenden Zustand, wenn die Zahl der Molekülarten wächst. Dieser Phasenübergang ist die

Grundlage für eine völlig neue Theorie, nach der die Entstehung von Leben nicht unwahrscheinlich ist, sondern vielmehr unvermeidbar.

Von der Tragfähigkeit dieser Theorie überzeugt, ging nun Kauffman daran, nicht nur die Entstehung von Leben zu untersuchen, sondern auch seine weitere Entwicklung, also den Evolutionsprozess innerhalb eines komplexen Ökosystems. Dieses Problem ist äußerst kompliziert, weil sich die Rahmenbedingungen, unter denen sich eine Art entwickelt, ständig wandeln. Die Arten sind untereinander verknüpft: Sie fressen einander auf, sie kämpfen um Lebensraum oder schließen sich zusammen, und wenn sich eine Art verändert, so ändern sich damit die Rahmenbedingungen für die anderen Arten. Um eine bessere Einsicht in derartige Probleme zu bekommen, haben Biologen und Evolutionsforscher viel über »Landschaften« nachgedacht – nicht über natürliche, sondern über mathematische Landschaften: Flächen, die eine Kartierung der »Fitness« darstellen, also der Fähigkeit von Lebewesen, sich ihrer Umwelt anzupassen. Von derartigen Fitness-Landschaften ist immer wieder die Rede, wenn über das Wesen von Evolution diskutiert wird, und auch Kauffman hat mit diesem Begriff gearbeitet.

Die Evolution erreicht ihre Ziele auf dreifache Weise: durch *Variation*, durch *Selektion* und durch *Replikation*. In einer Population von Kaninchen wird es beispielsweise immer welche geben, die besser sehen, schneller laufen oder intelligenter sind als die anderen – die Anlagen zeigen eine gewisse *Variation*. Diese »besseren« Kaninchen leben in der Regel länger und bekommen mehr Nachkommen als der Rest – das bezeichnet man mit *Selektion* oder Auslese. Weil die Eltern Kopien ihrer Gene an die Nachkommen weitergeben, werden durch diese *Replikation* zur nächsten Generation mehr »bessere« Kaninchen gehören als zur vorhergehenden. Als Ergebnis des gesamten Prozesses wird sich die Anpassung der Kaninchenpopulation an die äußeren Bedingungen von Generation zu Generation verbessern.

In Form von Fitness-Landschaften lassen sich diese vom Evolutionsprozess bewirkten Änderungen bildlich darstellen. In der biologischen Fachsprache bezeichnet man mit »Phänotyp« die Erscheinung eines Lebewesens: seine Farbe, seine Bewegungsgeschwindigkeit, seine Stärke, seine Intelligenz usw. Der Phänotyp bestimmt die Fitness, das Angepasstsein des Lebewesens. Nun kann man sich ein zweidimensionales Gitter vorstellen, in dem jeder Gitterpunkt einem bestimmten

Phänotyp entspricht, der durch zwei Eigenschaften definiert ist – bei Kaninchen beispielsweise durch ihre Größe und ihre Schnelligkeit. Die Höhe eines Punktes über dem Gitterpunkt soll nun der Fitness des Phänotyps »Kaninchen mit einer bestimmten Größe und Schnelligkeit« entsprechen. Legt man eine Fläche über diese unterschiedlich hoch liegenden Punkte, so erhält man die oben genannte Fitness-Landschaft (Abb. 13). Die Berge und Täler in dieser Landschaft geben Auskunft darüber, wie gut ein Phänotyp an seine Umwelt angepasst ist: Ein Berg bedeutet gute Anpassung, ein Tal schlechte.

Wenn man eine solche Landschaft vor Augen hat, so heißt Evolution nichts anderes, als dass bestimmte Populationen auf Berge hinaufsteigen. Die weniger gut geratenen Kaninchen entsprechen einem Haufen Punkte irgendwo in einem Tal der Fitness-Landschaft. Einige von ihnen werden schnell aufgefressen, die etwas »besseren« pflanzen sich fort – nach einer Generation haben wir eine neue Punktwolke, nach der nächsten wieder eine, und jedes Mal werden durch die Vermischung der Gene und zufällige Mutationen einige Punkte der Wolke etwas höher angesiedelt sein als in der vorangegangenen Generation. Weil die »besseren« Kaninchen mehr Nachkommen haben, wird die Punktwolke immer weiter den Berg hinansteigen, bis sie den Gipfel erreicht hat.

Bis jetzt sieht das so aus, als wäre die Form der Fitness-Landschaft nur von den Eigenschaften der Organismen abhängig, um die es geht. Es spielen aber noch viel mehr Dinge eine Rolle: beispielsweise die Klimaverhältnisse und die Eigenschaften aller möglichen Lebewesen – Bäume, Vögel oder Bakterien –, mit denen die betrachteten Organismen in einer Beziehung stehen. Eine Froschpopulation mag beispielsweise auf einem lokalen Berggipfel der Fitness-Landschaft leben. Taucht nun aber im Lebensraum der Frösche eine Schlange auf, die von Fröschen lebt, so wird sich die Fitness-Landschaft der Frösche dramatisch verändern, und sie finden sich plötzlich ohne eigenes Zutun in einem tiefen Loch wieder. Viele von ihnen werden als Schlangenfutter enden, aber möglicherweise wird sich die Population doch weiter entfalten, indem sie bessere Tarnungen entwickelt und sich dadurch auf den Weg zu einem neuen Gipfel begibt.

Weil die Arten untereinander verknüpft sind, kann jeder Evolutionsschritt bei der einen Art Änderungen bei anderen Arten auslösen.

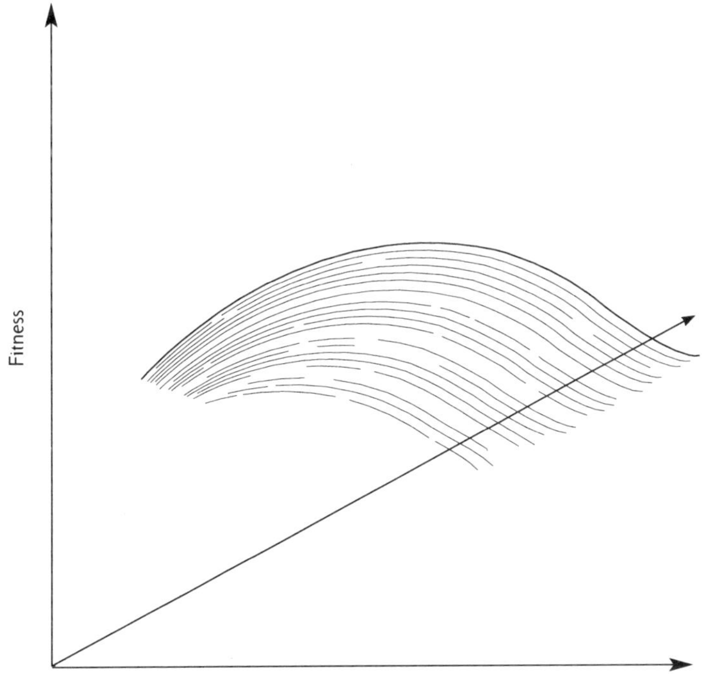

Abb. 13 Fitness-Landschaft mit nur einem Gipfel.

Angesichts dieser theoretischen Möglichkeit begann Kauffman derartige Ko-Evolutionen zu untersuchen. Weil die Ökosysteme auf eine äußerst verworrene Weise miteinander vernetzt sind, weiß niemand genau, wie die Fitness-Landschaft für eine bestimmte Art in einem realen Ökosystem aussieht. Wir haben aber oben schon gesehen, dass man einen höchst komplizierten Eisenmagneten besser verstehen kann, wenn man anstelle des realen Gegenstands ein stark vereinfachtes Modell betrachtet. Aufgrund der Universalität gibt uns das Modell ein überraschend genaues Bild der wirklichen Verhältnisse unseres Systems in der Nähe des kritischen Zustands zwischen zwei Phasen. Kauffman und seine Kollegin Sonke Johnsen entschlossen sich zu einem ähnlichen Vorgehen, um etwas über die Ko-Evolution zu erfahren.

Digitale Arten

Um möglichst einfache Verhältnisse zu haben, stellten sie Arten als Folge von Nullen und Einsen in digitaler Weise dar und programmierten ihren Computer so, dass er eine Fitness-Landschaft und die Position der Art in dieser Landschaft bestimmen konnte. Die Landschaften waren so gewählt worden, dass sie einige wichtige Eigenschaften realer Fitness-Landschaften besaßen, insbesondere gab es in ihnen Berge und Täler. Kauffman und Johnsen ließen die Arten miteinander auf die einfachste mögliche Weise in Beziehung treten, sodass eine Änderung der einen Art im Laufe der Evolution die Fitness-Landschaft einer anderen ändern konnte. Die Anordnung spiegelte also den Grundgedanken der Ko-Evolution wider, auch wenn sie auf fast alle Details verzichtete. Dann ließen die beiden Forscher ihr Modell anlaufen.

Zunächst passierte in ihrem digitalen Ökosystem nichts Interessantes. Alle Arten entwickelten sich gut und erreichten irgendwann durch den Evolutionsprozess Gipfel in ihrer Fitness-Landschaft. Damit war die Evolution beendet – es geschah nichts mehr, das Spiel erwies sich als langweilig. Im Laufe ihrer Arbeit erkannten Kauffman und Johnsen, dass man mit kleinen Änderungen des Modells die Evolution anheizen konnte – etwa, indem man die Fitness-Landschaften zerklüfteter gestaltete. Wenn die Landschaften der einzelnen Arten zerklüftet waren – aber auch nicht zu zerklüftet – und das Ausmaß des Einflusses einer Art auf die Landschaft der anderen »richtig« eingestellt war, begann sich das Ökosystem zu verhalten wie der Sandberg aus unserem Modell: Eine kleine Änderung infolge der Evolution konnte eine wahre Lawine von Ko-Evolutionen auslösen, die von nur wenigen Arten bis zu sämtlichen Arten des Systems reichen konnte.[6]

Bei längeren Läufen des Modells stellte sich heraus, dass die Häufigkeitsverteilung der Evolutionslawinen geordnet nach der Anzahl der betroffenen Arten einem Potenzgesetz folgte. In dem Ökosystem von Kauffman und Johnsen gibt es – zumindest wenn es entsprechend eingestellt wird – keine typische Anzahl von Ko-Evolutionen. Die Änderungen bei einer Art können isoliert bleiben oder Millionen anderer Arten mitreißen. Noch verblüffender ist, dass bei den Modellrechnungen die Folge der Evolutionsereignisse wie die Zeitreihe des Artensterbens aussieht: Lange Intervalle, in denen sich nichts oder nur wenig ereignet, werden von plötzlichen Ausbrüchen an Aktivität unterbrochen. Kauffman und Johnsen hatten ihr Modell so eingestellt, dass es an den kritischen Punkt gelangte – ähnlich wie Fermi seinen Reaktor.

Nun lieferte dieses Modell sicher nur ein äußerst vereinfachtes Bild der Ko-Evolution in der realen biologischen Welt. Trotzdem garantiert das Universalitätsprinzip, dass für alle nur denkbaren Systeme im kritischen Zustand die Details ohne Belang für das Verhalten sind. Um diesen Punkt noch mehr zu verdeutlichen, haben 1993 die Wissenschaftler Per Bak und Kim Sneppen am Niels-Bohr-Institut in Kopenhagen ein noch einfacheres Modell der Ko-Evolution entwickelt, das zu nahezu denselben Ergebnissen führte. Es lohnt sich, ihr Modell etwas genauer zu betrachten, weil es die vielleicht größtmögliche Vereinfachung der Ko-Evolution darstellt, die denkbar ist. Um es besser verstehen zu können, müssen wir uns aber vorher noch etwas ausführlicher mit der Struktur und der Veränderung von Fitness-Landschaften beschäftigen, denn dass man in ihnen von einem Tal aus einen Gipfel erreichen kann, ist nur ein kleiner Teil der Geschichte.

Jede Naturlandschaft ist in einer bestimmten Weise gegliedert und zerklüftet: Es gibt Berge der unterschiedlichsten Größe, und es gibt Täler. Fitness-Landschaften unterscheiden sich davon nicht. Das bedeutet, dass eine Population auf ihrem Weg nach oben nicht unbedingt auf Anhieb den Weg zum höchsten Gipfel der Landschaft findet, es ist viel wahrscheinlicher, dass sie auf einem der zahlreichen niedrigeren Gipfel landet – und dann dort festsitzt. Ähnlich würde es einem Bergsteiger ergehen, der in einem wild zerklüfteten Gelände ohne Karte unterwegs ist. Einmal auf einem der niedrigeren Gipfel angelangt, kann eine Art nicht weiter nach oben gelangen, es sei denn, sie macht einen »Sprung« hinüber zu einem höheren Gipfel irgendwo in der Nachbarschaft. Die Frage ist, welche Voraussetzungen dafür erfüllt sein müssen und wie viel Zeit bis dahin vergeht.

Wichtigste Voraussetzung für einen solchen Sprung ist, dass einige Mitglieder der Population die Untiefen des Tals geringer Fitness zwischen den beiden Gipfeln durchqueren. In jeder Generation gibt es einige Vertreter, die aus der Art geschlagen sind und wieder zurückfallen. Da sie wenig lebenstüchtig sind, werden sie nur ein oder zwei Generationen weiterleben, es kann aber auch vorkommen, dass die eine oder andere Familie sechs, sieben oder sogar zehn Generationen weiterlebt.

Und möglicherweise könnte es einem der Nachkommen dieser Talbewohner aufgrund eines seltenen genetischen Glücksfalls gelingen, das Gelobte Land auf der anderen Seite des Tals an den Flanken des höheren Gipfels zu erreichen. Dort bildet sich nun vielleicht – durch Vermehrung und Aufstieg – eine Population, die den höheren Gipfel erreicht. Die Evolutionstheorie sagt aus, dass die Wahrscheinlichkeit für einen solchen Sprung mit der Entfernung der Gipfel rapide abnimmt.[7]

Mit anderen Worten: Wenn eine Art einen kleinen Sprung ins Auge fasst, so wird ihr das innerhalb eines vernünftigen Zeitraums gelingen. Geht es um einen großen Sprung, so wird daraus nichts werden. Sie wird weiterhin für Äonen auf ihrem Gipfel zweiter Wahl hängen bleiben. Bak und Sneppen haben diese Bilder mit großem Erfolg weiter ausgemalt. Sie argumentierten, dass jede Art, nachdem sie in die Berge aufgebrochen ist, auf einem eigenen kleinen Gipfel landet und durch tiefe Schluchten vom Weg auf höhere Gipfel abgehalten wird. Die Breite der Schlucht ist ein Maß dafür, wie schwierig es für eine Art ist, sich weiterzuentwickeln, und wie lang dieser Prozess dauert. Die Breite des Abgrunds, die charakteristisch für die jeweilige Art ist, ist die entscheidende Größe, denn wenn der Abgrund nicht übersprungen wird, ändert sich überhaupt nichts mehr. Bak und Sneppen haben sich ganz auf diese Breite konzentriert, alles andere ließen sie unberücksichtigt.

Stöcke und Keile

Das Ökomodell besteht aus einer Reihe von Stöcken, deren Länge der Breite des »Tals des Todes« entspricht, das vor den einzelnen Arten liegt (Abb. 14). Um dem Modell noch den letzten Rest an Realität auszutreiben, haben Bak und Sneppen festgelegt, dass die Länge der Stöcke zwischen null und eins liegen muss. Zu Beginn des Modellversuchs sind die verschieden langen Stöcke in zufälliger Weise angeordnet und stellen ein »Ökosystem« in irgendeinem Zustand dar. Die Evolution in diesem Ökosystem geht nun nach zwei Regeln voran (Abb. 15): Weil kurze Sprünge weitaus wahrscheinlicher sind als weite, wird die Art zuerst springen, die am schmalsten Abgrund lebt. Nach dem Sprung gelangt

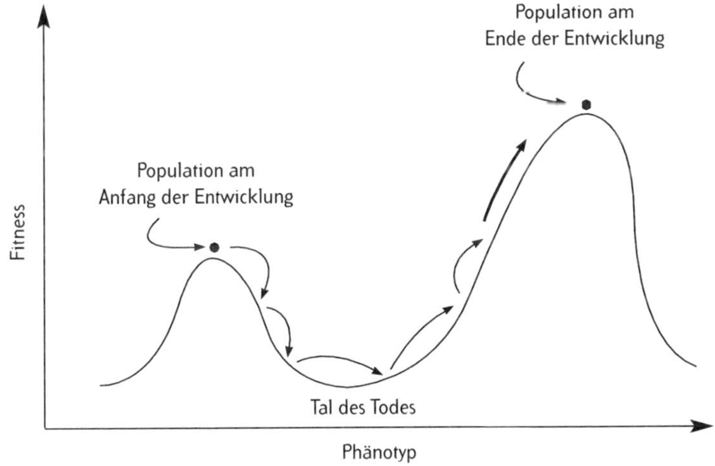

Abb. 14 Eine Population, die auf einem Fitness-Gipfel gestrandet ist, kann einen anderen höheren Gipfel nur erreichen, wenn es ihr gelingt, das dazwischen liegende Tal geringerer Fitness zu durchqueren.

die Art auf einen neuen Gipfel und steht wieder vor einem neuen Abgrund, der eng oder weit sein kann – was man nicht im Voraus wissen kann. Regel Nr. 1 ist also: Suche die Art, die durch den kürzesten Stock vertreten wird, und ersetze diesen durch einen anderen, dessen Länge – wieder zwischen null und eins – der Zufall bestimmt. Diese erste Regel gibt an, wie sich Arten ohne Einflüsse von außen weiterentwickeln.

Der springende Punkt bei der Ko-Evolution ist, dass Arten untereinander in Wechselwirkung stehen. Bak und Sneppen legten fest, dass jede Art mit ihren zwei nächsten Nachbarn in Verbindung steht. Wenn sich eine Art verändert, wird also die Fitness-Landschaft dieser Nachbarn verändert: Waren sie zuvor auf Gipfeln, so finden sie sich in Tälern wieder und können dadurch relativ schnell wieder neue Gipfel erreichen, wo sie neue Abgründe erwarten. Regel Nr. 2 heißt daher: Nachdem der kürzeste Stock gegen einen anderen von zufälliger Länge vertauscht wurde, wird dies auch mit seinen beiden Nachbarn gemacht. Was passiert nun, wenn man das Modell nach den Regeln Nr. 1 und Nr. 2 ablaufen lässt?

Zu Beginn gibt es noch viele relativ kurze Stöcke. Weil aber bei jedem Modellschritt immer der kürzeste Stock und seine beiden Nachbarn

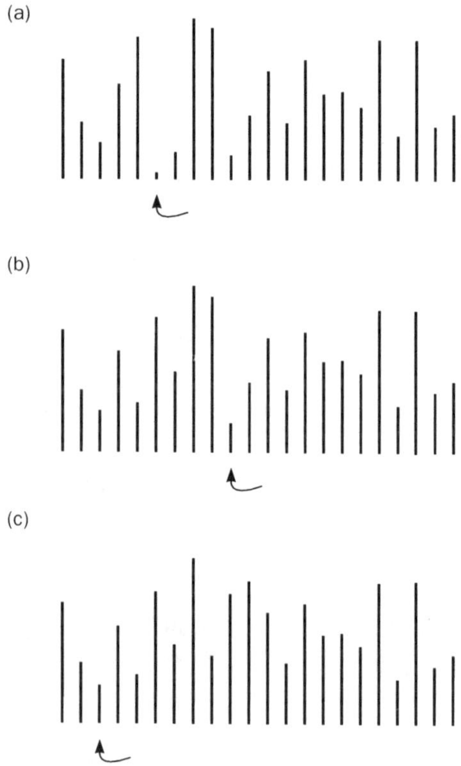

Abb. 15 Spielregeln des Bak-Sneppen-Modells. Zu Beginn (a) werden der kürzeste Stock (in der Abbildung durch einen Pfeil markiert) und seine zwei Nachbarn durch neue Stöcke mit vom Zufall bestimmten Größen ersetzt. Bei jedem weiteren Schritt (b, c) werden die kürzesten Stöcke und ihre Nachbarn durch neue ersetzt, die in der Mehrzahl länger sind. So erhöht sich die Länge aller Stöcke Schritt für Schritt.

ausgetauscht werden, wird die durchschnittliche Länge der Stöcke zunehmen und nach einiger Zeit vielleicht zwei Drittel betragen (Abb. 16). An diesem Punkt der Entwicklung hat das Ökosystem einen relativ stabilen Zustand erreicht, da alle Arten vor einem ungefähr gleich breiten Abgrund stehen. Es vergeht nun eine sehr lange Zeit bis zum nächsten Evolutionssprung, aber es gibt immer noch irgendwo einen kürzesten Stock, und wenn man nur lange genug wartet, wird die Art, für die dieser Stock steht, zu neuen Gipfeln aufbrechen.

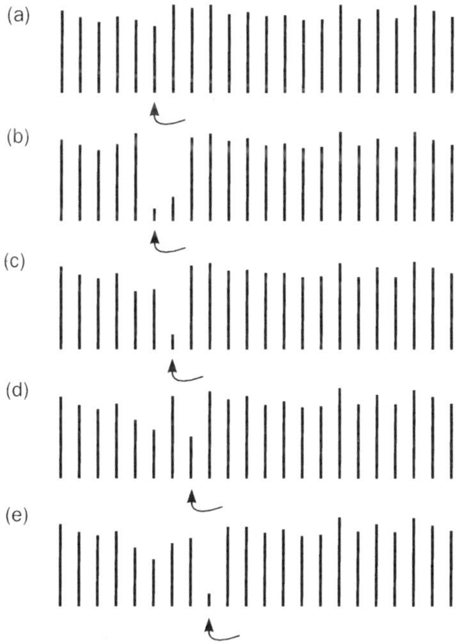

Abb. 16 Lawinen im Bak-Sneppen-Modell. Nachdem sich eine Art Gleichgewicht eingestellt hat und alle Stöcke Längen von etwa zwei Drittel haben, ist das »Ökosystem« in den kritischen Zustand gelangt. Die Wahrscheinlichkeit ist nun groß, dass beim Austausch des kürzesten Stocks eine Lawine ausgelöst wird, die das gesamte System durchläuft.

Auch dieser Sprung bedeutet wieder, dass drei Stöcke ersetzt werden. Sind die drei neuen Stöcke alle relativ lang, wird das Ökosystem wieder für lange Zeit blockiert sein. Mit einer gewissen Wahrscheinlichkeit ist jedoch einer der drei neuen Stöcke deutlich kürzer als zwei Drittel. Das hat natürlich zur Folge, dass die Art, der dieser Stock entspricht, nur einen schmalen Abgrund überspringen muss und dies entsprechend schnell geschehen wird. Wenn es nach diesem Sprung der Zufall will, dass wieder ein sehr kleiner Stock ins Spiel kommt, könnte dies der Beginn einer Evolutionslawine sein, die das gesamte Ökosystem überrollt, bis irgendwann durch Zufall wieder alle Stöcke größer als zwei Drittel sind und die Lawine zum Stillstand kommt. Die Wartezeit bis zur nächsten Lawine kann dann wieder sehr groß sein.

Das Ökosystem von Bak und Sneppen entwickelt sich also zu einem Zustand, in dem alle Arten hohe Barrieren zu überwinden haben, bevor die Evolution weitergeht. Gleichzeitig kann aber schon ein winziger Evolutionsschritt bei einer Art das gesamte System aus dem Gleichgewicht bringen und eine Kettenreaktion von Evolutionen in Gang setzen, die sich durch das System zieht und erst nach vielen Schritten wieder zur Ruhe gebracht wird. Obwohl in dem Modell von Kauffman und Johnsen zusätzliche Details die Abläufe weniger leicht durchschaubar machen, führt es im Wesentlichen zu denselben Ergebnissen. Beide Modelle deuten darauf hin, dass in Ökosystemen zwingend gelegentlich dramatische Umwälzungen ablaufen, für die keine besondere Ursache angegeben werden kann – möglicherweise ein Hinweis zur Erklärung der Zeiten mit massenhaftem Artensterben.

Es überrascht kaum, dass die Biologen beide Modelle aus den verschiedensten Gründen scharf kritisiert haben.[8] In der Tat sind sie ja starke Vereinfachungen der biologischen Realität. Wie wir oben gesehen haben, ist das aber wegen des Universalitätsprinzips nicht unbedingt ein Argument gegen ihre Gültigkeit und Brauchbarkeit.[9] Beide Modelle weisen jedoch durchaus einige Mängel auf. Wenn man an die oben erwähnten Diskussionen denkt, fällt auf, dass das Wort »Auslöschung« oder »Artensterben« nicht vorkommt. Es handelt sich in beiden Fällen um Modelle einer Ko-Evolution ohne Artensterben. Wenn es einer Art gelingt, von einem Gipfel zu einem anderen zu springen, so erleidet sie dabei keine Verluste und wird nicht ausgelöscht, sondern verändert nur ihren Phänotyp. Die Lawinen sind immer nur Lawinen, die die Evolution vorantreiben.

Man könnte nun einwenden, dass die Arten aussterben, denen es während der Umwälzungen der Evolution nicht gelingt, einen neuen Fitness-Gipfel zu erreichen. Wenn es Tausenden oder Zehntausenden von Arten gelingt, neue Gipfel zu erreichen, so werden auch entsprechend viele Arten aussterben, was zu einem ähnlichen Potenzgesetz für das Aussterben wie für die Weiterentwicklung führen würde. Das ist zwar kein ganz wasserdichtes Argument, aber es klingt immerhin plausibel. Insgesamt deuten aber all diese Modelle darauf hin, dass sich das globale Ökosystem in einem kritischen Zustand befindet und geben einen Hinweis – nicht mehr und nicht weniger –, dass das massenhafte Artensterben lediglich eine zwar seltene, aber ganz natürliche Begleiterscheinung der Evolution ist. Man sollte im Übrigen auch anmerken, dass beide Modelle nur als erste Versuche gedacht waren, das Problem anzugehen.

Evolutionäres Denken

In Kapitel fünf wurde der Biologe Francis Crick zitiert, der aufgrund eigener Erfahrungen zu dem Schluss kam, dass »die meisten Mathematiker denkfaul« sind und es hassen, »Abhandlungen über Experimente zu lesen«.[10] Ich kann mir vorstellen, dass Crick über Bak und Sneppen Ähnliches sagen würde – wie jeder andere, der in einem einfachen Ökosystem-Modell aus Holzstückchen nur puren Unsinn sieht. Man sollte allerdings daran erinnern, dass Crick ziemlich extreme Ansichten darüber hat, was zu »echter« Wissenschaft zählt und was nicht.

Crick und der Philosoph Daniel Dennett haben einmal das Für und Wider theoretischer Vereinfachungen diskutiert, die gemacht werden, um die Wirkungsweise des menschlichen Gehirns im Modell darstellen zu können. Ein neuerer Ansatz besteht in einem einfachen mathematischen Netzwerk, in dem die »Neuronen« wie reale Neuronen miteinander in Wechselwirkung stehen und angeregt werden, wenn sie in der richtigen Weise von anderen Neuronen Reize zugeleitet bekommen. Davon abgesehen haben die Modellneuronen nichts mit realen Neuronen gemeinsam, sie sind reine Denkprodukte von Theoretikern. Man kann aber aus ihnen viel über die Eigenschaften von Neuronennetzen lernen, was verborgen bliebe, würde man mehr Details berücksichtigen. Crick wendet sich gegen ein solches Vorgehen. Dennett zitiert ihn:

> »Diese Leute sind vielleicht gute Ingenieure, aber sie betreiben ganz schlechte Wissenschaft! Sie kehren absichtlich dem den Rücken, was wir *jetzt schon* über die Wechselwirkungen zwischen den Neuronen wissen, und deshalb sind ihre Konstruktionen als Modelle für die Gehirnfunktion völlig ungeeignet.«[11]

Es dürfte kaum einen Biologen, Physiker oder sonstigen Naturwissenschaftler geben, der eine derart strenge Haltung lange Zeit aufrechterhalten kann. Newton hätte das Wesen der Bewegung der Erde um die Sonne nie aufgedeckt, wenn er nicht alle Einzelheiten des Problems vernachlässigt hätte – bis auf die eine, dass sich nämlich Massen anziehen. Er hat sich weder darum gekümmert, dass die Erde einen Kern und eine Kruste hat, noch dass sich ständig wegen der Gezeiten Unmengen von Wasser über den Globus bewegen. Es war für ihn auch ohne Bedeutung, dass letztlich die genaue Lage und das genaue Gewicht jeden Baumes in die Berechnungen eingeht; er nahm einfach an, dass all dies keinen großen Unterschied machen würde – und er hatte Recht damit, denn selbst die Gezeiten verändern die Dauer eines Jahres nicht einmal um eine einzige Minute.[12]

Die eigentliche Frage, die man im Bezug auf die beiden Evolutionsmodelle stellen muss, ist daher, wie viele und welche Details man unberücksichtigt lassen kann. Die Bewährungsprobe für ein Modell steht an, wenn man einige dieser Details wieder mit hereinnimmt und dann untersucht, ob sich das Ergebnis wesentlich ändert. Es zeigt sich, dass die beiden betrachteten Modelle tatsächlich zu wenige Details berücksichtigen. Sie geben zwar wieder, dass die lawinenartigen Entwicklungen bei der Ko-Evolution selbstähnlich sind und einem Potenzgesetz folgen (für sich gesehen schon eine glänzende Leistung), aber die Kennzahlen der Potenzgesetze von Modell und Realität stimmen nicht völlig überein. Bei Bak und Sneppen erhält man beispielsweise eine Kennzahl von 2,14, das heißt ein Artensterben von doppeltem Ausmaß ist 2,14-mal weniger häufig. Die Ausgrabungen und Fossilienfunde ergeben hingegen eine Kennzahl von vier. Auch die Kennzahlen bei verschiedenen Versionen des Modells von Kauffman und Johnsen differieren ähnlich. Die Modelle scheinen zwar zu bestätigen, dass sich das globale Ökosystem in einem kritischen Zustand befindet und entsprechend sensibel reagiert, sie geben aber die wirklichen Verhältnisse nicht vollständig richtig wieder.

Bis heute sind sich die Wissenschaftler nicht darüber einig, was noch zusätzlich in den Modellen berücksichtigt werden müsste. Die Physiker Luis Amaral vom MIT und Martin Meyer von der Universität Boston haben einen bemerkenswerten Vorschlag gemacht. Das Ökosystem von Bak und Snappen hat die seltsame Eigenschaft, dass es keine Machtunterschiede gibt: Alle Arten stehen auf gleicher Ebene, es gibt weder Raub- noch Beutetiere. Das ist natürlich in realen Ökosystemen anders: Dort gibt es Nahrungsketten, die bei einer Art beginnen und bei einer anderen enden. 1999 haben Amaral und Meyer ein Modell entwickelt, das solche Nahrungsketten besser berücksichtigt. Das neue Modell ist

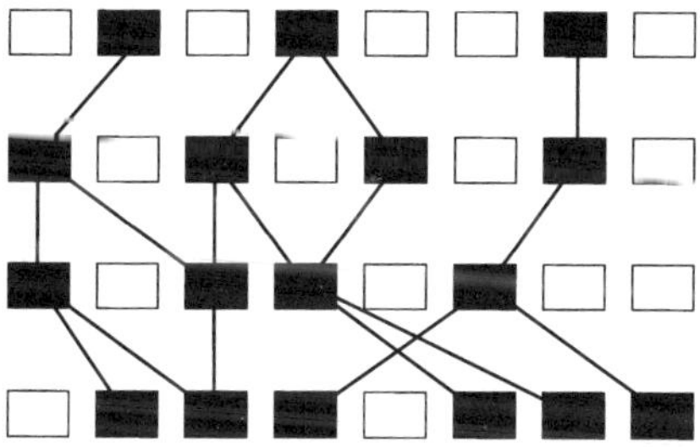

Abb. 17 Nahrungskette nach Amaral und Meyer. Jede Art auf einem der Niveaus lebt von einer oder mehreren Arten auf dem nächsttieferen Niveau. Die Auslöschung einer Art im untersten Niveau kann zur lawinenartigen Auslöschung von Arten auf höheren Niveaus der Nahrungskette führen.

nicht viel komplizierter als die Version von Bak und Sneppen und liefert wieder ein Potenzgesetz, was zumindest anzeigt, dass es wichtig sein könnte, Nahrungsketten mit einzubeziehen.

Bei Amaral und Meyer hat das Ökosystem sechs Ebenen, die von der oberen Ebene der stärksten Raubtiere bis zur untersten der letzten Beutetiere reichen. Auf jeder Ebene gibt es tausend ökologische »Nischen«, in denen jeweils eine Art Platz findet. Nach dem Modell ernähren sich die Lebewesen auf einer Ebene von einigen Lebewesen auf der darunter liegenden Ebene. Amaral und Meyer starteten ihr Modell in einem Zustand, bei dem die unterste Ebene teilweise mit Arten gefüllt war, und ließen nach ganz einfachen Regeln den Dingen ihren Lauf. Bei jedem Zeitschritt besteht für jede Art eine kleine Wahrscheinlichkeit, in eine Nische auf derselben Ebene oder darunter oder darüber zu gelangen. Dadurch wird es für die Arten der untersten Ebene möglich, sich zu verbreiten und die Nahrungskette zu füllen. Jeder neuen Art werden automatisch einige Arten auf der tieferen Ebene zugeordnet, von denen sie sich ernährt (Abb. 17).

Darüber hinaus stirbt auch bei jedem Zeitschritt ein kleiner Anteil der Arten auf der untersten Ebene aus. Das könnte auf Klimaänderungen oder die besonders große Fresslust einiger Raubtiere zurückgeführt werden. Die Ursachen spielen für das Weitere keine Rolle, denn die Biologen wissen, dass das vereinzelte Aussterben von Arten alle möglichen Gründe haben kann. Das Modell von Aramal und Meyer hat nun einen wichtigen Punkt erreicht: Wenn auf der untersten Ebene Arten aussterben, so hat das Auswirkungen auf die Ebene darüber: Einige der Arten dort müssen feststellen, dass all ihre Beutetiere verschwunden sind – und sterben auch aus. Dieser Effekt kann sich über die gesamte Stufenleiter nach oben fortsetzen.

Im Wesentlichen füllt das Modell das Netz der Raub- und Beutetiere auf zufällige Weise auf, es erlaubt zu jeder Zeit Arten der untersten Ebene auszusterben, und es ermöglicht, dass dieser Effekt nach oben durch das gesamte Netz wandert. Das Ergebnis dieses simplen Prozesses ist verblüffend: Die Nahrungskette gelangt auf ganz natürliche Weise in einen kritischen Zustand, in dem die Auslöschung einer völlig unscheinbaren Art im unteren Bereich zu einer Lawine von Artensterben jeder Größenordnung führen kann. Was am meisten beeindruckt, ist, dass Auslöschungen doppelten Umfangs viermal seltener sind – die Kennzahl vier stimmt hervorragend mit der realer Ökosysteme überein!

Es scheint daher, dass die ganz »normalen« Prozesse, die in der einen oder anderen Weise das Ökosystem steuern, auch den Hintergrund von massenhaftem Artensterben darstellen und dass der kritische Zustand die Grundstruktur von Ökosystemen ist. Der kritische Zustand scheint nicht nur für kurzfristige ökologische Prozesse wesentlich zu sein, sondern auch die langfristige Evolution zu steuern. Seine Existenz erklärt die verblüffenden zeitlichen Abläufe, die durch die Fossilienfunde belegt sind. Eine Unterscheidung von »normalem« Artensterben im Hintergrund und »besonderen« Katastrophen massenhaften Artensterbens scheint damit hinfällig zu sein.

Das schöne Bild wird allerdings noch etwas getrübt. Paol Anderson hat einmal in einem Artikel angemerkt, dass es äußerst komplizierte Probleme gibt, die durchaus einfacher werden, wenn man sie nur unter dem rechten Blickwinkel betrachtet.[13] Er hätte das Massenaussterben als Beispiel anführen können.

Die Macht der Realität

Das Bild eines Ökosystems im kritischen Zustand mit seinen wilden Schwankungen ist vom Konzept her elegant und durch die Fossilienfunde gut belegt. Um aber keine falschen Vorstellungen der derzeitigen

Theorie über das Massenaussterben von Arten zu erwecken, muss man auch die interessanten Ergebnisse eines anderen Modells in Betracht ziehen, die zu ganz anderen Schlussfolgerungen führen.

1995 hat der Physiker Mark Newman von der Cornell University ein Modell des Artensterbens entwickelt, bei dem die einzelnen Arten überhaupt nichts miteinander zu tun haben.[14] Mit anderen Worten: Er verzichtet ganz auf jede innere Dynamik des Ökosystems und nimmt an, dass *jedes* Artensterben durch einen Schock von außen ausgelöst wird. Wie wir im letzten Kapitel gesehen haben, glauben die meisten Paläontologen, dass derartige Schocks – Klimaänderungen, Asteroideneinschläge und dergleichen – die wahren Schuldigen sind. Newmans Modell wirft ein ganz neues Licht auf diese uralte Idee.

Ganz im Sinne von Bak und Sneppen hat Newman versucht, die Logik hinter einer von außen verursachten Auslöschung von Arten auf ihre einfachste Form zu bringen. In seinem Modell hat jede Art eine »Lebenstüchtigkeit«, die zwischen null und eins liegt und ein Maß dafür ist, wie sie einem äußeren Schock widerstehen kann. Wir können uns die Arten wieder als eine Reihe unterschiedlich langer Stöcke vorstellen, die nun von Schocks getroffen werden, die die Erde heimsuchen. Jeder Schock wirkt auf zufällige Weise mit einer Stärke zwischen null und eins auf die Arten ein. Ist das Ausmaß des Schocks größer als das Maß der Lebenstüchtigkeit einer Art, so wird sie ausgelöscht und ihr Platz wird von einer neuen Art eingenommen, deren Lebenstüchtigkeit wieder eine Zufallsgröße zwischen null und eins ist. Die neuen Arten füllen die Nischen im Sinne einer gewöhnlichen Evolution.

Der ständige Ausleseprozess bringt all die Arten des Ökosystems langsam zum Verschwinden, die nur eine geringe Lebenstüchtigkeit haben – im Modell werden die Stöcke im Mittel immer länger. Newman nimmt nun an, dass in den Zeiten zwischen den Schocks einige der überlebenden Arten ihre Lebenstüchtigkeit verändern. Die Logik hinter diesem Vorgang ist höchst einfach: Die Evolution bringt keine Arten hervor, die gegen Eiszeiten, Asteroideneinschläge oder Vulkanausbrüche gewappnet sind, sondern nur solche, die sich an die durchschnittlichen Umweltbedingungen anpassen. Es gibt keinen Grund anzunehmen, dass diese Anpassung auch bei Naturkatastrophen weiterhilft. Die Evolution zwischen zwei Schockereignissen wird also dazu führen, dass sich die Lebenstüchtigkeit einer Art auf zufällige Weise in kleinen Schritten verändert, ihre Vertreter werden beispielsweise etwas größer oder etwas kleiner werden. Newman hat diesen Effekt in seinem Modell berücksichtigt, indem er auch einige der überlebenden Stöcke durch neue von zufälliger Länge ersetzte.

Damit ist das Modell schon vollständig beschrieben. Man fängt mit einer Ansammlung von Stöcken zufälliger Längen an und folgt dann den Spielregeln. Die einzige Größe, die man in diesem Modell regeln kann, ist das Ausmaß der Schocks, die das Ökosystem treffen. Die Schocks sind Zufallsereignisse, man kann aber die relative Häufigkeit großer und kleiner Schocks nach Belieben vorgeben. Man kann beispielsweise viele Schocks mit einer Stärke nahe eins vorgeben und nur wenige schwache Schocks nahe null – oder umgekehrt. Bemerkenswert an dem Modell ist, dass sein Verhalten der Universalität sehr nahe kommt. Wie immer man auch die Verteilung der Schocks wählt – das System arbeitet in gleicher Weise: Es organisiert sich so, dass das Ergebnis des jeweils nächsten Schocks nicht vorhersagbar ist. Es kann sein, dass er nur einige wenige Arten auslöscht, es kann auch sein, dass alles stirbt. Das Ausmaß des Artensterbens, wie es das Modell liefert, folgt wieder einem Potenzgesetz, dessen Kennzahl nunmehr der aus den Fossilienfunden recht gut entspricht.

Eine tiefere Erkenntnis aus diesem einfachen Modell ist, dass die Verteilung der Schocks die Abfolge des Artensterbens kaum beeinflusst. Zweifellos spielen Klimaänderungen, Vulkanausbrüche und gelegentliche Einschläge von Asteroiden oder Kometen für die Tier- und Pflanzengesellschaften auf unserem Globus eine Rolle, man weiß jedoch sehr wenig über die genauen Auswirkungen des einen oder anderen Schocks oder darüber, mit welcher Häufigkeit und welchem Ausmaß solche Schocks die Erde heimsuchen. Die Aufgabe, ihre langfristigen Folgen für das irdische Leben zu ermitteln, könnte uns zur Verzweiflung bringen. Die Arbeiten von Newman erlauben es nun, diese langfristigen Wirkungen abschätzen, *ohne* allzu viel über die realen Schocks wissen zu müssen, die die Erde treffen – eine wichtige Erkenntnis, die wir erhalten haben, ohne dass wir viel Aufwand betreiben mussten.

Jedes Massenaussterben von Arten zerstört die vorhandene Ordnung. Wenn man Newmans Modell bedenkt, ist es schwer zu entscheiden, ob das Massenaussterben von inneren oder äußeren Schocks ausgelöst wird. Eines der Ziele der derzeitigen Forschung ist es, Modelle daraufhin zu untersuchen, inwieweit kleinere Änderungen ihrer mathematischen Abstimmung die Übereinstimmungen mit den Fossilienfunden verbessern und daher die Logik deutlicher erkennen lassen. Aber selbst wenn Newmans Modell keine endgültigen Schlüsse über das Massenaussterben erlaubt, so kann es doch für die breiter angelegte Thematik dieses Buches einiges beitragen.

Wir haben gesehen, dass offensichtlich viele Systeme von selbst in einen kritischen Zustand geraten. Es gibt nun aber noch eine Vielzahl anderer Dinge in der Physik des Nicht-Gleichgewichts, die mit dem Begriff »selbstorganisierte Kritikalität« nicht beschrieben werden können. Technisch gesprochen kommt Newmans Modell nicht von selbst in den kritischen Zustand – trotzdem liefert es ein Potenzgesetz und Fraktale und ist so extrem empfindlich, dass eine kleine Störung das ganze System aus dem Ruder laufen lassen kann. Ähnlich dem kritischen Zustand stellt sich auch diese übergroße Empfindlichkeit unter zahlreichen Bedingungen von selbst ein. Beides, der kritische Zustand und die übergroße Empfindlichkeit, sind allgegenwärtig und tauchen immer wieder auf, wenn Systeme aus ihrem Gleichgewicht gebracht werden oder wenn die Vorgeschichte für den Prozess eine Rolle spielt.

Dies alles öffnet den Weg zu einer neuen Art von Wissenschaft, zu Theorien, die denen der Historiker sehr ähnlich sind. In die Geophysik und Biologie haben derartige Ideen schon Einzug gehalten, aber die Vorgeschichte von Prozessen spielt in noch vielen anderen Bereichen eine Rolle, insbesondere überall dort, wo der Mensch eingreift. Mit den Methoden, die wir inzwischen kennen gelernt haben, können wir nun darangehen, die menschliche Gesellschaft zu untersuchen. Leider sind soziale Umwälzungen nicht immer einfach in Zahlen zu messen. Politische Revolutionen und der Wechsel der Moden beeinflussen uns zwar alle, können aber nicht so ohne weiteres gemessen werden wie beispielsweise die Fluktuationen in einem Magneten oder das Vibrieren der Erdkruste.

Wir werden uns deshalb zuerst den Finanzmärkten zuwenden, wo der Kurs von Aktien und Rentenpapieren alle paar Sekunden bestimmt wird und lange Zeitreihen über Jahrzehnte hinweg mit einer Fülle von Daten vorliegen. Schließlich werden wir wieder zu der Frage aus Kapitel eins zurückkehren, ob möglicherweise so unterschiedliche Dinge wie Erdbeben, das Massenaussterben von Arten und ein Börsencrash Ereignisse derselben Art sind.

10
Wild at Heart

Jahr für Jahr entwickeln die Wirtschaftswissenschaftler ein mathematisches Modell nach dem anderen, um die Feinheiten der Ökonomie zu untersuchen. Algebraische Kurven in allen möglichen Formen werden an Datensätze angepasst, ohne dass man in irgendeiner Weise vorankommt, die Struktur und das Funktionieren eines realen ökonomischen Systems zu verstehen.
Wassily Leontief[1]

Das ist Zaubermans Gesetz: Je schlechter die Wirtschaft, umso besser die Wirtschaftswissenschaftler.
Alfred Zauberman[2]

Wirtschaftswissenschaftler pflegen zu scherzen, sie seien nichts »als gut ausgebildete Angestellte, die schlechte Voraussagen über die Wirtschaft machen«. Ein anderer Spruch dieser Art merkt ironisch an, »die Wirtschaftswissenschaftler hätten von den letzten fünf Rezessionen alle neun vorausgesagt«. Die flotten Sprüche wären natürlich nicht witzig, wenn sie nicht ein Körnchen Wahrheit enthielten. 1955 hat die unabhängige Wirtschaftsberatungsfirma London Economics die Prognosen der 30 besten britischen Institute unter die Lupe genommen – darunter die des Schatzamts, des National Institute und der London Business School. John Kay von der London Business School hat die Ergebnisse für die *Financial Times* zusammengefasst:

»Ein alter Spruch lautet, dass es so viele Meinungen über den zukünftigen Gang der Wirtschaft gibt wie Wirtschaftswissenschaftler. Ganz im Gegenteil! Die Prognosen … zu irgendeinem Zeitpunkt sind alle mehr oder weniger gleich, der Grad der Übereinstimmung ist erstaunlich. Die Unterschiede zwischen den Prognosen sind lächerlich klein, verglichen mit den Unterschieden zwischen Prognose und Realität … Alles, was sie vorhersagen, ist fast immer falsch … Die Vorhersagen waren sich einig – und keine hat die wichtigsten Entwicklungen der Wirtschaft in den letzten sieben Jahren frühzeitig erkannt, weder das Ausmaß und die Dauer des Konsumbooms in den achtziger Jahren noch die schwere andauernde Rezession in den neunziger Jahren noch den dramatischen anhaltenden Rückgang der Inflation seit 1991.«[3]

Nun ist natürlich weder die britische Wirtschaft schwerer durchschaubar als die anderer Länder, noch sind die Fachleute der genannten Institute unfähig. Überall auf der Welt und jedes Jahr von neuem tragen Wirtschaftswissenschaftler aller Nationen ihre Stimmen zu dem mächtigen Chor der Fehlprognosen bei. 1993 hat die Organization for Economic Cooperation and Development (OECD) Prognosen untersucht, die zwischen 1987 und 1992 von den Regierungen der USA, Japans, Deutschlands, Frankreichs, Italiens und Kanadas, vom Internationalen Währungsfond und der OECD selbst erstellt wurden. Das Ergebnis war niederschmetternd. Nicht nur, dass sämtliche Analysen unglaublich ungenau waren, die Vorhersagen der Inflationsrate oder des Bruttosozialprodukts wären sogar besser gewesen, wenn man all die ausgefeilten ökonomischen Modelle auf den Müll geworfen und einfach die Zahlen vom Vorjahr übernommen hätte.[4] In einem Überblick über Wirtschaftsprognosen im 20. Jahrhundert hat ein anerkannter Finanzanalyst kürzlich festgestellt: »Beim Versuch der Prognose von Dingen, die irgendwie mit Geld zu tun hatten, galt für Wirtschaftswissenschaftler, versierte Investoren und die Journalisten, die sie zitierten, gleichermaßen: Sie irrten sich nicht nur gelegentlich, sondern lagen mit Sicherheit immer falsch.«[5]

In ähnlich unbeirrbarer Weise sind sich die führenden Wirtschaftswissenschaftler darüber einig, Regierungen und Zentralbanken seien in der Lage, die Wirtschaft durch die politisch motivierte Vorgabe von Richtgrößen zu steuern. In Blättern wie dem *Wall Street Journal* und der *Financial Times* diskutieren Ökonomen, Businessleute und Finanzminister endlos über die »richtige« Höhe der öffentlichen Ausgaben, der Steuersätze usw. Es mag natürlich auch etwas Wahres hinter all diesen Theorien stecken, so kann man beispielsweise sicher sein, dass es die amerikanische Wirtschaft bremst, wenn die Federal Reserve Bank der USA die Zinssätze um einige Bruchteile von Prozenten erhöht, während umgekehrt eine Zinssenkung die Kauflust der Verbraucher anheizen wird.[6] Man findet auch jederzeit Wirtschaftswissenschaftler, die über die Möglichkeiten ökonomischer Kontrolle sehr optimistisch urteilen. So äußerte sich 1998 Rudiger Dornbush vom MIT über die im Aufschwung befindlichen Wirtschaft der USA:

»Der Aufschwung wird ewig so weitergehen. Für die Wirtschaft der USA ist über viele Jahre hinweg keine Rezession in Sicht. Wir wollen keine, wir brauchen keine, und deshalb werden wir auch keine haben ... Wir haben alle Mittel in der Hand, um den derzeitigen Aufschwung am Laufen zu halten.«[7]

Wenn dem so ist, warum haben wir dann in der Vergangenheit unter Rezessionen gelitten? Und wenn es so einfach ist, eine Volkswirtschaft zu steuern, warum können die Ökonomen deren Schwankungen nicht besser voraussagen? Warum wurde niemand vor so einem Ereignis wie dem Börsencrash von 1987, das ein immenses Chaos verursachte, gewarnt? Es ist wirklich eine drängende Frage, wie das alles passieren konnte.

Mit der herrschenden Meinung, man könne die Wirtschaft steuern, geht der Glaube einher, dass jede plötzliche dramatische Änderung – in welche Richtung auch immer – ihre ganz besondere Ursache haben muss. Was den Crash von 1987 betrifft, so haben, wie wir in Kapitel eins gesehen haben, viele Analysten dem Computerhandel die Schuld gegeben, so wie es damals beim großen Crash von 1929 die aufgeblähten Schulden gewesen sein sollen. 1997 wurden zur Erklärung für den Zusammenbruch eines ökonomischen Traumgebildes, der Wirtschaft der südostasiatischen Tigerstaaten, die übergroßen Auslandsschulden ins Feld geführt – allerdings wieder einmal erst *nach* dem Ereignis.

Es überrascht nicht, dass es so schwer ist, die ökonomische Zukunft vorherzusagen, wenn man bedenkt, welche Unzahl von Kräften in der Wirtschaft am Werk sind – jeder einzelne Mensch mit seinen ganz besonderen Ideen und Strategien, Hoffnungen und Befürchtungen, dazu die unzähligen Firmen und Organisationen, die miteinander in Konkurrenz stehen, um ihre Ziele durchzusetzen. Wenn wir an die ähnlich komplizierten Systeme, die wir in den vergangenen Kapiteln kennen gelernt haben, denken, sollten wir aber zunächst nach einer einfachen Erklärung suchen, bevor wir diese undurchschaubaren Verhältnisse einfach auf den »Faktor Mensch« schieben. Wie wir gesehen haben, sind Erdbeben, Waldbrände und das Massenaussterben von Arten nichts als Schwankungen, die man in allen Systemen erwarten muss, die nicht im Gleichgewicht stehen. Wenn man sie vermeiden wollte, müsste man die Naturgesetze ändern!

Wenn man sich nun in den Bereich der Wirtschaft wagt, muss man allerdings die Gesetze der Physik und Biologie weit hinter sich lassen.

Mithilfe der Mathematik kann man schwerlich die Intelligenz oder die Launen eines realen Menschen erfassen, von Millionen Menschen ganz zu schweigen. Es dürfte außerdem schwierig sein, die Gefühle, Träume und Wünsche der Menschen auch nur in einfachster Weise im Modell darzustellen. Ganz anders als Magnete oder Teile der Erdkruste, die strikten Naturgesetzen gehorchen, treffen Menschen Entscheidungen. Ideen, Gefühle, Wünsche und Erwartungen können ansteckend sein, und so wie ein winzig kleiner Elementarmagnet Einfluss auf die Ausrichtung seiner Nachbarn hat, kann die Handlung eines einzelnen Menschen (oder einer Firma) andere beeinflussen.

Das verweist uns auf den kritischen Zustand, von dem wir wissen, dass er fast überhaupt nicht von den Eigenschaften der beteiligten Einzelteile des Systems abhängt, sondern nur von der Art und Weise, wie sich kleine Änderungen an *einer* Stelle im gesamten System weiterverbreiten können. Es könnte daher durchaus sein, dass der kritische Zustand auch in sozialen und ökonomischen Systemen eine Rolle spielt. Systeme im kritischen Zustand haben ganz bestimmte statistische Eigenschaften, die man mit den Mitteln der Mathematik untersuchen kann. Nun liefert uns die Wall Street jeden Tag unzählige Zahlen – warum sollten wir nicht an der Börse und auf den Finanzmärkten mit unserer Suche nach dem kritischen Zustand beginnen?

Zurück zu den Wurzeln

Hinter dem weit verbreiteten Glauben, dass die Wirtschaft auf sorgfältige Weise gesteuert und kontrolliert werden kann, steckt eine Grundannahme der ökonomischen Theorie, die als »Efficient Market Hypothesis«[8] formuliert wurde. Wenn sie auch ein Wirtschaftswissenschaftler kürzlich den »bemerkenswertesten Irrtum in der Geschichte ökonomischer Theorien«[9] genannt hat, so wird sie doch von vielen anderen weiterhin ohne Zögern akzeptiert.[10] Die Grundidee ist, dass jeder, der am Marktgeschehen beteiligt ist, jeweils nur nach seinen eigenen Profitinteressen handelt. Das hat nach einer Arbeit von Forschern am Santa Fe Institute zur Folge, dass »sich immer Heere von Investoren, unfähig ihre Gier nach Profit zu begrenzen, auf den kleinsten Vorsprung an

Informationen stürzen, und, indem sie dies tun, diese Informationen den Kursen aufprägen. Damit zehren sie aber den Vorsprung auf, der sie zu ihren Aktionen angetrieben hat.«[11]

Der Grundgedanke der Hypothese ist recht einfach: Ist beispielsweise eine Aktie unterbewertet, so wird sie gekauft, weil man sich für später einen Kursgewinn erhofft. Steigt nun die Nachfrage, so steigt der Kurs – solange, bis die Aktie nicht mehr als billig gilt: Das Gleichgewicht ist wieder hergestellt.

In einem gut funktionierenden Markt gleichen sich Angebot und Nachfrage genau aus, und die Preise entsprechen exakt dem Wert der Handelsware. Die Werte werden also nach dieser Theorie durch die zugrunde liegenden Rahmenbedingungen der Wirtschaft bestimmt. Wer Aktien besitzt, erhält Dividende. Der Kurs der Aktie, also der Preis, den jemand an der Börse für sie zu zahlen bereit ist, sollte von den Aussichten der Aktiengesellschaft abhängen, von ihren Wachstumschancen, von den Profitmöglichkeiten und von der Erwartung einer fetten Dividende. Die Kurse an der Wall Street sollten daher eigentlich genaue Auskünfte über den wirklichen Wert der Aktien geben. Wenn eine Kapitalgesellschaft grobe Fehler begangen hat oder sich durch Gesetzesänderungen die Wettbewerbslage verschlechtert hat, dann haben sich die Rahmenbedingungen zum Schlechten verändert, und der Kurs sollte fallen.

Unter diesem Blickwinkel ist es nach Meinung der Wirtschaftswissenschaftler nur zu verständlich, dass sich die Kurse langsam nach oben oder unten bewegen und dass dies vom Zufall gesteuert wird. Niemand kann den Gang der Kurse voraussagen, weil es ganz »heiße« Informationen sind – über zu erwartende technische Innovationen oder Schachzüge der Konzernpolitik –, die die Rahmenbedingungen beeinflussen, die wiederum das Schicksal der Kurse entscheiden. Wie dem auch sei: Die Kurse sollten sich den neu auftauchenden Informationen gemäß entwickeln, und das System der Wirtschaft sollte immer wieder in ein Gleichgewicht gelangen.

Nach dieser klassischen Theorie gleicht die Wirtschaft einer wassergefüllten Badewanne. Im mikroskopisch kleinen Bereich ist in ihr die Hölle los: Die vielen einzelnen Moleküle machen alle möglichen verrückten Sachen. Aber die Wanne als Ganzes befindet sich in einem Gleichgewichtszustand, weil der ganze mikroskopische Unsinn keine

Folgen für das Ganze hat. Neigt man die Wanne, so kann man leicht vorhersagen, was passiert: Im Einklang mit den physikalischen Gesetzen wird das Wasser einen neuen Gleichgewichtszustand einnehmen. Ganz ähnlich in der Wirtschaft: Erhöht man beispielsweise die Leitzinsen, so neigt sich für jeden Marktteilnehmer das Spielfeld. Werden Kredite billiger, so werden Privatpersonen und Firmen mehr Geld leihen und mehr ausgeben. Dadurch wird die Wirtschaft angekurbelt und erreicht sehr schnell ein neues Gleichgewicht – auf höherem Niveau mit mehr Produktion.

Es gibt leider bei all dem ein Problem. Die Theorie vom wirtschaftlichen Gleichgewicht, das sich immer wieder selbst herstellt, kann nicht jene plötzlichen und gewaltigen Schwankungen erklären, wie sie beispielsweise die Börsencrashs von 1929 oder 1987 darstellen. Wie kam es, dass der Dow Jones 1987 an einem Tag 22 Prozent verlor? Wie der Wirtschaftswissenschaftler Alan Kirman angemerkt hat,

> »ist es schwer zu glauben, dass es eine plötzliche Änderung der wirtschaftlichen Grundbedingungen gegeben haben könnte, die die Händler innerhalb eines halben Tages auf die Idee brachte, dass sich die Aussichten auf künftige Renditen um 20 Prozent verringern würden. Aber irgendwie so ähnlich müsste man das Ereignis von Oktober 1987 an den Börsen der Welt begründen.«[12]

Angesichts dieser wenig plausiblen Vermutung haben die meisten Analysten die Schuld auf den Computer geschoben. Viele sind von dieser schnellen Erklärung überzeugt und glauben nun, dass sich kein weiterer Crash ereignen wird, weil das Problem mit den Computern gelöst ist. 1998 haben die beiden bekannten Wirtschaftswissenschaftler Litton und Santomero über den Computerhandel geschrieben, dass »Quellen für eine von der Struktur bedingte Überempfindlichkeit im Wesentlichen, wenn nicht gar völlig beseitigt wurden, sodass … eine Wiederholung der haarsträubenden Ereignisse von 1987 im höchsten Maße unwahrscheinlich ist«[13].

Die mathematische Forschung des letzten Jahrzehnts erzählt aber eine ganz andere und bei weitem weniger beruhigende Geschichte. Ein Blick auf die Zahlen von der Börse zeigt, dass plötzliche große Veränderungen durchaus nicht selten sind, und lässt den Verdacht aufkommen, dass sie möglicherweise überhaupt nicht zu vermeiden sind! Im krassen Gegensatz zur Hypothese von der Effizienz des Marktes scheinen danach die großen Schwankungen der Kurse das Ergebnis natürlicher, der Struktur des Marktes innewohnender Prozesse zu sein und von Zeit zu Zeit ohne besondere Ursachen – wie beispielsweise »strukturelle Schwächen« oder Änderungen der Rahmenbedingungen der Wirtschaft – aufzutreten. Die Erklärung könnte sehr einfach sein: Märkte und damit auch die Börse sind in einem kritischen Zustand – und damit weit entfernt von einem Gleichgewicht.

Wilde Sprünge

1900 hat der Franzose Louis Bachelier seiner Fakultät an der École Normale Supérieure in Paris eine recht eigenartige Dissertation vorgelegt, die den Titel *Théorie de la Spéculation* trug.[14] Das Werk fand bei der Fakultät wenig Anklang und war Bacheliers akademischer Laufbahn nicht gerade förderlich.[15] Vielleicht waren seine Gutachter nur darüber enttäuscht, dass er sich nicht mit einer der klassischen Fragen der theoretischen oder experimentellen Physik beschäftigt hatte, sondern mit dem Versuch einer mathematischen Theorie der Preisbewegungen.

Nehmen wir an, der Preis für ein Kilogramm Baumwolle beträgt heute einen Euro. Wie hoch wird er beispielsweise in einem Monat sein? Es gibt keine Möglichkeit, das genau herauszubekommen, man kann bestenfalls aus der Statistik Wahrscheinlichkeiten berechnen. Bachelier ging davon aus, dass die monatlichen Änderungen des Baumwollpreises »normalverteilt« sind, also eine Glockenkurve der Art ergeben, wie wir sie aus Kapitel drei kennen (Abb. 1). Weil Normalverteilungen für so viele Prozesse in der Natur grundlegend sind, schien das eine vernünftige Annahme zu sein. Die Baumwollpreise würden also ebenso oft nach oben wie nach unten ausschlagen, der Gipfelpunkt der Kurve würde bei null liegen. Mit anderen Worten: Am häufigsten ist der Fall »keine Änderung«. Wir erinnern uns, dass die Flanken der Kurve sehr schnell abfallen, was Bacheliers Annahme sehr entgegenkam, dass nämlich Preisschwankungen, die über ein »typisches« Maß hinausgingen, äußerst selten seien.

Bachelier setzte also voraus, dass die Preisschwankungen zufällig sind und kleine Beträge nach oben oder unten nicht überschreiten. Sein mathematisches Bild entsprach den Aufzeichnungen der wirklichen Preisschwankungen erstaunlich gut, und er hätte eine bessere Behandlung durch seine Fakultät verdient. Die ersten Zweifel an seiner Preistheorie tauchten erst nach mehr als einem halben Jahrhundert auf. Es war im Jahr 1963, als Benoit Mandelbrot bei der sorgfältigen Analyse der Baumwollpreise auf eine bemerkenswerte statistische Eigenschaft gestoßen war: die *Selbstähnlichkeit*, die ihn im weiteren Verlauf seiner Forschungen zur Geometrie der Fraktale geführt hatte. Wenn man aus der Kurve der Preisänderungen einen kleinen Teil ausschneidet und vergrößert, so sieht das Ergebnis aus wie die Kurve als Ganzes. Mandelbrot fand noch einen anderen Weg, um Selbstähnlichkeit sichtbar zu machen. Bachelier hatte mit seiner Annahme Recht, dass sich die Baumwollpreise in zufälliger Weise nach oben oder nach unten änderten. Mandelbrot fand nun heraus, dass ein Anstieg der Preise in einem Monat überhaupt nichts über den nächsten Monat aussagt: Ob sie dann weiter ansteigen oder wieder fallen, ist von der Vorgeschichte unabhängig, das Auf und Ab ist ganz vom Zufall bestimmt. Als Mandelbrot schließlich noch untersuchte, wie häufig bestimmte Änderungen waren, stieß er auf etwas völlig anderes als Bacheliers Normalverteilung: auf ein Potenzgesetz.[16] Die Preisänderungen haben also – ganz im Gegensatz zu Bacheliers Annahme – keine »typische« Größe!

Im vergangenen Jahrzehnt haben Wissenschaftler mithilfe von Computern die Schwankungen der Börsenkurse und an den Finanzmärkten der ganzen Welt genauer untersucht. Sie stießen dabei immer auf Potenzgesetze und Schwankungen ohne »typische« Größen. 1998 hat beispielsweise unter der Leitung des Physikers Eugene Stanley von der Universität Boston eine Arbeitsgruppe die Schwankungen des Standard-and-Poor's-500-Index untersucht, der die Kurse der 500 wichtigsten mittleren und kleineren Unternehmen an der New Yorker Börse umfasst und als Richtgröße für den gesamten Kapitalmarkt gilt.[17] Stanleys Arbeitsgruppe untersuchte Zeitreihen, die den Index im Abstand von nur 15 Sekunden über die 13 Jahre von 1984 bis 1996 umfassten – eine gewaltige Sammlung mit einigen Millionen Daten. Der Verlauf des Index weist einen langfristigen ansteigenden Trend auf, der von einer Vielzahl unregelmäßiger Anstiege und Verringerungen überlagert wird (Abb. 18a).

Wenn wir uns nur auf die Schwankungen konzentrieren wollen, können wir sowohl den Trend als auch die Richtung der kleinen Schwan-

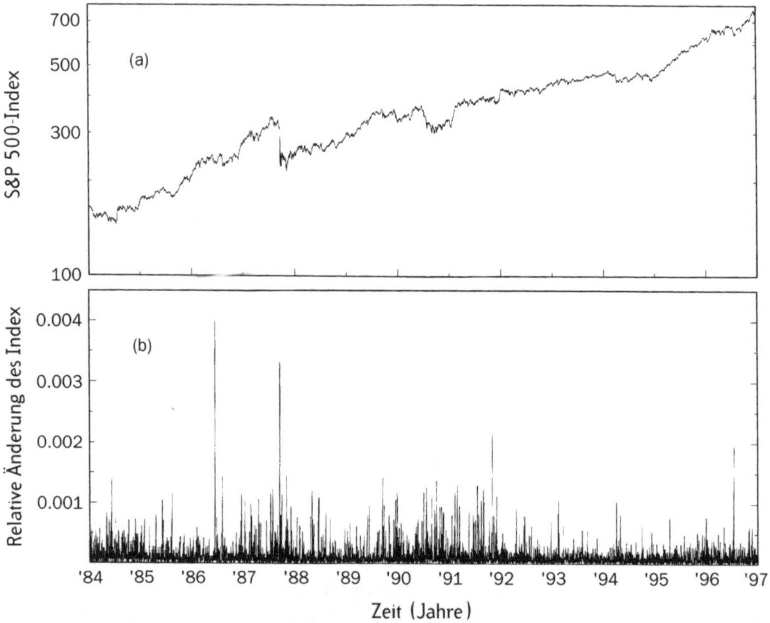

Abb. 18 Die Minutenwerte des Standard-and-Poor's-500-Index (a) in den Jahren 1984 bis 1997 zeigen einen beständigen Aufwärtstrend, der von zahlreichen Schwankungen überlagert ist. Zieht man diesen Trend ab und registriert nur das absolute Maß der Schwankungen (in Prozent des jeweiligen Gesamtwerts), ignoriert also, ob sie nach oben oder nach unten gehen, so erhält man die Darstellung (b). (Abb. mit freundlicher Genehmigung aus Liu u. a. 1999, vgl. Anm. 21.)

kungen ignorieren. Das Ergebnis ist eine Darstellung, die nur die absolute Größe der Schwankungen enthält und sich auf Ein-Minuten-Intervalle bezieht (Abb. 18b). Das Bild zeigt ein wildes Auf und Ab, dessen statistische Untersuchung wieder zu einem Potenzgesetz führt. Das Forscherteam stellte fest, dass die Häufigkeit einer Schwankung doppelter Größe nur noch ein Sechzehntel beträgt. Wir sollten uns in Erinnerung rufen, dass nicht so sehr die Kennzahl eines Potenzgesetzes von Bedeutung ist, sondern schon seine bloße Existenz, die besagt, dass es zwischen großen und kleinen Schwankungen keinen qualitativen Unterschied gibt, dass man also nicht mit »typischen« Schwankungen rechnen kann und dass daher auch die größten »Ausreißer« nach oben oder unten keineswegs ungewöhnlich sind: Ganz gegen unser Gefühl sind sie auch nur »Business as usual«. Die Aufgabe, man müsse für plötzliche große Ausschläge eine Erklärung finden, verliert damit ihren Sinn. Wissenschaftler sagen gelegentlich von Potenzgesetzen, sie haben »fette« Flanken. Die Flanken entsprechen den extremen Ereignissen, wenn also ein Prozess von einem Potenzgesetz beherrscht wird, sind extreme Ereignisse so häufig, dass man sie eigentlich gar nicht »extrem« nennen dürfte.

Ein ähnliches Potenzgesetz erhält man für die Schwankungen des Standard and Poor's, wenn man Minuten-, Stunden- oder Tagesintervalle zur Berechnung heranzieht oder auch für die Kursschwankungen von tausend ausgewählten Kapitalgesellschaften.[18] Andere Forscher haben mit den Daten von anderen Börsen[19], von Finanzmärkten oder vom Handel mit internationalen Währungen[20] ähnliche Potenzgesetze gefunden. Wilde Schwankungen scheinen daher eine allgemeine Erscheinung an allen Märkten und Börsen zu sein.

Die Untersuchung der »rohen« Kurse ist dabei nur *ein* Weg, der zu diesem Ergebnis führt. Stanleys Team hat sich auch mit der Volatilität befasst, die ein Maß für die Spannweite der Kursschwankungen ist und für die Anleger an den Börsen eine wichtige Größe darstellt. Der Grundgedanke dabei ist, dass man aus der Reihe der Kurse, die jede Minute notiert werden, »Fenster« von einigen Stunden ausschneidet. Für jedes dieser Fenster kann man nun die Schwankungsbreite der Minutenwerte berechnen und erhält damit ein Bild der Volatilität, also davon, in welcher Weise sich diese Schwankungsbreiten ändern. Eine Darstellung der Volatilität auf der Grundlage des Standard and Poor's zeigt, dass der Börsenverlauf zu bestimmten Zeiten viel ruhiger ist als zu anderen (Abb. 19). Man kann auch noch einen Schritt weitergehen und die Schwankungen der Volatilität untersuchen, das heißt, man stellt fest, wie unberechenbar und zufallsbestimmt die Börse zwischen Perioden der Ruhe und der Hektik hin und her zappelt. Es überrascht uns kaum, dass die Forscher auch hier wieder ein größeninvariantes Potenzgesetz gefunden haben: Es gibt für die Börse keine »typische« Form der Schwankungen, und selbst die Volatilität ist in höchstem Maße volatil, also unbestimmt und sprunghaft.[21]

All diese sprunghaften Schwankungen stehen in krassem Widerspruch zu der Hypothese des effizienten Marktes und der Annahme, die Märkte befänden sich im Gleichgewicht. Im Gleichgewicht sollten die

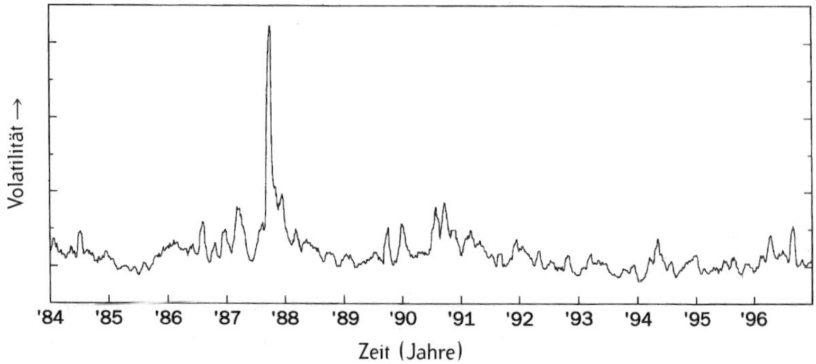

Abb. 19 Mittelt man die Minutenabweichungen von Abb. 18b über jeweils einen Monat, so sieht man, dass der Markt über längere Zeit hinweg relativ ruhig verlief, aber gelegentlich Perioden größerer Schwankungen auftraten. Nicht nur die Kurse selbst sind also wilden Schwankungen ausgesetzt, auch das Ausmaß dieser Schwankungen, die Volatilität, schwankt wild. (Abb. mit freundlicher Genehmigung aus Liu u. a. 1999, vgl. Anm. 21.)

Schwankungen nach den Überlegungen Bacheliers einer Normalverteilung folgen, also gewisse Schranken nicht überschreiten. Bleibt die Frage, *wodurch* die Schwankungen gelegentlich so große Werte annehmen.

Massenbewegungen

Jedem, der nicht Wirtschaftswissenschaftler ist, erscheint die klassische Annahme, die Menschen würden rational handeln und dabei immer nur nach ihrem persönlichen Nutzen fragen, mehr als eigenartig. Wie der Ökonom Paul Ormerod beschrieben hat,

»wird von der klassischen ökonomischen Theorie angenommen, dass alle am Geschehen irgendeines Marktes Beteiligten … in der Lage sind, größere Mengen von Informationen zu erhalten und zu verarbeiten, daraus auf die zu erwartenden Verluste und Gewinne zu schließen, die aus verschiedenen Kauf- und Verkaufsstrategien folgen würden und in angemessener Weise auf die Anreize zu Kauf oder Verkauf zu reagieren … Eines tun diese hypothetischen Marktteilnehmer nicht: Sie reagieren mit ihrem eigenen Vorgehen nicht auf das Verhalten der anderen … Ihr Geschmack und ihre Vorlieben liegen ein für alle Mal fest, ganz gleichgültig, was die andern tun.«[22]

Um sich klar zu machen, wie weit diese Sicht der Dinge an der Wirklichkeit vorbeigeht, muss man sich nur die milliardenschwere Werbeindustrie ansehen. Es wäre schon reichlich naiv zu meinen, die Werbebranche liefere uns lediglich Informationen, damit wir unsere Entscheidungen besser treffen können. Die Werbung funktioniert nur, weil wir alle manipulierbar sind – und, was noch dazu kommt, weil unsere neu gewonnenen Überzeugungen wiederum andere beeinflussen. Hier ein Beispiel, das Ormerod erwähnt: Gibt es irgendeine klassische Theorie, die die Hysterie um die »Teletubbies« erklären kann? Handeln hier Millionen von Individuen – völlig unabhängig voneinander, völlig rational und nur mit Blick auf den eigenen Nutzen? Oder hat sich hier vielmehr eine Lawine des Interesses gelöst, die sich von Kopf zu Kopf, von Mensch zu Mensch ausgebreitet hat? Die Gewalt von Moden wird hier deutlich – und die klassischen ökonomischen Theorien geben nicht einmal ihre Existenz zu.

Der fantastische Erfolg mancher Filme – oder Autos, Bücher, Schlager – beruht möglicherweise auch auf derartigen Lawinen des Interesses. 1994 hat *Variety* die Besucherzahlen der hundert beliebtesten Filme des Jahres 1993 zusammengestellt. Die Darstellung der Besucherzahlen in Abhängigkeit vom Rang in der Beliebtheitsskala ließ auch hier ein Potenzgesetz erkennen, was darauf hindeutet, dass der Erfolg eines Films äußerst schwer vorherzusagen ist.[23] Der weltweit beliebteste Film im Jahr 1993 zog vierzigmal mehr Zuschauer an als der Film auf Platz 100, obwohl auch dieser noch zu den Hits des Jahres gezählt werden muss. An der Spitze lag *Jurassic Park,* die Rangfolge wird also nicht unbedingt von der Qualität bestimmt. Viele von uns wissen schon *bevor* sie einen Film sehen, dass sie ihn sehen wollen, denn sie haben sich durch Zeitungen, das Fernsehen oder vom Hörensagen eine Meinung über ihn gebildet. Man kann kaum leugnen, dass wir ganz verrückt nach etwas werden, nur weil wir erfahren haben, dass sich andere dafür interessieren. Das hat nichts mit rationalen Entscheidungen zu tun, sondern mit den gar nicht so rationalen Einflüssen durch andere, denen wir Menschen unterliegen.

1999 haben sich der Wirtschaftswissenschaftler Thomas Lux von der Universität Bonn und der Elektroingenieur Michele Marchesi von der Universität Cagliari in Italien die Frage gestellt, ob vielleicht ähnliche Effekte auch bei den heftigen Schwankungen an den Finanzmärkten eine Rolle spielen könnten. Sie untersuchten, inwieweit die statistischen Eigenschaften des Kursverlaufs durch äußere Einflüsse, also die Änderungen der ökonomischen Rahmenbedingungen, beeinflusst werden, oder ob es von irgendeiner Bedeutung ist, welche Beziehungen die am Markt Beteiligten untereinander haben. Zu diesem Zweck entwarfen sie – in einer uns inzwischen vertrauten Weise – ein Modell, in dem sie das Geschehen an der Börse auf die einfachsten Grundregeln reduzierten und mithilfe eines Computers untersuchten.

Wir stellen uns dazu eine Börse vor, an der nur eine einzige Aktie gehandelt wird, und eine Reihe von Maklern, die kaufen und verkaufen. Im wirklichen Leben gibt es natürlich eine Unzahl von Strategien, denen die Makler folgen, und Lux und Marchesi mussten das System für ihr Modell stark vereinfachen. Sie nahmen an, dass man die Makler aufgrund ihrer Denkstruktur in drei Gruppen einteilen konnte. Die Gruppe der Fundamentalisten würde unterbewertete Aktien kaufen, also Papiere, deren Kurs momentan unter ihrem »eigentlichen« Wert liegen – und überbewertete Aktien verkaufen. Im Gegensatz dazu würden die Optimisten glauben, dass die Kurse generell nach oben gehen, und in alle möglichen Aktien investieren. Die Pessimisten hingegen würden umgekehrt an fallende Kurse glauben und ihre Aktien abstoßen wollen, um die Verluste klein zu halten. Die beiden letzten Gruppen interessieren sich nicht für den ökonomischen Hintergrund des Marktes, sie folgen einfach dem herrschenden Trend.

Das Modell von Lux und Marchesi funktioniert folgendermaßen: Zunächst hat die Aktie ihren »wahren« Wert, der durch den ökonomischen Hintergrund des Unternehmens gerechtfertigt ist. Der Kurs schwankt nun um geringe Beträge, so, wie Bachelier es vermutet hatte. Die Fundamentalisten haben diese Schwankungen genau im Auge und kaufen und verkaufen entsprechend der Differenz von Kurswert und wahrem Wert. Die Optimisten und Pessimisten interessieren sich nicht für Ökonomie und schauen nur auf den Trend im Kurswert, der natürlich nicht mit dem wahren Wert übereinstimmen muss und letztlich durch das Zusammenwirken der Käufer und Verkäufer an der Börse entsteht. In jedem Moment gibt es Fundamentalisten, Optimisten und Pessimisten, die Aktien kaufen und verkaufen wollen. Je gefragter die Aktie ist, umso höher steigt ihr Kurs, je mehr sie angeboten wird, umso mehr wird der Kurs sinken. Das ist alles noch im Einklang mit den

Regeln der klassischen Ökonomie – mit dem kleinen und sehr bedeutsamen Unterschied, dass die am Spiel Beteiligten spekulieren können und sich untereinander beeinflussen.

Denkspiele

Weil Menschen sich untereinander beeinflussen können, haben Lux und Marchesi für ihr Modell angenommen, dass die Einteilung aller am Börsenspiel Beteiligten in Fundamentalisten, Optimisten und Pessimisten nicht ein für alle Mal festliegt. Selbst Menschen mit sehr festen Überzeugungen können durch das Handeln anderer oder durch Trends, die man einfach nicht mehr ignorieren kann, beeinflusst werden. Aus einem überzeugten Pessimisten kann ein Optimist werden, wenn die Kurse eine Zeit lang steigen. Ein fanatischer Fundamentalist könnte auf den Gedanken kommen, dass der Markt aus einem tieferen ökonomischen Grund anhaltend nach oben tendiert und dass es dumm wäre, nicht auf den fahrenden Zug aufzuspringen. Lux und Marchesi bauten diese Möglichkeiten in ihr Modell ein, indem sie bei jedem Zeitschritt zulassen, dass eine gewisse Anzahl der Beteiligten die Fronten wechselt. Wenn es mehr Optimisten als Pessimisten gibt, werden beispielsweise mit großer Wahrscheinlichkeit die Kurse weiter steigen. Weil alle Beteiligten durch die Meinungen ihrer Mitspieler beeinflusst werden, ist die Wahrscheinlichkeit groß, dass viele zu Optimisten werden. Andererseits werden viele Optimisten aussteigen und Pessimisten oder Fundamentalisten werden, wenn die Kurse fallen.

Die Spielregeln, die Lux und Marchesi benutzen, um das Verhalten der Käufer und Verkäufer von Aktien und die Entstehung der Kurse an der Börse zu modellieren, sind sehr einfach. Hinzu kommen Regeln dafür, wie jemand seine Strategie als Reaktion auf das Verhalten der anderen ändern kann. Es stellt sich heraus, dass schon dieses einfache Modell genügt, um Kursschwankungen zu erzeugen, die der Berg- und Talfahrt mit einer Achterbahn ähneln. Bei einem Lauf des Modells mit tausend Händlern ließen Lux und Marchesi nur geringe Schwankungen des ökonomischen Hintergrunds zu, die einer Normalverteilung entsprachen. Diese Schwankungen erzeugten ein entsprechend geringes

Auf und Ab der Kurse. Über diese internen Reaktionen des Marktes hinaus kam es aber gelegentlich zu weit größeren Abweichungen, zu großen Rallyes und großen Crashs, die aus dem Nichts heraus zu entstehen schienen. Bei der Untersuchung der statistischen Eigenschaften dieser Schwankungen fanden Lux und Marchesi heraus, dass sie ziemlich genau denen des realen Markts entsprechen. Die Schwankungen wiesen Selbstähnlichkeit auf, waren von allen möglichen Größenordnungen, und die Häufigkeitsverteilung der Kursänderungen folgte im Modell – wie in der Wirklichkeit – einem Potenzgesetz.[24]

Das Modell bietet nicht viel mehr als die Möglichkeit, dass sich die Mitspieler untereinander beeinflussen. Aber schon aufgrund dieser simplen Vorgabe kann das System der Börse ein wenig aus dem Gleichgewicht kommen – beispielsweise in Richtung Optimismus. Das führt zu steigenden Kursen, was wiederum die Zahl der Optimisten ansteigen lässt. In der Folge steigen die Kurse noch stärker: Eine sich selbst verstärkende Kettenreaktion ist ausgelöst worden. Irgendwann kommt diese Kettenreaktion zum Stillstand und kann sich umkehren. Einige Fundamentalisten beschließen vielleicht, dass der Kurs nun so stark überbewertet ist, dass sie besser verkaufen und die Gewinne mitnehmen. Der kleine Kursverlust, der dadurch verursacht wird, kann andere Händler zu Pessimisten werden lassen – und schon beginnt ein rapider Kursverfall. Der Absturz kann nur kurzfristig und klein sein, aber er kann auch längere Zeit anhalten und möglicherweise die Kurse wieder an den Punkt zurückbringen, wo alles begonnen hat.

Dieser Blick auf den Aktienmarkt ist weit von den Analysen klassischer ökonomischer Theorie entfernt, nach denen alle größeren Schwankungen des Marktes ihre Ursache in den Schwierigkeiten der Konzerne, politischen Ereignissen, Entscheidungen der Regierung und dergleichen haben. An der realen Börse reden die Händler dagegen von Rallyes und Crashs und von der Stimmung am Markt. Im Modell von Lux und Marchesi ist es denn auch die Stimmung der Händler, die den Ablauf beeinflusst. Weil die Stimmung des einen die des anderen verändern kann, scheinen sich Märkte von Haus aus in einer Art kritischem Zustand zu befinden, in dem das Aufflackern einer Hoffnung oder der leiseste Zweifel eine Lawine gigantischen Ausmaßes auslösen können.

Der Finanzier Bernard Baruch hat einmal festgestellt:

»Alle ökonomischen Veränderungen sind von Natur aus durch die Massenpsychologie bestimmt. Solange man das Denken der Massen nicht verstehen kann, … werden unsere ökonomischen Theorien noch vieles offen lassen … Mir erschien es immer so, dass die periodisch wiederkehrende Dummheit, die die Menschheit befällt, der Ausdruck eines tief in unserer Natur verankerten Charakterzuges ist … Diese Kraft ist nicht zu greifen, … aber ihre Kenntnis ist unerlässlich, wenn man die Ereignisse der Vergangenheit verstehen will.«[25]

Das Modell von Lux und Marchesi zeigt uns, wie deutlich sich Baruchs Perspektive in den mathematischen Strukturen der Marktschwankungen widerspiegelt. Selbst wenn der Mensch weitaus komplizierter organisiert ist als atomare Magnete, Reiskörner oder die Erdkruste, so ist er doch wie diese »Systeme« Einflüssen unterworfen, die zu gewaltigen Umwälzungen führen können. Die Welt der menschlichen Gesellschaft scheint – zumindest, was die Finanzmärkte betrifft – etwas von dem Durcheinander und den ständig zu erwartenden Änderungen an sich zu haben, mit denen man rechnet, wenn sich ein System im kritischen Zustand befindet. Das Fazit wäre, dass eine Prognose der Börsenkurse wirklich unmöglich ist. Schon der Stimmungsumschwung bei *einem* Investor kann eine Lawine auslösen, die die Stimmung *aller* Investoren umschlagen lässt – beunruhigende Erkenntnisse sowohl für den Großinvestor als auch für den Besitzer einiger weniger »Volks«-Aktien. Ich denke, alle wissen, dass Kursbewegungen nicht vorhergesagt werden können, gleichgültig, ob sie nach oben oder nach unten weisen – zumindest müssten es alle wissen. Gegen alle »sicheren« Prognosen der Bullen und Bären[26] und gegen alle »Hintergrund«-Informationen in den Zeitungen zeigen die mathematischen Analysen, dass die Kurse im nächsten Moment genauso gut nach oben gehen können wie nach unten – unabhängig davon, was am Markt in der letzten Woche, im letzten Monat oder im letzten Jahr geschehen ist. Aber das ist nur ein Hinweis auf die offensichtliche Unvorhersagbarkeit der Entwicklung an der Börse – oder sollte man besser ihr Durcheinander sagen? Das Potenzgesetz für die Kursschwankungen zeigt, dass man selbst die ungefähre Größe der zukünftigen Ausschläge nicht vorhersagen kann. Bei einem Markt, der sich im kritischen Zustand befindet, sind selbst große Crashs ganz gewöhnliche Ereignisse, die nicht in regelmäßigen Abständen auftreten, aber doch ständig erwartet werden müssen. Selbst wenn es heute noch keinerlei Vorzeichen gibt, können morgen die Kurse schon um 20 Prozent fallen, ohne dass es dafür einen besonderen Auslöser gäbe.

Es ist sehr unwahrscheinlich, dass der Staat in der Lage sein sollte, uns vor derartigen Katastrophen zu schützen, und man kann sich auch nicht so recht vorstellen, wie das geschehen könnte. Trotzdem haben Wirtschaftswissenschaftler in den letzten Jahren zumindest einen Vorschlag diskutiert, wie der Staat der Wirtschaft Fesseln anlegen könnte, um sie aus dem kritischen Zustand wegzubewegen. Man dachte an die Einführung einer »Tobin-Steuer«, die nach dem Wirtschaftswissenschaftler James Tobin benannt ist und auf alle spekulativen Börsengeschäfte erhoben werden sollte, also Käufe und Verkäufe, die nicht auf den ökonomischen Hintergrund reagieren, sondern nur den Markttrends folgen. Die Steuer würde Investoren daran hindern, auf den fahrenden Zug aufzuspringen, und damit das weitere Anheizen oder eine Überhitzung der Entwicklung verhindern. Man weiß natürlich nicht, ob das funktionieren würde. Es könnte durchaus sein, dass die Investoren neue Wege finden, um derartige Gesetze zu umgehen – und der Markt würde weiterhin im kritischen Zustand bleiben. Die Steuer wäre vermutlich nur schädlich für den Markt und würde das gesamte Handelsvolumen vermindern, indem sie viele der Transaktionen bestrafen würde, die heute stattfinden. Wäre es gut oder schlecht, eine »Tobin-Steuer« einzuführen? Lux ist der Meinung, ein »seriöser Wirtschaftswissenschaftler müsste ›Ich weiß es nicht‹ sagen«.

Möglicherweise kommen wir mit dem Problem der wilden Kursschwankungen nicht weiter. Und vielleicht haben soziale, gesellschaftliche und ökonomische Netzwerke – beispielsweise die Börse und ähnliche Märkte – etwas in ihrer Struktur, das sie für Katastrophen noch anfälliger macht als die physikalischen Systeme, die wir schon betrachtet haben.

Kleine Welten

1967 unternahm der amerikanische Psychologe Stanley Milgram ein sehr seltsam erscheinendes Experiment. Er schickte eine Reihe von Briefen an verschiedene Empfänger in Kansas und Nebraska und legte eine Erklärung bei, dass jeder dieser Briefe letztlich für einen Börsenmakler bestimmt sei, einen Freund Milgrams, der bei Boston lebe. Milgram gab in den Briefen die Adresse dieses Maklers nicht an, sondern nannte nur seinen Namen und seinen Beruf. Jeder der Briefempfänger sollte den Brief an jemanden weiterschicken, den er persönlich kannte und von dem er annahm, dass er möglicherweise mehr über Milgrams Börsenmakler wisse – beispielsweise seine genaue Adresse. Wunderbarerweise erreichten alle Briefe ihren endgültigen Bestimmungsort in ungefähr sechs Schritten. Nach so wenig Zwischenstationen war also schon jemand gefunden, der den Börsenmakler kannte und den Brief direkt an ihn weiterschickte.

Die inzwischen berühmt gewordene Idee der nur sechs Stationen, die uns voneinander trennen, war geboren. Auf unserer Erde leben mehr als sechs Milliarden Menschen, und doch ist jeder von uns mit jedem anderen durch eine Kette von Bekanntschaften verbunden, die nicht mehr als sechs Personen umfasst! Eine der Personen in John Guares Theaterstück *Six Degrees of Separation* aus dem Jahr 1990 drückt es so aus:

»Jeder auf diesem Planeten ist von irgendjemand anderem nur durch sechs Menschen getrennt … Der Präsident der Vereinigten Staaten, ein Gondoliere in Venedig … Es gilt nicht nur für die großen Namen, es gilt für jeden: den Eingeborenen im Regenwald, einen Bewohner Feuerlands, einen Eskimo. Ich bin mit jedem auf diesem Planeten über eine Kette von sechs Personen verbunden. Ein sehr tiefsinniger Gedanke …«[27]

Wenn diese Vorstellung richtig ist, wäre es trotzdem mühsam, zu erklären, warum man nach Thailand oder Alaska fahren muss, um dort jemanden zu treffen, der die Frau des Doktorvaters kennt oder den Vater des besten Freunds oder den Frisör der Schwiegermutter. Sind das alles nur unglaubliche Zufälle? Wenn es so ist, warum kommen sie dann so häufig vor? Oder hat Milgram Recht, wenn er behauptet, die Welt sei wirklich klein – zumindest was die Menschen darauf betrifft? 1998 machten sich die Mathematiker Duncan Watts und Steve Strogatz von der Cornell University daran, mithilfe der Theorie der Graphen diesen Dingen auf den Grund zu gehen.

Für die Mathematiker ist ein Graph eine Folge von Punkten, die durch Linien miteinander verbunden sind. Mit Graphen kann man beispielsweise sehr schön die Verbindungen (Linien) darstellen, die Men-

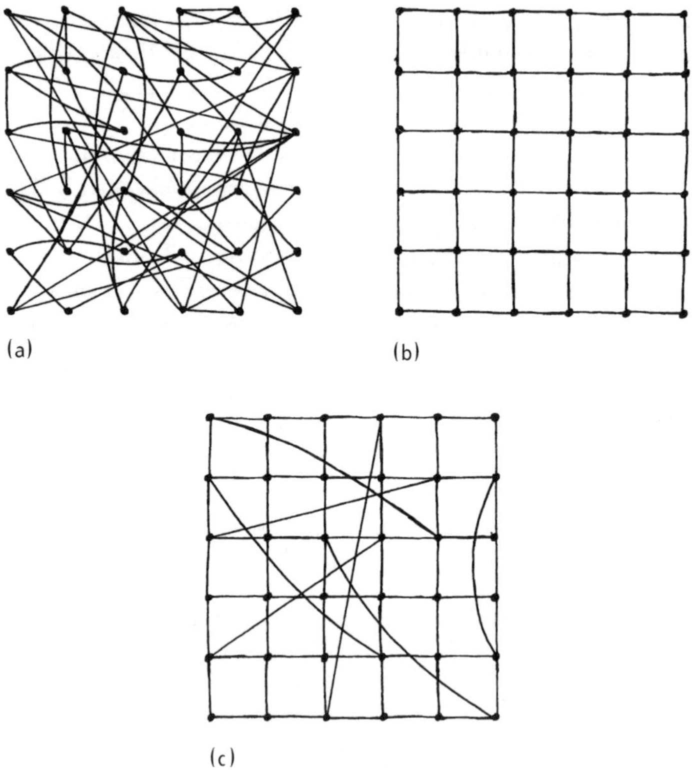

Abb. 20 In einem »Zufallsgraph« (a) kann man mit nur wenigen Schritten von einem Punkt zu jedem beliebigen anderen gelangen. In einem »Ordnungsgraph« (b) sind dafür weitaus mehr Schritte nötig. Die »kleine Welt« des Graphen (c) liegt zwischen diesen beiden Extremen.

schen (Punkte) untereinander haben. Man könnte nun meinen, dass man von Punkten und Linien nicht viel lernen kann, was aber nicht stimmt. Ein besonders ausgefallenes Exemplar eines Graphen entsteht, wenn man per Zufall Paare von Punkten auswählt und sie mit einer Linie verbindet. Das Ergebnis, wir wollen es einen »Zufallsgraph« nennen, sieht wie ein Mikadospiel oder ein Haufen Spaghetti aus (Abb. 20a). Das andere Extrem ist ein Graph, in dem nach strengen Regeln die Nachbarpunkte verbunden sind, sodass das Ergebnis, ein »Ordnungsgraph«, einem Fischernetz oder einem Zaun ähnelt (Abb. 20b).

In einem Zufallsgraph ist es sehr leicht, überall hinzukommen. Wenn man beispielsweise an einem Punkt auf der linken Seite losgeht, braucht man nur wenige Zwischenschritte, um irgendeinen Punkt auf der rechten Seite zu erreichen. Das geht deshalb so leicht, weil es fast immer eine »schnelle« Fernverbindung von der einen Seite zur anderen gibt, deren Enden nicht weit von Start- und Zielpunkt entfernt sind: Die Welt ist klein! In einem Ordnungsgraph ist alles anders: Die Welt ist überhaupt nicht klein, da es die raumgreifenden Schnellverbindungen nicht gibt. Man muss sich vielmehr mühsam in kleinen Schritten vorarbeiten. Wären nun die Menschen in der realen Welt wie in einem Zufallsgraph miteinander verknüpft, so würde dies erklären, warum Milgrams Briefe so schnell an ihr Ziel kamen. Es gibt dabei aber noch ein Problem.

Denken wir an unseren eigenen Freundeskreis: Manche der Freunde sind nicht nur mit uns, sondern auch untereinander befreundet. Das ist für ein soziales Netz von Freunden und Bekannten ganz natürlich und typisch. Solche Verhältnisse drücken sich auch in dem entsprechenden Graph aus: Viele der Punkte sind untereinander auf vielfältige Weise vernetzt. Solche Cluster oder Knoten sind für Ordnungsgraphen typisch, aber nicht für Zufallsgraphen. Man greife nun in einem Zufallsgraph einen Punkt heraus und betrachte alle Punkte, die mit ihm verbunden sind: Sie sind über das gesamte Feld verteilt und nur in ganz seltenen Fällen wiederum untereinander verknüpft. Wenn ein soziales Netz einem Zufallsgraph entsprechen würde, dann gäbe es so etwas wie Freundeskreise nicht.

Weil sie eine »kleine Welt« widerspiegeln, scheinen Zufallsgraphen die unglaublich enge Verknüpfung realer sozialer Netze darzustellen – andererseits zeigen Ordnungsgraphen die typische Clusterbildung dieser realen Netze. Die Situation ist paradox – gäbe es nicht noch eine dritte Klasse von Graphen, die zwischen den beiden Extremen liegt. Dazu vernetzt man einen Ordnungsgraph neu, indem man einige der kurzen Verbindungen durch andere mit vom Zufall bestimmter Länge ersetzt (Abb. 20c). Watts und Strogatz haben die Auswirkungen derartiger Änderungen untersucht und entdeckt, dass einige wenige lange Verbindungen an der Clusterbildung im Graph kaum etwas ändern, aber gewaltige Auswirkungen auf die durchschnittliche Zahl der Zwischenschritte haben, die man vom Start bis ins Ziel braucht. Mit anderen Worten: Schon eine geringe Zahl von »Schnellverbindungen« kann die Welt des Ordnungsgraphen schrumpfen lassen. Es gibt weiterhin Cluster, aber man gelangt nun mit wenigen Schritten fast überall hin.[28]

Um zu erkennen, ob auch reale Netzwerke auf diese Weise organisiert sind, haben sich Watts und Strogatz – merkwürdig genug – in der Welt der Schauspieler umgesehen. Über Freundeskreise und Beziehungsnetze sichere Daten zu finden ist sehr schwer, aber wer während der letzten 50 Jahre in welchem Film gespielt hat, ist leicht zu ermitteln. Nun kann man einen Graph entwerfen, in dem jeder Punkt einem Filmschauspieler entspricht und die Punkte immer dann verbunden werden, wenn zwei Schauspieler im selben Film gespielt haben. Das Ergebnis war, dass jeder Schauspieler, der jemals in einem amerikanischen Film mitgespielt hat, nicht weiter als vier Schritte von Kevin Bacon entfernt war, der in etwa 50 Filmen aufgetreten ist, wenn auch nicht immer als Hauptdarsteller. Beispielsweise ist Elvis Presley nur zwei Schritte von Bacon entfernt, da er mit Walter Matthau 1958 in *King Creole* gespielt hat und Matthau wiederum 1991 mit Bacon in *JFK – Tatort Dallas*.

Watts und Strogatz fanden heraus, dass Bacon keinesfalls eine besondere Stellung in dem Netz einnimmt, das Netz hat vielmehr insgesamt die Struktur einer »kleinen Welt«. Jeder Filmschauspieler ist mit den anderen über meist nur drei bis vier Schritte vernetzt. Wenn auch die typischen Zahlen der Zwischenschritte wechseln mögen, so sind doch soziale Netzwerke vermutlich »kleine Welten« und zwischen jedem von uns und Monica Lewinsky liegen nicht mehr als sechsmal Händeschütteln – ob wir so viel Nähe wollen oder nicht. Aber vielleicht steckt in dem Modell noch eine tiefere Wahrheit.

Weil die Welt realer sozialer Netzwerke klein ist, konnte die Beförderung von Milgrams Briefen so schnell erfolgen. Watts und Strogatz haben auch ein Modell der Verbreitung von ansteckenden Krankheiten in Netzwerken dieser Art entworfen und herausgefunden, dass sie sich dort weit schneller ausbreiten als in wohlgeordneten Netzwerken: Es genügen bereits einige wenige »Abkürzungen«. Das hat schwerwiegende Folgen für die Ausbreitung gefährlicher Krankheiten über die ganze Welt – es reicht aus, dass sie von einer Hand voll Fernreisender aus abgelegenen exotischen Ländern mitgebracht werden.

Und wie ist es mit der Verbreitung von Ideen? Wie wir in diesem Kapitel gesehen haben, sind Kapitalmärkte »wild at heart« – anscheinend, weil die Einschätzungen und Erwartungen des einen Investors die aller anderen Investoren beeinflussen können. Dass die sozialen und ökonomischen Verbindungen zwischen den Händlern an den Börsen und Finanzmärkten denen in einer »kleinen Welt« gleichen, ermöglicht es, dass auch kleine Anlässe Folgen haben, die über jedes Maß hinauswachsen. Die ungeregelten Schwankungen im kritischen Zustand können sich leichter über das gesamte System verbreiten. Die Vorstellungen von Netzwerken, die als »kleine Welt« organisiert sind, ist noch relativ neu, sodass die Konsequenzen für alle möglichen sozialen Prozesse noch der Untersuchung harren.

Ich stelle mir an diesem Punkt vor, dass sich vielleicht einige Leser fragen, ob sie nicht hereingelegt worden sind. Man kann problemlos akzeptieren, dass man mit mathematischen Verfahren, die zur Untersuchung von Magneten geeignet sind, auch wichtige Eigenschaften der Bewegungen in der Erdkruste oder der Organisation von Wäldern und Ökosystemen erklären kann. All diese Bereiche gehören zu den Naturwissenschaften, wo relativ gut bekannte, strenge Gesetze gelten. Aber geht die Behauptung nicht ein wenig zu weit, dass auch die Menschen den Gesetzen des kritischen Zustands unterliegen? Wie kann man ein Ordnungsprinzip für universell erklären und auch auf Menschen anwenden, die doch über einen freien Willen verfügen? Inwiefern deutet das Potenzgesetz für die Kursschwankungen darauf hin, dass sich die Börse in einem kritischen Zustand befindet?

Wir werden in Kapitel zwölf erfahren, was der kritische Zustand für das Funktionieren des Wissenschaftsbetriebs und die Geschichte der Menschheit bedeutet. Bevor wir uns aber diesen Themen zuwenden, sollten wir uns zunächst mit den geäußerten ernsten Bedenken befassen. Wir werden allerdings sehen, dass der »freie Wille« keinen Ausweg darstellt und uns nicht vor den unvermeidlichen Folgen des kritischen Zustands schützt. Und vielleicht bleibt der kritische Zustand als einzige Erklärung für ein Geschehen übrig, in dem Potenzgesetze herrschen.

11
Schicksal und freier Wille

Sich befreien ist nichts; frei sein können ist das Schwierige.
André Gide[1]

Ob es nun gut oder schlecht ist – aber zuweilen ist es auch recht angenehm, etwas zu zerbrechen.
Fjodor M. Dostojewskij[2]

Den Leser könnten leise Zweifel beschleichen: Sind im letzten Kapitel nicht Widersprüche aufgetaucht? Was hat es denn auf sich mit dem Wertvollsten, das der Mensch besitzt, seinem freien Willen? Beim Schreiben dieses Textes bin ich der festen Überzeugung, meine Worte ganz frei zu wählen, und sicher, mich in jedem Augenblick auch für andere entscheiden zu können. Und Sie, lieber Leser, glauben daran, dass es Ihr freier Wille war, gerade *dieses* Buch aufzuschlagen, und dass es natürlich auch ein anderes hätte sein können. Auch die Händler an der Wall Street haben einen freien Willen: An jedem neuen Börsentag können sie unter Tausenden von Aktien, Festverzinslichen oder Obligationen wählen und kaufen oder verkaufen oder abwarten. Der Mensch ist weder ein Reis- noch ein Sandkorn, das sich an die vorgegebenen Regeln halten muss.

Wenn man sich erst einmal mit der Idee vertraut gemacht hat, wird man gern akzeptieren, dass in leicht zu durchschauenden Systemen die grundlegende Logik des kritischen Zustands zutage tritt: in einem Berg von Körnern, im Gestein der Erdkruste oder in einem Wald – immer da, wo wohldefinierte physikalische Gesetze bestimmen, in welcher Weise sich Ereignisse in einem System ausbreiten. Wenn die Spannung an einer Verwerfungslinie zu groß wird, entsteht ein Ruck im Gestein, der die Energien auf weit entfernte Bereiche der Linie überträgt. In all diesen Beispielen muss man sich nicht auf so schwer Greifbares und Launisches wie Gedanken und Gefühle berufen. Sobald aber Menschen eine Rolle spielen, werden die Verhältnisse kompliziert. Die Menschen entscheiden selbst, wann und wie Einflüsse, Veränderungen oder Informationen weitergegeben werden. Ist es deshalb nicht – trotz aller mathematischen Beweise – ein gefährlicher Sprung ins kalte Wasser, wenn wir auch von einem kritischen Zustand der menschlichen Gesellschaft sprechen?

Die folgenden Kapitel, beginnend mit Kapitel zwölf, werden sich mit dem kritischen Zustand der Wissenschaft und der Geschichte der Menschheit befassen und dabei die Frage stellen, ob dieses Konzept sich dafür eignet, die Ursachen von stürmischen Veränderungen in diesen Bereichen zu beleuchten. Zuvor müssen wir uns jedoch mit der Streitfrage beschäftigen, welche Auswirkungen der freie Wille hat und ob er die Welt der Menschen unüberwindbar gegen die Herrschaft mathematischer Gesetze abschirmt. Wie wir sehen werden, ist er dazu nicht in der Lage. Wir glauben den Statistikern ohne weiteres, dass die Zahl der Eheschließungen in Deutschland seit zehn Jahren langsam, aber stetig zurückging, obwohl doch jede und jeder ganz nach Lust und Laune, also vom freien Willen bestimmt, heiraten kann oder auch nicht.[3] Der freie Wille schließt also noch nicht von vornherein aus, dass es mathematische Gesetze für das Verhalten von Tausenden oder Millionen von Menschen gibt. Ein weiteres Beispiel kann diesen Punkt vielleicht noch besser verdeutlichen.

Trampelpfade auf der Wiese

Zwischen den imponierenden Beton- oder Ziegelbauten auf einem Universitätscampus wird man immer auch kleine ruhige, unbebaute Ecken finden – Winkel, Plätze und Rasenflecke, die daran erinnern, dass man zum Lernen einen Freiraum braucht. Die Studenten sammeln sich dort, sitzen in der Sonne, kauen an einem Sandwich, schlafen, lesen oder denken einfach nach. Wenn sie wollten, könnten sie dabei auch eine Lektion in Mathematik und Verhaltenslehre erhalten. Die Architekten von Universitätsanlagen entwerfen für die Bewegungen der Menschen in der Regel gerade betonierte Wege, die sich in präzisen Winkeln überschneiden. Auch nachdem die Zeit der Rebellion vorbei ist, wählen die Studenten aber oft andere Wege und lassen so allmählich ein Netz ausgetretener und verschlungener Trampelpfade quer über das Gelände entstehen. Das können bloße Abkürzungen sein, die quer über

Abb. 21 Trampelpfade, die auf dem Campus der Universität Stuttgart entstanden sind. (Foto: Dirk Helbing, Universität Stuttgart; mit freundlicher Genehmigung.)

einen weglosen Platz gehen, oder auch recht exotische Netze sich überschneidender Pfade, wie wir sie beispielsweise auf dem Campus der Universität Stuttgart vorfinden (Abb. 21). Der Physiker Dirk Helbing benutzte diese Pfade sehr oft und begann sich Gedanken darüber zu machen, ob es vielleicht Gesetze gibt, die die Entwicklung eines solchen Wegenetzes bestimmen, und ob man das Entstehen der Pfade vorhersagen kann. Wenn man ein solches Gelände überquert, muss man nicht den anderen folgen, sondern kann seinen Weg frei wählen. Helbing und seine Mitarbeiter fanden recht bald heraus, dass das Entstehen der Pfade Gesetzen unterliegt, die so streng sind wie die Gesetze der Planetenbewegung – obwohl über die Wahl der Pfade der freie Wille entscheidet.

Warum überhaupt Trampelpfade entstehen, obwohl die Benutzer des Geländes alle ihrem freien Willen folgen, mag ja noch einleuchten: Sie haben bestimmte Vorlieben. Stellen wir uns ein Grasgelände vor, das noch keine Spuren von Pfaden aufweist. Wenn nun der erste Student das Gelände überquert, wird er die Richtung auf sein Ziel einschlagen:

zur Cafeteria oder zu einem Hörsaal. Er wird aber niemals einen schnurgeraden Weg gehen, sondern den einfachsten – er wird Pfützen umgehen, unebene Stellen oder nasses Gras vermeiden. Am einfachsten wäre natürlich der vom Architekten vorgegebene glatte Betonweg, aber nicht jeder geht gern auf hartem Beton, und der Weg zur Cafeteria würde vielleicht um den ganzen Platz herumführen: Der durstige Student steht vor einem Dilemma. Nun will zwar nicht jeder zur Cafeteria, aber anderen geht es mit ihren ganz anderen Zielen ähnlich: Sollen sie auf dem Betonweg bleiben oder sich in das Abenteuer »unberührtes Grasland« stürzen? Zunächst kann man dazu nicht viel sagen: Jede Person wird sich nach Lust und Laune entscheiden. Damit beginnt sich aber etwas zu ändern: Schon der erste, der sich für den Gang durchs Gras entscheidet und es niedertrampelt, hinterlässt eine Spur, die diesen Weg für andere attraktiver macht. Nach nur einem Benutzer mag der Unterschied noch gering sein, aber nach tausend wird schon ein regelrechter Pfad entstanden sein, der immer mehr Personen dazu bringt, den Betonweg zu meiden. Von irgendeinem Zeitpunkt an trotten alle über den neuen Trampelpfad wie eine Viehherde, und er existiert nun für immer.

So entstehen in groben Zügen Trampelpfade. Helbing und seine Kollegen haben erkannt, dass ihre Untersuchung auch als Grundlage einer tief gehenden Theorie dienen kann. Man benötigt nur wenige einfache Spielregeln, um zu beschreiben, wie jeder der Passanten sich zwischen verschieden langen und verschieden bequemen Pfaden entscheidet, wie das Gras niedergetrampelt wird und wie dadurch das Muster der Pfade für zukünftige Passanten verändert wird. Außerdem muss man die Geometrie des Grasgeländes berücksichtigen, sich überlegen, welche Ziele am häufigsten angesteuert werden und wie viele Menschen jeden Tag von wo nach wo gehen. In einem Computermodell lässt man nun einige Zehntausend Personen über den Rasen gehen und beobachtet, wo Pfade entstehen.

Sie entstehen im Modell mehr oder weniger in gleicher Weise wie in der Wirklichkeit. Unter den Rahmenbedingungen der Grasfläche von Stuttgart fanden die Forscher heraus, dass im Modell ein recht elegantes Muster entsteht: Drei Pfade laufen zum Zentrum der Fläche und treffen dort auf ein Dreieck kürzerer Pfade – ähnlich wie in der Realität. Die Regeln des Modells führen nicht nur zum selben Ergebnis, sie zeigen auch, warum das Wegenetz gerade in dieser Weise entsteht. Die Zahl der Personen, die jeden Tag über die Grasfläche geht, ist begrenzt. Sie können nur eine bestimmte Menge Gras niedertrampeln, und damit ist auch die Gesamtlänge der Pfade begrenzt – zumal das Gras auch nachwächst, wenn ein Pfad zu wenig genutzt wird. Unter diesen Einschränkungen scheint sich ein »optimales« Netz von Wegen zu entwickeln, also ein Netz, das es den Menschen erlaubt, möglichst schnell *und* bequem die Grasfläche zu überqueren.

Die Darstellung des Prozesses der Wegebildung im Modell ist natürlich erst der Anfang. Mithilfe des Modells sind Planer in der Lage, die Größe und Form von Grasflächen richtig abzuschätzen und Gebäude und gepflasterte Verbindungswege dort anzulegen, wo sie den Bedürfnissen der Menschen am besten entsprechen. Auf jeden Fall gilt es inzwischen als sicher, dass die von Menschen geschaffenen Trampelpfade den Mustern entsprechen, die Helbing und seine Mitarbeiter gefunden haben.[4]

Das Beispiel der Trampelpfade hat wenig mit dem kritischen Zustand zu tun, es soll nur zeigen, dass sich der freie Wille des Einzelnen und strenge Gesetze für das Verhalten von Gruppen nicht ausschließen. Das eigenartige Netz von Pfaden auf dem Gelände der Universität Stuttgart ist das Produkt der Entscheidungen von Tausenden von Menschen, die über einen freien Willen verfügen – und doch folgt es ganz einfachen mathematischen Gesetzen.

Metropolen

Wenn man sich die Frage stellt, warum die eine Stadt groß geworden ist und eine andere klein geblieben ist, muss man sich mit unzähligen sozialen und ökonomischen Parametern befassen und einen Berg historischer und geographischer Fakten berücksichtigen. Während des Amerikanischen Bürgerkriegs hatten die Konföderierten ihren Regierungssitz in Richmond, Virginia, eingerichtet. Heute ist Richmond eine Stadt mit 900 000 Einwohnern – es könnte leicht fünfmal so groß sein, wenn die Konföderation ihre Unabhängigkeit bewahrt hätte. Stattdessen wuchs Washington DC zur Hauptstadt der USA an, Chicago nahm seine Schlüsselposition zwischen Westen und Osten ein, und Städte wie Pittsburgh und Cleveland im Mittelwesten wurden zu mächtigen Zentren der Stahlindustrie. Andererseits blieb beispielsweise Charlottesville klein und von Industrie verschont, obwohl es ganz in der Nähe von Washington liegt.

Da vielfältige Kräfte beim Wachstum einer Stadt eine Rolle spielen und schließlich Menschen aus ganz persönlichen Gründen von einer Stadt in eine andere umziehen, scheint es hoffnungslos zu sein, mathematische Gesetze für die Entwicklung einer Stadt zu finden. 1997 hatten jedoch Damián Zanette und Susanna Manrubia vom Fritz-Haber-Institut der Max-Planck-Gesellschaft in Berlin mit ihren Bemühungen Erfolg: Sie ließen sich nicht auf Details der Geschichte einzelner Städte wie Chicago, Memphis oder Cleveland ein, sondern entdeckten grundlegende Gesetze, indem sie die 2400 größten Städte der USA in die Untersuchung mit einbezogen.

Zanette und Manrubia ermittelten die Häufigkeit bestimmter Größenklassen – Städte mit 100000 Einwohnern, mit 200000 usw. bis zu Städten mit mehr als 9000000 Einwohnern, mit New York als einzigem Vertreter. Mit anderen Worten: Sie untersuchten die Daten statistisch ähnlich wie Gutenberg und Richter ihre Erdbebenaufzeichnungen – und kamen zu ähnlichen Ergebnissen! Es gibt beispielsweise viermal weniger Städte mit rund 1000000 Einwohnern – wie zum Beispiel Atlanta – als Städte mit nur rund 500000 Einwohnern – wie etwa Cincinnati. Wiederum gibt es viermal weniger Städte mit rund 500000 Einwohnern als mit 250000. Diese Reihe kann man bis zu Kleinstädten mit nur 10000 Einwohnern fortsetzen. Obwohl jede dieser Städte aus tausend verschiedenen Gründen entstanden ist und das Ergebnis von Millionen untereinander konkurrierender Einflüsse darstellt, folgt ihre Größenverteilung doch einem einfachen mathematischen Gesetz.

Wenn man davon ausgeht, dass die Menschen ganz nach freier Wahl von einer Stadt in eine andere ziehen können, mag ein so strikter mathematischer Zusammenhang überraschen. Zanette und Manrubia beließen es nicht bei der Untersuchung amerikanischer Städte, sondern warfen auch einen Blick auf die 2700 größten Städte der Welt und auf die 1300 größten Orte in der Schweiz. In allen Fällen fanden sie dasselbe Potenzgesetz, das offensichtlich ein universelles Gesetz ist und den Prozess beschreibt, nach dem sich Menschen in Städten zusammenfinden. Wie Zanette und Manrubia ausführen, ist das besonders verblüffend, weil

> »die drei Datensätze aus demografisch, sozial und ökonomisch ganz unterschiedlichen Verhältnissen stammen. In der Tat berücksichtigen die weltweiten Daten vorwiegend die Entwicklungsländer, die Daten aus den USA einen wirtschaftlich hoch entwickelten, aber jungen Staat und die der Schweiz einen schon lange bestehenden Staat mit relativ stabilen Bevölkerungsstrukturen.«[5]

Mit anderen Worten: Es gibt offenbar eine Art Universalität auch im Bereich des menschlichen Zusammenlebens, und all die vielfältigen Unterschiede scheinen die Häufigkeitsverteilung der Stadtgrößen nicht zu beeinflussen.

Die Folgerungen aus Potenzgesetzen sind uns inzwischen gut bekannt, und so gilt auch hier: Es gibt für Städte in den USA und anderswo keine »typische« Größe, und auch das Entstehen der Megastädte scheint sich nicht auf besondere historische oder geographische Gründe zurückführen zu lassen. Das Wachstum einer Stadt ist ein kritischer Prozess, der denen ähnelt, die wir schon kennen gelernt haben, und der immer von größter Instabilität bedroht ist. Man kann sich zunächst vorstellen, dass eine Stadt gute Chancen hat, sehr groß zu werden, wenn sie wegen ihrer Lage oder naher Bodenschätze bei ihrer Gründung begünstigt ist. Das Potenzgesetz drückt hingegen aus, dass diese äußeren Umstände nichts über die künftige Größe einer Stadt besagen. Es gibt deshalb vermutlich auch keine besonderen Gründe, dass New York, Mexico City oder Tokio zu Megastädten anwuchsen. Wenn man die Geschichte zurückdrehen könnte, so würden bei einem neuen Versuch sicher wieder Megastädte entstehen, aber an anderen Plätzen und mit anderen Namen – nur das Potenzgesetz für die Größen wäre dasselbe.

Auch für Systeme, an denen Menschen beteiligt sind, gelten also mathematische Gesetze. Sie können natürlich nichts darüber aussagen, was eine einzelne Person tun wird, aber sie können angeben, was aus den Handlungen von Millionen von Menschen resultiert. Bemerkenswert ist, dass diese mathematischen Gesetze sehr einfach sind. Zanette und Manrubia konnten das Wachstum von Städten mit einem äußerst einfachen Modell simulieren, in dem es auf nur zwei Größen ankam. Nachdem die Entscheidungen von Menschen, den Wohnort zu wechseln oder Kinder in die Welt zu setzen, nicht vorherzusagen sind, nahmen sie an, dass die Bevölkerungsschwankungen an irgendeinem Ort mehr oder weniger zufällig sind.[6] Außerdem gingen sie davon aus, dass die Menschen eher aus dicht bevölkerten Gebieten in dünn besiedelte »abfließen«, weil sie weniger beengt leben wollen oder die Grundstückspreise dort niedriger sind. In einem Modell, das nicht komplizierter ist als das Sandberg-Modell, führen diese beiden Vorgaben von selbst zum Entstehen von Menschenansammlungen, also »Städten«, deren Größe demselben Potenzgesetz folgt, das für reale Städte gilt. Man kann also alles über ökonomische Faktoren und geographische Einschränkungen vergessen und sieht, dass der Wachstumsprozess von Städten in mancherlei Hinsicht weit einfacher vonstatten geht, als man angenommen hat.

Doch diese einfachen Gesetze bestimmen nicht nur die Größe von Städten, sondern auch deren innere Struktur – beispielsweise die Verteilung der Bevölkerung innerhalb einer Stadt. Zunächst unterscheiden sich nächtliche Luftaufnahmen von Berlin und London deutlich, aber bei genauerer Betrachtung entpuppen sich die Lichterketten als Fraktale mit ganz ähnlichem Aufbau: In jeder Stadt gibt es große und kleine Cluster oder Ballungsräume von Menschen, die keinerlei »typische« Größe aufweisen. Das Besiedlungsmuster hat eine selbstähnliche Struktur, und die Größe der Cluster folgt einem Potenzgesetz. Wenn man das Bild eines kleinen Clusters vergrößert, so ähnelt es dem Bild der gesamten Stadt.

Trotz aller wesentlichen Unterschiede haben Städte viel gemein: Sie sind Fraktale wie unser zweidimensionaler Modellmagnet an seinem kritischen Punkt. Es überrascht daher nicht, dass physikalische Modelle von Phasenübergängen zu den besten Methoden der Beschreibung der Einwohnerverteilung in einer Großstadt zählen.[7]

Arm und Reich

Will man etwas über die Universalität eines Prozesses erfahren, so muss man die Logik untersuchen, die ihm zugrunde liegt. Wie wir gesehen haben, hat die Art und Weise, wie sich Menschen in Städten zusammenfinden, nichts damit zu tun, dass es Menschen sind. Das mag unsere Eitelkeit verletzen, aber ähnliche Verhaltensmuster findet man aus den gleichen Gründen auch bei Bakterienkolonien oder den Flecken von Zigarettenrauch an der Zimmerdecke – und auch in der Art und Weise, wie sich in unseren Taschen oder auf dem Bankkonto Geld ansammelt – oder auch nicht!

Warum wird der eine Mensch arm und der andere reich? Wie für das Wachstum von Städten lässt sich hierfür eine Vielzahl von Gründen anführen, etwa seine Situation bei der Geburt, seine Chancen für eine gute Ausbildung und dergleichen mehr. Aber neben all diesen Vor- und Nachteilen und den unterschiedlichen persönlichen Fähigkeiten existiert ein einfaches Grundmuster: Es gibt viermal weniger Amerikaner, die mehr als eine Milliarde Dollar besitzen, als Amerikaner mit nur lausigen 500 Millionen. Wenn man nun ein derartiges Potenzgesetz für die USA unter einer bestimmten Regierung findet, so könnte man meinen, es sei die merkwürdige Folge irgendwelcher politischer Entscheidungen. Man erhält aber dasselbe Gesetz für Großbritannien, für Japan und für jedes andere Land der Erde!

Die beiden französischen Physiker Jean-Philippe Bouchaud und Marc Mézard haben dieses Phänomen in einer Art und Weise erklärt, die nicht weit von den Methoden Zanettes und Manrubias entfernt ist. Nehmen wir an, dass das Vermögen eines jeden Menschen im Laufe des Jahres um einen zufälligen Betrag anwächst oder abnimmt. Es gibt keine sicheren Kapitalanlagen, deshalb sind die Einkommen – zumindest von Menschen, die Kapital zum Anlegen haben – auch zufälligen Schwankungen unterworfen. Die Größe der Schwankungen wird proportional zum Vermögen der betroffenen Person sein, den je reicher jemand ist, umso größer können auch seine Gewinne und Verluste sein. Nehmen wir weiterhin an, dass jeder auch das Vermögen anderer beeinflusst, sei es, dass er für sie arbeitet oder bei ihnen investiert oder sie für sich arbeiten lässt. Auf so dürftige Annahmen kann man schwerlich eine vernünftige Theorie begründen, aber Bouchaud und Mézard ist es immerhin gelungen, damit ein einfaches Modell zu bauen, das – für uns nun schon nicht mehr überraschend – für die Verteilung des Reichtums ein Potenzgesetz liefert.[8]

Wieder erhält man ein von Gesetzen bestimmtes Muster, obwohl auch hier Menschen auf der Grundlage ganz persönlicher Entscheidungen – ihres Argwohns, ihrer Pläne und Strategien – miteinander umgehen. Das Muster scheint recht wenig damit zu tun zu haben, dass Menschen den Prozess betreiben, sondern viel eher mit einer universellen Art, in der sich Ansammlungen von »Dingen« organisieren, die untereinander in irgendeiner Weise verknüpft sind. Mit einem derartigen Modell kann man nicht voraussagen, wer reich wird oder wer nicht, aber vielleicht zumindest ansatzweise die Grundlagen des Fließens und der Ansammlung von Geld und Kapital erklären.

Es sollte an dieser Stelle noch einmal deutlich gesagt werden, dass es keinerlei Grund zu der Annahme gibt, Einzelne würden sich gemäß mathematischen Gesetzen verhalten, die für große Gruppen von Menschen ihre Berechtigung haben. Die Gesetze für einzelne Objekte – seien es Menschen oder Atome – müssen nicht die gleichen wie für die Ansammlungen zahlloser solcher Objekte sein. In der Physik gibt es diese Unterschiede nicht: Die unzähligen atomaren Magnete in einem Eisenbrocken richten sich gemäß strengen physikalischen Gesetzen in die eine oder andere Richtung aus, und dieses Zusammenwirken führt wiederum dazu, dass für den gesamten Eisenbrocken ebenso strenge Gesetze gelten. In der Welt der Menschen ist das etwas anders: Für eine große Gruppe mögen strenge Gesetze gelten, sie bestimmen aber nicht unbedingt die Handlungen jedes einzelnen Menschen dieser Gruppe.

Man könnte nun fragen, ob die nun schon so oft erwähnten Potenzgesetze nicht auch anders erklärt werden könnten, denn auch wenn in so unterschiedlichen Bereichen dasselbe Muster auftaucht und dasselbe Potenzgesetz herrscht, so müssen dem nicht unbedingt immer dieselben Mechanismen zugrunde liegen. Wenn auf einem Grundstück über Nacht alle Bäume fallen, so kann einmal eine tote Wurzel der Auslöser dafür sein, in einem anderen Fall kann ein Baum unerlaubterweise von einem bösen Nachbarn gefällt worden sein – es lässt sich für jeden einzelnen gefällten Baum ein ganz bestimmter Grund finden. Oder noch eine einfachere Möglichkeit: Wenn man daran denkt, dass letzte Nacht ein heftiger Sturm wütete und dass alle Bäume in dieselbe Richtung gefallen sind, könnte man auf die Idee kommen, dass der Sturm die Ursache der Katastrophe war.

Eine ähnlich einfache Erklärung für das Auftreten der Potenzgesetze wäre, sie als Ausdruck universeller Prozesse zu verstehen. Diese Idee leuchtet insbesondere dann ein, wenn wir an die zahlreichen Beispiele von Systemen denken, in denen eine große Zahl von Elementen miteinander verbunden ist, deren Eigenschaften aber keine Rolle für den Prozess spielen. Wir sollten uns noch einmal vergegenwärtigen, dass Potenzgesetze in Bereichen, die im Gleichgewicht sind, kaum vorkommen, und dies als Hinweis darauf sehen, dass sie etwas mit dem Nicht-Gleichgewicht zu tun haben.

12
Geistige Erdbeben

Die Geschichtswissenschaft ist … nicht in der Lage, Gesetze zu entwickeln, denen prognostische Kraft innewohnt. Das Verständnis der Vergangenheit kann der Gegenwart dennoch dienlich sein, indem es unser Wissen von der menschlichen Natur erweitert, indem es Inspirationen oder Warnungen vermittelt oder indem es plausible, jedoch keineswegs unfehlbare Orientierungen über den Verlauf liefert, den gewisse Dinge unter gewissen Bedingungen nehmen. Nichts davon kommt freilich der unveränderlichen Gewissheit eines naturwissenschaftlichen Gesetzes nahe.

Richard Evans[1]

Vielleicht muss alles, was wir heute noch glauben, eines Tages revidiert werden. Das heißt aber, dass alles, was wir glauben, nicht wahr ist. Ich meine, wir können nur an Dinge glauben, die gar nicht wahr sind.

Max Guyll[2]

Was hat nun *wirklich* den Ersten Weltkrieg verursacht? Wenn ihn, oberflächlich betrachtet, der serbische Terrorist Gavrilo Princip ausgelöst hat, was waren die tieferen Gründe für jene »größte Katastrophe, die jemals über die Menschheit kam«[3]? Die Historiker fanden direkt nach Kriegsende eine ganze Reihe von Gründen. Der Amerikaner Sidney Fay wies beispielsweise auf Schwächen des internationalen Systems hin, darunter ein verwirrendes Netz militärischer Hilfsabkommen, in dem es nur ungenügende politische Mittel gab, um Konflikte zu bereinigen.[4] In Russland wurde der Krieg – wenig überraschend – als Teil des Zusammenbruchs des Kapitalismus erklärt. Viele andere Wissenschaftler sahen schlicht und einfach deutschen Verrat als die wirkliche Ursache an. Der amerikanische Historiker Charles Beard spottete über die Schlichtheit der gängigen Erklärungen, die er als »Sonntagsschul-Theorien« bezeichnete:

»Drei arme Jungs – Russland, Frankreich und England – mit unschuldigen Seelen wurden ganz plötzlich auf dem Weg zur Sonntagsschule von zwei ausgefeimten Schurken – Deutschland und Österreich – angefallen, die im Geheimen schreckliche Untaten geplant hatten.«[5]

Spätere Historiker waren mit Beard einer Meinung, dass das bisherige Bild allzu einfach war, auch wenn sie nicht den völlig entgegengesetzten Standpunkt von Harry Elmer Barnes, einem Zeitgenossen von Beard, teilten:

»Bei der Abschätzung der Rangordnung in der Schuld der verschiedenen Länder können wir ruhig sagen, dass eine direkte und unmittelbare Verantwortung für den Weltkrieg nur Serbien, Frankreich und Russland zur Last fällt, wobei auf alle drei ungefähr der gleiche Schuldanteil entfällt. In nächster Linie – lange nach Frankreich und Russland – käme Österreich, obschon dieses niemals einen allgemeinen europäischen Krieg gewünscht hat. Endlich hätten wir Deutschland und England, da beide während der 1914er-Krise gegen einen Krieg waren, als auf die letzte Stelle verwiesen anzusehen. Vermutlich war die deutsche Öffentlichkeit einer militärischen Aktion etwas günstiger gestimmt, als das englische Volk, allein ... der deutsche Kaiser machte 1914 viel eifrigere Anstrengungen zur Erhaltung des europäischen Friedens als Sir Edward Grey.«[6]

Es herrscht bis heute keine Einigkeit über die Kriegsschuldfrage. Auch für viele andere historische Ereignisse – vom Amerikanischen Bürgerkrieg bis zur Eroberung Englands durch die Normannen im Jahr 1066 – ist man sich letztlich über die Ursachen noch nicht völlig im Klaren. Nicht dass das überraschend wäre – schließlich gelten für die Geschichte weder strenge Gesetze noch mathematische Gleichungen, ja nicht einmal grundlegende Prinzipien, die man für dieses oder jenes Ereignis heranziehen könnte. Das Gravitationsgesetz liefert den Physikern die Erklärung für die Bewegung der Planeten und die Form von Milchstraßensystemen, aber Geschichte und Physik sind eben nicht das Gleiche. In der Geschichte wird die Zukunft immer wieder aufs Neue durch die Trümmer der Vergangenheit verstellt, sodass Historikern letztlich nichts bleibt, als Geschichten zu erzählen.

Um zu erklären, warum General Eisenhowers Armeen im Herbst 1944 am Rhein standen, muss man auf den Ersten Weltkrieg und sein schimpfliches Ende für Deutschland zurückgehen, auf Hitlers Machtergreifung 1933, auf die Erfolge der Wehrmacht in Frankreich und im übrigen Westeuropa und auf ihre Niederlage in Russland. Man darf dabei weder das amerikanische Lend-Lease-System[7] für die Rüstung Großbritanniens und der Sowjetunion vergessen noch den japanischen Überfall auf Pearl Harbour, der die USA zum Kriegseintritt bewegte.

Dazu kommen die unzähligen kleinen Ereignisse auf den Schlachtfeldern und Entscheidungen wie die Hitlers, als er am 24. Mai 1940 dem Panzerkorps unter General Hans Guderian, das knapp 15 Kilometer vor Dünkirchen stand, für zwei Tage das weitere Vorrücken untersagte. Hätte Hitler geschwiegen, hätten Guderians Kampfverbände vermutlich das gesamte britische Expeditionskorps vernichtet. Möglicherweise hätte Eisenhower später nicht am Rhein gestanden, wenn auch nur eine dieser vielen Einzelheiten etwas anders ausgesehen hätte.

Aber welche von all diesen Ereignissen waren entscheidend und welche nicht? An dieser Stelle kommen die persönlichen Vorlieben der Historiker ins Spiel. Die einen suchen die Ursachen großer Ereignisse in den politischen Ränkespielen, andere eher im Zusammenspiel ökonomischer, sozialer und kultureller Bedingungen, wieder andere im Einfluss mächtiger Herrscher wie Hitler oder Stalin. Daher erzählt jeder Historiker die Geschichte anders, selbst wenn er sie persönlich miterlebt hat und Zugang zu denselben Dokumenten hat wie die anderen.

Das Problem ist für die Geschichtswissenschaft nicht zu umgehen. Aber nehmen wir einmal an, es wäre tatsächlich möglich, dass jeder Historiker nach gründlichem Studium der Details zu genau demselben Ergebnis käme. Was würde mit diesem Ergebnis *wirklich* erklärt werden? Wäre damit alles an einer so gewaltigen Katastrophe wie dem Ersten Weltkrieg erklärt? Welcher unerklärbare Rest würde übrig bleiben? Lassen Sie uns die reale Geschichte für einen Augenblick vergessen und die historische Methode an einem ganz einfachen Beispiel aus der Welt der Modelle erproben.

Geschichten vom Sandmännchen

Stellen wir uns einen Historiker vor, der auf dem Sandberg in unserem Modell zu Hause ist und eines Tages miterleben muss, wie er und seine ganze Umgebung von einer Lawine ins Tal gerissen werden. Wie wird er wohl erklären, was passiert ist? Nach einiger Forschungsarbeit könnte er vielleicht den folgenden Bericht verfassen:

»Der ganze Ärger begann eine Woche zuvor, weit im Westen, als am frühen Abend ein einzelnes Sandkorn auf einen Teil unseres Sandbergs fiel, der schon recht steil war. Ein kleiner Bergrutsch an der Flanke nach Osten hin wurde ausgelöst, der einige Sandkörner umfasste. Unglücklicherweise war der Berg in dieser Gegend in keinem ordentlichen Zustand, und die paar Körner landeten in einem Abschnitt, der ebenfalls schon sehr abschüssig war. Immer mehr Körner wurden mitgerissen, und während der Nacht gewann der Bergrutsch zusehends an Größe. Am nächsten Morgen war er schon außer Kontrolle, was im Nachhinein gesehen kein Wunder ist. Der schicksalhafte Fall jenes einzelnen Sandkorns eine Woche zuvor löste eine Kettenreaktion aus, die zu einer Katastrophe für den gesamten Berg und auch unsere eigene Umgebung hier im Osten führte. Hätte die Regierung im Westen ihre Verantwortung ernster genommen, so hätte sie die zu steilen Stellen begradigt, und es wäre nichts passiert. Wir können nur hoffen, dass sich in Zukunft eine derartige Tragödie nie mehr ereignen wird.«

Der Ablauf der Geschehnisse ist ohne Zweifel von großem Interesse für den Historiker und für alle, die von der Katastrophe betroffen waren. Aber erklärt er auch in irgendeiner Weise, wie es zu ihr kam? Auf einem Sandberg kann *jeder* Bergrutsch und *jede* Sandlawine »erklärt« werden, indem man die Kettenreaktion vom ersten abrutschenden Korn bis zum schrecklichen Ende nacherzählt. Damit wird nur bestätigt, dass Sandkörner den physikalischen Gesetzen für »körnige Massen« folgen. Unbeantwortet bleibt die tiefer gehende Frage: Wie kommt es, dass ein *einziges* Korn die große Katastrophe für den ganzen Berg auslösen konnte?

Der Historiker vom Sandberg ist der Meinung, die besonderen Bedingungen im Westen, auf die er verweist, wären der Grund für die Katastrophe gewesen. »Hätte nur jemand früher reagiert und die Sandflächen sicherer gemacht«, verkündet er – und erliegt damit nur einer – bestenfalls trostreichen – Täuschung. Was immer man an dem Platz, von dem die Katastrophe ausging, hätte tun können – es hätte nichts grundlegend geändert: Wenn der Berg an dieser Stelle zu steil geworden war, so war er es auch an vielen anderen Stellen, die man alle hätte planieren müssen, auch wenn dort ein einzelnes Sandkorn überhaupt nichts ausgelöst hätte. Um die Katastrophe voraussehen zu können, hätte unser Historiker genaueste Kenntnis über die Lage jedes Sandkorns im Berg haben müssen und ein Computerprogramm, mit dem er die Folgen jedes zusätzlichen Sandkorns an jeder nur denkbaren Stelle hätte berechnen können. Dann wäre es vielleicht möglich gewesen, mit Sicherheit vorherzusagen, dass ein Sandkorn genau auf Platz X in der westlichen Hemisphäre eine Katastrophe auslösen würde.

Dazu kommt noch, dass zwar vielleicht schon das Abtragen eines einzigen Sandkorns von der gefährlichen Stelle X die Rettung gewesen wäre, dass man aber nicht wissen konnte, wohin der Sand hätte transportiert werden müssen. Hätte die Regierung des Westens einige Sandkörner verschoben, so wäre sie vielleicht schon eine Woche später zutiefst erschrocken: Der Transport an die neue Stelle Y hätte dort die Situation verschärft, und die Katastrophe wäre von dort ausgegangen. In diesem Fall hätte unser Historiker die Regierung des Westens der Katastrophe wegen wieder angeklagt, statt sie für ihre weise Haltung zu rühmen.

Leider sagt ein Bericht über die Ereigniskette eines historischen Prozesses nichts über dessen tiefere Ursachen aus. Er kann zwar das verwirrende Durcheinander der Geschichte einigermaßen ordnen, aber das ist auch schon alles. Fragte man Historiker, warum nicht alle Bergrutsche klein bleiben, so wüsste er keine Antwort. Wenn man verstehen will, warum schon ein einzelnes Sandkorn den ganzen Berg verwüsten kann, muss man mehr als nur die Verhältnisse in einem kleinen Gebiet kennen – man muss *alles* über den Berg wissen, insbesondere über die Gebiete der Instabilität, die den Berg wie ein Netz überziehen. Nur so könnte der Historiker zu tieferen Einsichten in das Geschehen gelangen und auch etwas über die Faktoren aussagen, die jene großen Ereignisse verursacht haben – und ganz ohne Zweifel auch in Zukunft verursachen werden.

Was die Menschheitsgeschichte betrifft, können und wollen sich die Historiker natürlich nicht auf die bloße Nacherzählung des Verlaufs beschränken. Aber wie können sie zu den tieferen Ursachen des Geschehens vorstoßen?

Geschichten und Geschichte

Es war Leopold von Ranke, der große deutsche Historiker des 19. Jahrhunderts, der dem Erzählen »wie es eigentlich gewesen«[8], seinen besonderen Platz in der Geschichtsschreibung zugewiesen hat. Einigen Historikern war das zu wenig. Vor 40 Jahren beklagte beispielsweise der Oxforder Geschichtsforscher Edward Hallett Carr:

»Für drei Generationen deutscher, englischer und sogar französischer Historiker waren die magischen Worte ›wie es eigentlich gewesen‹ die Kampfparole, die sie wie eine Beschwörung anstimmten, um sich der ermüdenden Verpflichtung selbstständigen Denkens zu entziehen – und das bezwecken ja die meisten Beschwörungen.«[9]

Nach Carrs Ansicht muss die Geschichtsschreibung mehr leisten und versuchen, das Allgemeine hinter dem Besonderen zu erkennen und Schlüsse daraus zu ziehen:

»Schon der Sprachgebrauch führt den Historiker wie den Wissenschaftler zu Verallgemeinerungen. Der Peloponnesische Krieg und der Zweite Weltkrieg waren voneinander sehr verschieden, beide waren in ihrer Art einzigartig. Aber der Historiker nennt sie beide Kriege, und nur ein Pedant würde dagegen protestieren. Gibbon nannte sowohl die Einführung des Christentums durch Konstantin als auch den Aufstieg des Islam Revolutionen; damit verallgemeinerte er zwei einzigartige Ereignisse. Genau dasselbe tun die modernen Historiker, wenn sie über die englische, französische, russische und chinesische Revolution schreiben. Der Historiker interessiert sich nicht wirklich für das Einmalige, sondern das Allgemeine im Einmaligen.«[10]

Aber was ist dieses »Allgemeine im Einmaligen«? Welche allgemeinen Erkenntnisse liefert uns die Geschichte? Zweifellos sind es sehr viele, auf die ein Historiker hinweisen könnte, aber einer der offenkundigsten und grundlegendsten Schlüsse wurde schon vor einem halben Jahrhundert von dem amerikanischen Historiker Conyers Read gezogen. Nach Read erteilt uns die Geschichte eine wichtige Lektion:

»Wenn wir nicht sorgsam darauf achten, dass die Gesellschaft der ständigen Neuordnung bedarf, schaffen wir die Bedingungen für eine völlige Zerstörung der Ordnung, die unvermeidlich in eine Revolution münden wird – ganz gleichgültig ob es eine Revolution nach Art der russischen oder der italienischen ist … Ich glaube, dass die Geschichtsforschung eine wichtige soziale Bedeutung darin hat, gerade diese Leistung zu erbringen.«[11]

Mit anderen Worten: Die Entstehung innerer Spannungen – Reads »Zerstörung der Ordnung« – geht jeglicher Revolution voraus, oder, wie es Thomas Carlyle im Zusammenhang mit der Französischen Revolution formuliert hat:

»Hunger und Nacktheit und ein auf fünfundzwanzig Millionen Herzen schwer lastender Alpdruck waren die Haupttriebfedern der Französischen Revolution, wie das bei allen Revolutionen in allen Ländern der Fall sein wird – nicht aber … die verletzten Eitelkeiten und sich selbst widersprechenden Philosophien spekulierender Advokaten, reicher Krämer oder eines aufgeklärten Landadels.«[12]

Manche Historiker sind also der Ansicht, dass Unordnung und fehlerhafte Abstimmung in einer Gesellschaft Vorausbedingungen nicht nur einer Revolution sind, sondern auch aller anderen plötzlichen dramatischen Änderungen in einer Gesellschaft, welche Größe sie auch haben.[13] Diese Beobachtung besagt auch, dass der Verlust der Ordnung und das Elend der Menschen, das damit einhergeht, ein bestimmtes Maß übersteigen müssen, bevor das gesellschaftliche Gefüge beginnt, sich aufzulösen. Mit anderen Worten: Das Elend muss so groß sein, dass es »die größte aller sozialen Kräfte, die Trägheit«[14] übersteigt. Deshalb ereignen sich Revolutionen nicht alle Tage – und das, obwohl immer Teile der Gesellschaft mit den herrschenden Verhältnissen unzufrieden sind.

Eine derartige Verallgemeinerung von Geschichte mag trivial erscheinen und nicht weit führen. Trotzdem könnte es spannend und anregend sein, die Überlegungen zu Ordnung und Unordnung mit den physikalischen Grundlagen unseres Sandbergs in Beziehung zu setzen. Dort geht eine Lawine nur ab, wenn der Hang so steil ist, dass schon ein weiteres Korn die Schwelle der Belastbarkeit überschreitet. Auf ähnliche Weise bauen sich in der Erdkruste Spannungen auf, wenn das Gestein aus der Ordnung geraten ist, und lösen sich plötzlich in einem Erdbeben, wenn eine bestimmte Schwelle überschritten ist. Wenn die Verallgemeinerungen, von denen Carr spricht, wirklich möglich sind, dann ist es nicht so leichtfertig, auch Revolutionen, Kriege oder andere dramatische soziale Umwälzungen als Ausdruck eines zugrunde liegenden historischen Prozesses zu deuten, der für Störungen höchst anfällig ist.

Wir werden im nächsten Kapitel darauf zurückkommen. Aber vor diesem Ausflug in den reißenden Strom der Menschheitsgeschichte ist es ratsam, zunächst in einem kleinen Nebenfluss herumzupaddeln – der Geschichte der Wissenschaft. Wenn man Verallgemeinerungen für die Geschichte als Ganzes machen kann, dann sollte dies auch für jeden ihrer Teilbereiche möglich sein. Vor fast 40 Jahren hat der Wissenschaftshistoriker Thomas Kuhn ein bemerkenswertes Buch veröffentlicht, das mit einem Schlag fast alle bisher gültigen Theorien über das

»Funktionieren« von Wissenschaft infrage stellte. Wie wir sehen werden, hat Kuhn erkannt, dass der Auf- und Abbau von Spannungen im Gebäude der Wissenschaft einen entscheidenden Einfluss darauf hat, wie schnell und in welcher Weise es sich verändert. Kuhns Buch kann uns einen Schritt auf dem Weg voranführen, die Hintergründe von Kriegen und Revolutionen zu erkunden, indem wir uns mit ihm zunächst den wissenschaftlichen Revolutionen zuwenden.

Wege der Erkenntnis

Gegen Ende des 19. Jahrhunderts befand sich die Wissenschaft noch im Stande der Unschuld. Ein Wissenschaftler galt weithin als eine Art Übermensch, der bei seinen Forschungen aufgeschlossen, rational und objektiv den unfehlbaren Prinzipien anerkannter Methoden folgte. Man wusste, dass Wissenschaftler Hypothesen über das Wesen der Dinge aufstellten, dass sie die Hypothesen an der Realität überprüften und sie nur gelten ließen, wenn sie den Fakten standhielten. Jede Hypothese, die von der Realität nicht bestätigt wurde, gaben sie – ohne jedes Bedauern – sofort wieder auf.

Wissenschaft besteht in der Tat darin, Hypothesen und Theorien zu entwickeln und zu überprüfen, um auf diese Weise im Dialog mit der Natur die Wahrheit zu enthüllen. Sie ist ganz entschieden nicht darauf aus, von einer höheren Autorität das Wesen der Dinge verkündet zu bekommen. Richard Feynman hat einmal gesagt, »Wissenschaft ist der Glaube an die Unwissenheit der Experten« – und, so ist man versucht hinzuzufügen, der Glaube an die Möglichkeit, durch sorgfältige Forschung diese Unwissenheit zu verringern. Das mag ja alles stimmen, aber trotzdem zeugt es von großer Naivität, einen Wissenschaftler als einen Automaten zu sehen, der von der Heiligen Dreieinigkeit aus Rationalität, Objektivität und Aufgeschlossenheit angetrieben wird. Auch Wissenschaftler sind Menschen, und Wissenschaft findet im Rahmen einer »Community« von Forschern statt, in der sich alle untereinander beeinflussen. In den fünfziger Jahren haben einige Historiker erkannt, dass diese Einsicht in die Verhältnisse schwerwiegende Konsequenzen hat. Nach vielen historischen Studien über das »Funktionieren« von Wissenschaft kam beispielsweise der Historiker Michael Polanyi zu dem Schluss, dass Wissenschaftler in der Praxis keineswegs so aufgeschlossen und rational sind, wie sie uns glauben machen wollen. Er fand vielmehr, dass

»es zu allen Zeiten eine von den meisten anerkannte Sichtweise des Wesens der Dinge geben muss ... Es müssen so strenge Annahmen gelten, ... dass jede Erkenntnis, die ihnen widerspricht, als wertlos erscheint. Selbst wenn man Zweifel hat, muss dies missachtet werden, in der Hoffnung, dass die Zweifel sich von selbst als falsch oder unwichtig herausstellen.«[15]

Wissenschaftler sind alles andere als offen, sie schließen vielmehr ihre Augen, schirmen ihr Denken ab und ignorieren alles, was ihren Theorien widersprechen könnte.

Kuhn hat an der Harvard University eine Reihe längerer historischer Studien über die dramatischsten Abschnitte der Wissenschaftsgeschichte durchgeführt – beispielsweise über die Kopernikanische Wende und die Umwälzungen im Zusammenhang mit Relativitäts- und Quantentheorie. Er fand in all diesen Fällen heraus, dass die Wissenschaftler ihre alten Theorien nie sofort aufgaben, wenn – rational und objektiv gesehen – klar war, dass sie in Widerspruch mit der Wirklichkeit standen. Sie hingen vielmehr mit ihrer Seele an ihnen, selbst wenn die Diskrepanz zwischen Theorie und Wirklichkeit jedes Maß überstieg.

Das kann kaum überraschen, denn Wissenschaftler sind eben *keine* Übermenschen, sondern unterscheiden sich bei ihrer Arbeit wenig von irgendwelchen anderen Menschen. Sie leiden unter den üblichen menschlichen Formen von Blindheit und Voreingenommenheit und *wollen* manchmal einfach, dass die Welt sich als *so* erweist und nicht anders. All diese Einwände bedeuten natürlich nicht, dass die Wissenschaft keine gültigen Ergebnisse liefert. Sie scheint in der Tat zu funktionieren – sogar erstaunlich gut. Aber *wie* funktioniert sie? Wie kommt es, dass das wissenschaftliche Gebäude anwächst, obwohl die Wissenschaftler sich oft weigern, von alten, aber lieb gewonnen Ideen zu lassen? Als Historiker, der sich mit Carr darin einig war, Allgemeines über die Geschichte aussagen zu wollen, hat Kuhn versucht, diese Fragen in seinem 1962 zum ersten Mal erschienenen Buch *Die Struktur wissenschaftlicher Revolutionen* zu beantworten.[16]

In das Zentrum seines historisch streng an die Wirklichkeit angelehnten Bildes der Wissenschaftsgeschichte stellt Kuhn den Begriff des Paradigmas. Ein Paradigma ist ein konkretes Beispiel, das sich als geeignet erwiesen hat, wissenschaftliche Theorien oder Verfahrensweisen darzustellen. Kuhn definiert Paradigmen als »anerkannte Beispiele für konkrete wissenschaftliche Praxis – Beispiele, die Gesetz, Theorie, Anwendung und Hilfsmittel einschließen – [und] Vorbilder abgeben, aus denen bestimmte festgefügte Traditionen wissenschaftlicher Forschung erwachsen«[17].

Die newtonschen Gleichungen zusammen mit ihren mathematischen Anwendungen zur Berechnung der Planetenbewegung sind ein Paradigma, andere Beispiele wären Maxwells Gleichungen für Elektrizität und Magnetismus mit den Anwendungen im Bereich von Radiowellen oder Elektrogeneratoren oder die Grundlagen und Methoden der Quantenmechanik, die für viele Physiker heute die Basis ihrer täglichen Arbeit darstellen. Man kann sich ein Paradigma als ein Bündel guter Ideen vorstellen, das es ermöglicht, etwas zu erklären, was bisher ein Geheimnis war.[18]

Ohne Paradigmen würden die Wissenschaftler in dem verwirrenden Meer der Phänomene untergehen, sie wären nicht in der Lage, zwischen wichtig und unwichtig zu unterscheiden. Während der Ausbildung lernen Wissenschaftler mithilfe einer Vielzahl von Paradigmen, wie man wissenschaftlich arbeitet. Die »Bündel guter Ideen« sagen ihnen, woraus die Welt gemacht ist – aus Atomen, Wellen, Quantenfeldern oder was auch immer – und liefern die Grundlagen dafür, wie diese Bestandteile der Welt sich verhalten. Die wissenschaftliche Arbeit wird durch die Paradigmen recht eindeutig festgelegt: Die Grundlagen sind vorgegeben, und die Wissenschaftler haben sich ihnen mit großem Eifer zu verschreiben.

Die Gesamtheit der Paradigmen stellt eine Art Netzwerk »guter Ideen« dar, die zusammengehören und denen feste Plätze im Gesamtgebäude der Wissenschaft zugewiesen werden. Zu den am klarsten zu definierenden Paradigmen zählen die grundlegenden Theorien: die Quantentheorie, die Relativitätstheorie oder die Theorie der Evolution. Es gibt aber darüber hinaus eine Fülle »kleinerer« Paradigmen, die in gleicher Weise zu dem Netzwerk gehören und ihren Wert irgendwann im Lauf der Wissenschaftsgeschichte bewiesen haben. Sie geben beispielsweise an, wie man bestimmte Gleichungen lösen kann oder wie man ein Experiment anlegen muss, um »gute« Resultate zu erhalten. All diese Ideen, Theorien und Methoden bilden zusammen den Kern des wissenschaftlichen Gebäudes, die »anerkannte Sichtweise des Wesens der Dinge«, von der Polanyi gesprochen hat.

Das wichtigste Anliegen der Wissenschaft ist es, noch *mehr* zu erforschen, also das Netzwerk guter Ideen immer dichter und vollständiger zu machen oder, um in dem erwähnten Bild zu bleiben, das Gebäude der Wissenschaft ständig weiter auszubauen. Wenn die Wissenschaft auf Fortschritt aus ist, dann kann dieses Gebäude kaum unverändert bleiben. Kuhn hat zwei sehr gegensätzliche Wege erkannt, auf denen diese notwendigen Änderungen vorangehen.

Was ist »normal«?

Wenn auch ein Bündel guter Ideen die Welt unter bestimmten Gesichtspunkten vernünftig erscheinen lässt, so sind doch damit noch nicht alle Fragen beantwortet. Einige Physiker sind beispielsweise gerade dabei, das Rätsel der Sono-Lumineszenz zu lösen, einem Schauspiel, das man leicht demonstrieren kann: Konzentrierter Schall lässt Wasser aufleuchten – ein Phänomen, das man schon seit Jahrzehnten[19] kennt, ohne eine schlüssige Erklärung dafür zu haben, und das man nun mit einer Kombination aus Chemie, Quantenmechanik und Hydrodynamik zu erklären versucht. Die Aufgabe besteht also darin, altbekannte Paradigmen heranzuziehen und zu prüfen, wieweit sie ein neues, unbekanntes »Stück« der Welt erklären können.

Dieses Vorgehen nennt Kuhn »normale Wissenschaft«. Sie ist darauf aus, ein Paradigma weiter auszuarbeiten und alles ans Licht zu bringen, was es möglicherweise noch enthält. Diese Vorgehensweise kann man mit einem ruhigen Wachstum vergleichen. Sie ist konservativ, denn man stellt das Paradigma selbst nicht infrage, sondern glaubt daran, dass mit der anerkannten Sichtweise der Welt fast alles erklärt werden kann. Wie Kuhn festgestellt hat, erscheint

»normale Wissenschaft ... bei näherer Untersuchung, sei sie historisch oder im modernen Labor, ... als Versuch, die Natur in die vorgeformte und relativ starre Schublade, welche das Paradigma darstellt, hineinzuzwängen. In keiner Weise ist es das Ziel der normalen Wissenschaft, neue Phänomene zu finden; und tatsächlich werden die nicht in die Schublade hineinpassenden oft überhaupt nicht gesehen.«[20]

Die »normale« wissenschaftliche Arbeit hat zum Ziel, das Gebäude der Wissenschaft so auszubauen, dass es einen größeren Bereich der Natur umfasst: Lücken werden geschlossen, für alles gibt es einen Platz.

Aber nicht jede Art von Wissenschaft ist »normal«. Wenn man das Gebäude in die eine oder andere Richtung erweitert oder neue Räume füllen möchte, kann es sein, dass man auf Phänomene stößt, die nirgends unterzubringen sind. Es stellt sich vielleicht heraus, dass zwei oder mehr der Paradigmen Widersprüche aufwerfen oder dass verschiedene Bereiche des Gebäudes nicht aneinander passen. Solche Probleme führen die normale Wissenschaft in eine Krise. Sie zerstören die im Laufe der Zeit gewachsene Ordnung und bilden die Bühne für Kuhns zweite Art des wissenschaftlichen Wandels, die *wissenschaftliche Revolution*.

Die newtonschen Gesetze und die klassische Physik sind bis in die siebziger Jahre des 19. Jahrhunderts so weit ausgebaut worden, dass Philipp von Jolly, Professor für Physik an der Münchener Universität, den jungen Physiker Max Planck glaubte warnen zu müssen, es gäbe nichts mehr zu erforschen. Der britische Physiker Lord Kelvin hat in ähnlicher Weise vermutet, dass »zukünftig die Wahrheit der Physik in der sechsten Stelle nach dem Komma begraben liegt«. Trotz all dieser beruhigenden Vermutungen haben dann wenige Jahre später einige Physiker beunruhigende Schlüsse gezogen. Sie erkannten als logische Folge der alten Prinzipien der klassischen Physik, dass alle Dinge zu allen Zeiten einen geringen Betrag Licht abstrahlen müssten: eine absurd erscheinende Folgerung, die unter dem Namen »UV-Katastrophe« bekannt geworden ist. Die meisten Wissenschaftler nahmen an, dass irgendwann irgendein Genie dieses Rätsel schon lösen würde und damit die klassischen Gesetze weiterhin volle Gültigkeit behalten könnten. Nach einigen Jahrzehnten voller Fehlschläge wurden die Dinge allerdings eher noch ominöser, insbesondere als ein ganzer Berg ähnlich sperriger Probleme die Unordnung im Gebäude der Wissenschaft anwachsen ließ.

So zuverlässig ein Paradigma der Wissenschaft die Grundlagen für die tägliche Arbeit liefert, so viel Kummer bereitet es, wenn es infrage gestellt wird. In den zwanziger Jahren schrieb der Physiker Wolfgang Pauli, beunruhigt durch das im »klassischen« Paradigma entstandene Durcheinander:

»Zurzeit ist die Physik wieder einmal völlig in Verwirrung. Für mich ist alles auf jeden Fall viel zu kompliziert, und ich wäre lieber ein Filmschauspieler oder dergleichen, der noch nie etwas von Physik gehört hat.«[21]

Aber immer wenn die normale Wissenschaft Schiffbruch erleidet, ist dies für sie auch eine große Chance. Die Spannungen, die entstehen, wenn man neue Phänomene nicht einordnen kann, bringen die Wissenschaft an den Punkt, wo alte Ideen auf den Kopf gestellt oder ganz verworfen werden müssen, und zwingen sie, ihre Grundlagen neu zu formulieren. Wie Kuhn zeigt,

»geht die normale Wissenschaft öfter in die Irre. Und wenn sie es tut – wenn also die Fachwissenschaft den die bestehende Tradition wissenschaftlicher Praxis untergrabenden Anomalien nicht länger ausweichen kann –, dann beginnen die außerordentlichen Untersuchungen, durch welche die Fachwissenschaft schließlich zu einer neuen Reihe von Positionen, einer neuen Grundlage für die Ausübung der Wissenschaft geführt wird. Die außerordentlichen Episoden, in denen jener Wechsel der fachlichen Positionen vor sich geht, werden ... als wissenschaftliche Revolutionen bezeichnet. Sie sind die traditionszerstörenden Ergänzungen zur traditionsgebundenen Betätigung der normalen Wissenschaft.«[22]

Was die Physik der zwanziger Jahre betrifft, so waren es Werner Heisenberg, Erwin Schrödinger und Paul Dirac, die, angeregt durch frühere Ideen von Albert Einstein, Max Planck, Niels Bohr und Louis De Broglie, die alte Landschaft umpflügten und die neuen Grundlagen der Quantentheorie formulierten. Nach einer derartigen »besonderen« Periode hatte die Wissenschaft wieder für einige Zeit ein gesichertes Paradigma als Arbeitsgrundlage, und der normale Wissenschaftsbetrieb ging weiter – nun in dem radikal geänderten Gebäude. Man kann dazu Paulis Resignation mit dem wiedergewonnenen Glauben an die Zukunft vergleichen, den er äußerte, nachdem Heisenberg die ersten Ansätze zu einem neuen Quantenparadigma gefunden hatte:

»Heisenbergs Version einer Mechanik lässt mich hoffen und macht mir Freude. Ich bin zwar sicher, dass sie nicht alle Rätsel löst, aber ich glaube, nun geht es wieder weiter seinen Gang.«[23]

Die Betonung liegt auf »seinen Gang gehen«. Es ist charakteristisch für die normale Wissenschaft, ihren Gang zu gehen – sicheren Fußes, zuversichtlich, auf vertrautem Gelände.

Nach Kuhns Analyse baut also die normale Wissenschaft ihr Gebäude aus und erweitert es. Es geht nicht darum, grundlegende Änderungen einzuleiten, die einen neuen Blick auf die Welt ermöglichen. Ironischerweise fördert aber die normale Wissenschaft ganz unvermeidlich Abweichungen und Widersprüche zutage und erzeugt dadurch Spannungen im Gebäude des Wissens. Wenn diese Spannungen eine bestimmte Schwelle überschreiten, bricht das Gebäude in sich zusammen – und die normale Wissenschaft verliert ihren tragfähigen Boden. Die Wissenschaftler erkennen dann, dass die weitere Ansammlung von Wissen und die Erweiterung des Gebäudes an ihre Grenze gestoßen ist und dass zumindest Teile des Gebäudes niedergerissen und neu aufgebaut werden müssen.

Ein derartiger Neuaufbau kann natürlich nie völlig isoliert stattfinden. So wie in der Erdkruste Bewegungen im Gestein die Spannungen in der Nachbarschaft beeinflussen und zu einer Kettenreaktion führen können, haben auch Umwälzungen in einem Teilbereich des Gebäudes der Wissenschaft Auswirkungen auf die Nachbarräume. Auch hier kann sich eine Kettenreaktion in Gang setzen, und tragende Wände können einstürzen. So hat beispielsweise die Einführung der Quantentheorie dazu geführt, dass auch die Festkörpertheorie und die Theorien der Flüssigkeiten und der Gase grundlegend umgeschrieben werden mussten.

Die Physik der Revolution

Kuhns Vorstellungen von Wissenschaft haben weite Kreise gezogen. Über seine *Struktur wissenschaftlicher Revolutionen* schrieb beispielsweise der Historiker Peter Novick:

»Man wird kaum ein anderes amerikanisches Fachbuch des 20. Jahrhunderts finden, das einen so weit reichenden Einfluss hatte. Es ist unter den amerikanischen historischen Büchern ohne Konkurrenz.«[24]

Die große Wirkung des Buches liegt vielleicht daran, dass Kuhn nicht nur Geschichte erzählt, sondern Verallgemeinerungen herausarbeitet, die für jede Art Wechsel in der Wissenschaft gelten. Er sieht in der Spannung zwischen den traditionsgebundenen und den traditionszerstörenden Veränderungen das wesentliche Element des historischen Prozesses. Kuhn kannte sich allerdings in der mathematischen Physik nicht aus, die ihm hätte zeigen können, *wie* tief und universell dieser Prozess möglicherweise ist. Wenn uns die von Kuhn freigelegten Grundelemente so vertraut erscheinen, so nicht zuletzt deshalb, weil sie denen überraschend ähnlich sind, die hinter der Dynamik der Erdbeben stehen.

In der Erde führt die langsame Bewegung der Kontinentalplatten nicht zu einer ständigen Umorganisation der Erdkruste, da die Reibung zunächst das Gestein zusammenhält. Die Bewegung erzeugt allerdings Spannungen im Gestein, die dann zu plötzlichen, heftigen Bewegungen und Neuformierungen führen, wenn sie eine bestimmte Schwelle überschreiten. In ähnlicher Weise entstehen während der »normalen« Arbeit der Wissenschaft Spannungen in ihrem Gebäude. Wie schon Polanyi gezeigt hat, gibt es auch zwischen den Wissenschaftlern so etwas wie »mentale Reibung«, und eine Revolution des Gesamtsystems findet erst statt, wenn die Spannungen eine bestimmte Schwelle überschreiten.

Normale Wissenschaft ähnelt also der Bewegung der Kontinentalplatten, eine wissenschaftliche Revolution entspricht einem Erdbeben. Diese Analogie kann man noch weiter treiben. Wie wir inzwischen wissen, haben Erdbeben keine »typische« Größe. Die Verlagerung einiger weniger Gesteinsbrocken kann die Spannungen in der Umgebung verändern und weitere Bewegungen verursachen. Da sich die Erdkruste von Natur aus in einem kritischen Zustand befindet, lässt sich nicht vorhersagen, wie weit eine Kettenreaktion von Bewegungen und Brüchen »typischerweise« reichen wird. Gilt das möglicherweise auch für wissenschaftliche Revolutionen?

Die Namen Newton, Darwin, Einstein und Heisenberg stehen für die großen, welterschütternden wissenschaftlichen Revolutionen. Im Nachwort zu einer Neuausgabe der *Struktur wissenschaftlicher Revolutionen* hat Kuhn 1969 darauf hingewiesen, dass derartige Revolutionen nicht unbedingt weit reichende Folgen haben müssen oder grundlegend neue Ideen liefern. Es kann durchaus sein, dass neue revolutionäre Ideen nur in einem kleinen Teilgebiet der Physik oder nur unter einer Hand voll Spezialisten aufkommen. Wenn sich herausstellt, dass die bisher verwendeten Verfahren und die bisher gültigen Grundlagen keine guten Ergebnisse mehr liefern, ist selbst in einem kleinen Teilbereich eine grundlegende Revolution unvermeidbar:

»Teils aufgrund der von mir gewählten Beispiele und teils aufgrund meiner Unbestimmtheit bezüglich der Art und Größe der betreffenden Gemeinschaften haben einige Leser dieses Buches geschlossen, ich beschäftigte mich vorwiegend oder ausschließlich mit größeren Revolutionen wie denen, die mit Kopernikus, Newton, Darwin oder Einstein verbunden sind. Eine klarere Darstellung der Gemeinschaftsstruktur sollte aber den ganz anderen Eindruck verstärken, den ich zu erwecken versucht habe. Eine Revolution ist für mich eine Veränderung besonderer Art, die eine besondere Umbildung von Gruppenpositionen beinhaltet. Es muss aber keine große Veränderung sein, noch braucht sie denen revolutionär erscheinen, die außerhalb einer vielleicht aus weniger als fünfundzwanzig Personen bestehenden einzelnen Gemeinschaft stehen. Und eben weil dieser Veränderungstyp, der in der Wissenschaftstheorie so wenig beachtet und diskutiert wird, in diesem kleineren Maßstab so regelmäßig vorkommt, muss die revolutionäre Veränderung im Gegensatz zur kumulativen so dringend geklärt werden.«[25]

Was also nach Kuhn eine wissenschaftliche Revolution von normaler Wissenschaft unterscheidet, ist der Gegensatz von *traditionszerstörend* und *traditionsgebunden*. Bei einer Revolution werden Teile des alten Gebäudes niedergerissen – normale Wissenschaft fügt etwas zu ihm hinzu. Kuhns Argumentation weist darauf hin, dass es möglicherweise auch in der Wissenschaft keine »typische« Revolution gibt. Das würde heißen, dass die Dynamik der Wissenschaft unabhängig von der Größenordnung der Umwälzungen ist und dass sich das Gebäude der Wissenschaft – wie die Erdkruste – in einem kritischen Zustand befindet. Das ist allerdings nur eine *Möglichkeit*. Eine Analogie ist noch kein Beweis – man könnte aber versuchen, einen solchen Beweis zu finden.

13
Eine Frage der Zahl

Es ist für die Wissenschaft keine Grundlage, mit dem Rest der Gesellschaft einen Nichtangriffspakt zu schließen. Von welcher Seite man es auch betrachtet: Es gibt gar keine Grenze, die man verteidigen könnte.
Don Krasher Price[1]

Nichts weckt das Interesse an Geschichte mehr als eine Revolution.
Edward Hallett Carr[2]

Vielleicht ist es unmöglich, etwas so derart Undefinierbares wie das Ideengebäude der Wissenschaft in mathematische Formeln zu fassen. Es ist eine Sache, die Hügel Kaliforniens mit hochempfindlichen Sensoren zu bestücken, um die Bewegungen und das Verharren der Kontinentalplatten längs der San-Andreas-Verwerfung zu beobachten – die Gesteinsschichten der Erdkruste warten förmlich auf Messgeräte. Eine andere Sache ist es, das Gebäude des Wissens zu vermessen, denn alles, was es ausmacht, ist in den Gedanken und im Gedächtnis von Wissenschaftlern verborgen. Kuhn macht in seinem Buch einen spannenden Vorschlag, das wissenschaftliche Geschehen »dingfest« zu machen:

»Und wenn ich Recht hatte damit, dass jede wissenschaftliche Revolution die geschichtliche Perspektive der Gemeinschaft, die sie erlebt, verändert, dann müsste sich dieser Wechsel der Perspektive auf die Struktur der Lehrbücher und Forschungsveröffentlichungen nach der Revolution auswirken. Eine derartige Wirkung – eine andere Verteilung der in den Fußnoten zu Forschungsberichten zitierten Fachliteratur – müsste als möglicher Hinweis auf das Auftreten von Revolutionen studiert werden.«[3]

Kuhn verfolgt diese Idee nicht weiter, aber es ist nicht schwer, sich vorzustellen, was aus ihr folgen könnte. Jeder Wissenschaftler lebt in der Ideenwelt eines bestimmten Fachgebiets – Elementarteilchenphysik, Genetik, Kosmologie oder was auch immer. Wenn er eine wissenschaftliche Arbeit veröffentlicht, zitiert er aus anderen Arbeiten und markiert auf diese Weise seine Stellung im Rahmen seines Fachgebiets. Durch derartige Zitate werden die Veröffentlichungen innerhalb dieses Fachgebiets sozusagen miteinander vernetzt, und wir erhalten so einen Eindruck von der Struktur des Wissens, wenn dieses selbst auch weiterhin in ungreifbarer Weise in den Köpfen der Wissenschaftler zu Hause ist.

Wenn wir uns nun mit den Änderungen – dem An-, Aus- und Umbau – im Gebäude der Wissenschaft befassen, so kann uns dieses Netz der Zitate hilfreich sein. Wir können dabei von der Geophysik lernen. Bei einem Erdbeben registrieren die Seismologen die Schwankungen des Untergrunds als Maß für die Stärke des Bebens. Die Stärke wiederum drückt aus, wie umfangreich die Umordnungen in der Erdkruste sind: Starken Beben entsprechen große Änderungen. Wie bereits erwähnt, fanden Gutenberg und Richter bei der Untersuchung der statistischen Eigenschaften von Erdbeben ihr bemerkenswert einfaches Potenzgesetz, welches besagt, dass Beben jeglicher Stärke im Wesentlichen dieselben Ursachen haben. *Jedes* Beben beginnt damit, dass es im Gestein irgendwo längs einer Verwerfung einen kleinen Ruck gibt. Die Stärke des daraus entstehenden Bebens hat nichts mit dem Ausmaß dieses anfänglichen Rucks zu tun, wohl aber damit, wo er stattfand und wie er sich im Gestein ausbreiten konnte – nur über eine kurze Kette oder sehr weit über eines jener Gebiete von Instabilität, die weite Teile der Erdkruste durchziehen.

In Analogie zu den Umordnungen in der Erdkruste ist jede wissenschaftliche Veröffentlichung ein Bündel von Ideen, das im Gebäude der etablierten Wissenschaft seinen Platz sucht und dabei auch kleinere oder größere Umordnungen bewirkt. Es kann sich beispielsweise um eine theoretische Veröffentlichung handeln wie die Arbeit von Watts und Strogatz über die »kleinen Welten«. In dieser Arbeit wird eine verblüffende Verbindung zwischen der Mathematik der Graphen und den besonderen Eigenschaften sozialer Netzwerke beschrieben. Dieser neue Gedanke hat in der Folge die Grundannahmen und die Forschungsrichtung anderer Wissenschaftler beeinflusst. Einige haben Arbeiten veröffentlicht, in denen weitere Einzelheiten der mathematischen Eigenschaften von Graphen kleiner Welten untersucht werden, andere haben die mathematischen Grundlagen verwendet, um Einblicke in die Ausbreitung ansteckender Krankheiten zu gewinnen. Für eine Beurteilung, welche weiteren Arbeiten die Veröffentlichung noch anregen wird, ist es noch zu früh, aber man kann ziemlich sicher sein, dass sie immer wieder zitiert werden wird. Man könnte daher die Größe des intellektuellen Erdbebens, das von einer Veröffentlichung ausgelöst wird, daran messen, wie oft sie zitiert wird. Eine Arbeit, die kein einziges Mal erwähnt wird, bleibt ohne Folgen für das Gebäude der Wissenschaft – eine andere, auf die man sich tausendmal bezieht, führt zu erheblichen Umbauten.

Die vorgeschlagene Methode zur Messung der Wirkung von Veröffentlichungen ist natürlich recht grob. Aber man könnte nun trotzdem – wie Gutenberg und Richter – fragen, wie oft eine Arbeit typischerweise zitiert wird. Mit anderen Worten: Wenn eine neue Idee auftaucht, wie groß ist »normalerweise« das intellektuelle Erdbeben, das sie auslöst?

Trampelpfade im Blätterwald

Glücklicherweise ist es recht einfach, die Spuren zu verfolgen, die eine Veröffentlichung hinterlässt. Der »Science Citation Index« ist beispielsweise eine gute Quelle.[4] Wenn man etwa ganz zufällig eine im Dezember 1967 erschienene Arbeit zur Quantenfeldtheorie herausgreift, kann man leicht herausfinden, wer sie inzwischen zitiert hat. Der Physiker Sidney Redner von der Universität Boston hat 1998 alle 783 339 im Index registrierten Veröffentlichungen aus dem Jahr 1981 untersucht. Eine solche Untersuchung lässt sich natürlich erst Jahre nach der Veröffentlichung anstellen, da die Reaktionen, die den wirklichen Einfluss widerspiegeln, relativ viel Zeit benötigen.

Beim Blick auf seine Statistik stellte Redner zunächst etwas sehr Ernüchterndes fest: Ganze 368 110 der Veröffentlichungen wurden *nie* zitiert! Sie haben offensichtlich keinerlei Wirkung gehabt. Bei den Arbeiten, die mehr Interesse fanden, stellte sich etwas sehr Verblüffendes heraus: Für hundert Zitate und mehr folgt die Zahl der Zitate von Arbeiten einem Potenzgesetz. Das ist genau das Ergebnis, das wir von einem System im kritischen Zustand erwarten. Natürlich sind Arbeiten, die häufig zitiert werden, seltener als solche, die nur einige wenige Mal erwähnt werden. Redner fand, dass Arbeiten, die doppelt so oft zitiert werden, achtmal seltener sind (Abb. 22). Es gibt also weder eine typische Größe dafür, wie oft eine Arbeit zitiert wird, noch für das Ausmaß der Änderungen, die sie im Gebäude der Wissenschaft verursacht.[5] Was kann man daraus folgern?

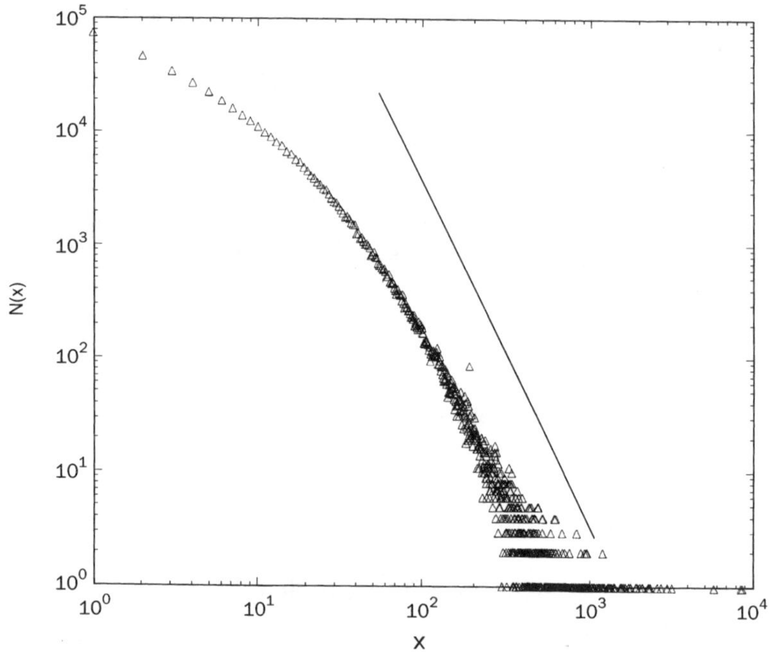

Abb. 22 Häufigkeitsverteilung der Zitierung von wissenschaftlichen Veröffentlichungen in anderen Arbeiten. (Mit freundlicher Genehmigung aus Redner 1998, vgl. Anm. 5.)

Die Untersuchung des Massenaussterbens von Arten hat uns gezeigt, dass es einige wenige große Katastrophen gibt, die sich vor einem Hintergrund des »normalen« Aussterbens von Arten ereignen. Auf den ersten Blick schien es so, als ob die beiden Vorgänge auch verschiedene Ursachen hätten: einerseits schockartige Ereignisse von außen, andererseits den normalen Prozess der Evolution. Es hat sich dann jedoch herausgestellt, dass eine derartige Unterscheidung Unsinn ist. Bei den Erdbeben kamen wir zum selben Ergebnis: So sehr wir auch nach ganz besonderen Ursachen für die Megabeben suchen, so deutlich zeigt uns das Gutenberg-Richter-Gesetz, dass es sie nicht gibt. Angesichts von Redners Statistik scheint etwas Ähnliches auch für die Wissenschaft zu gelten. Kuhn konnte nur darauf hinweisen, dass es sowohl große als auch kleine Revolutionen geben kann, denen *allen* gemeinsam ist, dass sie traditionsändernde Ereignisse sind. Mit dem Potenzgesetz von Redner haben wir nun eine Art Gutenberg-Richter-Gesetz für wissenschaftliche Umwälzungen, dessen tiefere Bedeutung in der Erkenntnis besteht, dass man zwischen großen und kleinen wissenschaftlichen Revolutionen keinen grundlegenden Unterschied machen kann.

Zusammen mit diesem »Gutenberg-Richter-Gesetz für intellektuelle Revolutionen« macht Kuhns Buch deutlich, dass sich das Gebäude der Wissenschaft und des Wissens wie die Erdkruste und viele andere Systeme in einem kritischen Zustand befindet. Wenn dem aber so ist, sollten Wissenschaftler immer das Unerwartete erwarten, da in einem Gebäude in diesem Zustand schon die kleinste, durch pures Glück gefundene Entdeckung jederzeit und ohne Vorwarnung eine Kettenreaktion auslösen kann, die das gesamte Haus zum Einsturz bringt. Eine derartige Revolution kann nicht vorausgesagt werden, da letztlich die Folgen einer neuen Idee nicht so sehr auf ihrem Gewicht beruhen, sondern eher darauf, an welcher Stelle des Gebäudes sie auf andere wissenschaftliche Ideen trifft.

Der Name Einstein ist für jedermann mit einer der gewaltigsten wissenschaftlichen Revolutionen verbunden. Die Revolution begann aber damit, dass sich Einstein über einen besonders seltsamen Aspekt der Maxwellschen Gleichungen, die das Licht als elektromagnetische Schwingung beschreiben, den Kopf zerbrach. Wenn man diesen Gleichungen glaubt, könnte man nicht als Beobachter neben einer Lichtwelle herfliegen und sie von dort aus betrachten, als stünde sie still. Es war dieses kleine Paradox im maxwellschen Konzept, kaum mehr als eine Kuriosität, das letzten Endes zu einer völligen Umwälzung der in Jahrhunderten gewachsenen Physik führte: zur Relativitätstheorie und über eine Vielzahl von Wegen zur Nutzung der Kernenergie – und zur Atombombe.

Ähnliche Beispiele gibt es zu Hunderten. 1900 suchte Planck nach einem Gesetz, das die Wellenlänge der Strahlung eines glühenden Objekts beschreibt. Bei der Arbeit an dem Problem erkannte er, dass bei der Wechselwirkung von Licht mit Materie die Energie nicht kontinuierlich, sondern nur in kleinen Portionen übertragen werden kann. Seinerzeit nahm Planck noch an, diese Entdeckung sei nichts als ein billiger Rechentrick, um – möglicherweise auf einem falschen Weg – zu einer richtigen Lösung seines Problems zu kommen. Weder er selbst noch irgendjemand sonst hatte auch nur eine dunkle Ahnung, dass dieser technische Trick auf fast die gesamte damals bekannte Physik wie Gift wirken und letztlich mit der Quantenmechanik eine gewaltige Revolution auslösen würde. Für Systeme im kritischen Zustand sind große Revolutionen nichts Einzigartiges. Sie haben keine besonderen Ursachen und sind lediglich die zwar seltenen, aber immer zu erwartenden »großen Ausschläge« eines derartigen Systems.

Der Sandberg der Wissenschaft

Das soll nun nicht heißen, alle Wissenschaftler hätten die gleichen Fähigkeiten, geschweige denn, dass Einstein auch nur bloßer Durchschnitt war und seine Arbeit von 1905 nicht außergewöhnlich. Bisher haben wir bei der Ausbreitung von Bruchstellen im Gebäude des Wissens immer so getan, als wenn die neuen Ideen aus dem Gehirn des einen Forschers in das eines anderen springen würden. Solche Kettenreaktionen können aber auch im Kopf eines einzelnen Wissenschaftlers ablaufen: Eine Idee blitzt auf, sie beeinflusst andere, schon länger vorhandene Ideen, was immer weiter gehende Folgen hat und vielleicht das Gedankengebäude völlig auf den Kopf stellen kann. Erinnern wir uns noch einmal an Onsagers Bericht von seinen Neuentdeckungen bei der Arbeit über den zweidimensionalen Modellmagneten: »Und kurz bevor man ans Ziel kommt, taucht ein neues auf. Jede Spur führt wieder zu einer neuen.«[6]

Ganz ähnlich begann die einsteinsche Revolution in Einsteins Kopf, als er über die Merkwürdigkeit in den maxwellschen Gleichungen stolperte. Bevor Einstein etwas veröffentlichte, hatte es schon einen langen Weg zurückgelegt: im Denken Einsteins selbst, der vielleicht wie kein anderer die großen Probleme zunächst ganz für sich bearbeitet hat. Möglicherweise kennzeichnet es ein wissenschaftliches Genie nicht so sehr, dass es tief gehende Ideen hat, die eine Revolution auslösen können, sondern dass es derartige Ideen aufgreift, ihr Potenzial freilegt und sie wirksam werden lässt. Die Gesteinsschichten in der Erdkruste geraten von selbst in Bewegung, wenn die immensen Spannungen ihre Schwelle überschreiten. Auf dem Sandberg ist es die Schwerkraft, die ein Sandkorn zum Absturz bringt. Zu Veränderungen in der Wissenschaft kommt es nur durch die harte Arbeit der Wissenschaftler. Ein »großer« Wissenschaftler wird seine neue Idee an der richtigen Stelle platzieren und so eine Kettenreaktion auslösen, die letztlich zu neuen Wegen führt. Mit seinen Fähigkeiten und seiner Energie wird er die Auswirkungen seiner Idee sichtbar machen.

Was besagt das nun? Im 19. Jahrhundert konnte man noch von der Wissenschaft als einem Prozess sprechen, der dem Auf- und Ausbau eines gewaltigen Turms des Wissens ähnelte. Die Wissenschaftler bildeten ein Heer von Baumeistern, jeder brachte kleine Ziegelsteine und setzte sie an genau der richtigen Stelle in den wachsenden Turm ein. Kuhns historische und philosophische Arbeiten zeigten, dass diese Vorstellung zu einfach war. Das Gebäude des Wissens wächst nicht in alle Ewigkeit durch ständige Anbauten. Es kann manchmal passieren, dass ein neu eingebauter Ziegelstein eine Schwachstelle im Gebäude bloßlegt und dass man Teile abtragen und neu aufbauen muss, bevor die Arbeit weitergehen kann.

Im Licht des Potenzgesetzes, das Redner gefunden hat, können wir das Bild der Wissenschaft etwas genauer zeichnen. Jede neue Idee im Kopf eines Theoretikers und jede neue Beobachtung bei einem Experiment ist so etwas wie ein Sandkorn, das auf den Berg der Erkenntnis fällt. Es kann sein, dass es hängen bleibt und lediglich den Berg ein wenig anwachsen lässt, es kann aber auch in einem Bereich des Berges die Spannung so stark anwachsen lassen, dass die dort lagernden Ideen abstürzen. Diese Lawine kann sehr schnell zum Halten kommen – es kann aber auch eine Zeit lang weiter gehen. In der Begriffssprache der Potenzgesetze: Einem Absturz ist grundsätzlich keine Größenordnung eingeschrieben, sein Ausmaß kann nicht vorhergesagt werden. Winzige Revolutionen ereignen sich täglich, sie betreffen nur wenige Wissenschaftler in einem engen Fachbereich. Für den Rest der Menschheit bleiben sie verborgen wie jene winzigen Erdbeben, die sich ständig unter unseren Füßen abspielen. Andererseits können große Revolutionen fast das gesamte Wissensgebäude wegfegen – und auch sie können jederzeit ausbrechen, es muss nur die richtige Idee an der richtigen Stelle »einschlagen«.

Zu Beginn des letzten Kapitels haben wir einen Blick auf die Unzulänglichkeiten geworfen, die aus einer bloßen »Erzählung« von Geschichte erwachsen, wenn man auf das Verständnis der Zusammenhänge aus ist. Wo immer der Zufall eine Rolle spielt, wo immer also ein kleiner Unfall oder ein kleines Unglück der Zukunft eine unumkehrbare Richtung geben kann und wann immer man versucht, die komplexe Abfolge von Ereignissen zu erklären, wird man vergeblich nach einfachen, *deterministischen* Gesetzen suchen. Das gilt für die Geschichte der Menschheit in gleicher Weise wie für das Sandberg-Modell und die Erdkruste. Was die beiden letzteren Beispiele betrifft, so lässt sich darüber wenigstens *etwas* sagen: Wir wissen, dass sowohl im Sandberg als auch in der Erdkruste der kritische Zustand eine Rolle spielt. Er drückt sich in einfachen, *statistischen* Gesetzen aus, die besagen, dass das System äußerst empfindlich auf kleinste Störungen reagieren kann und dass es unmöglich ist, das Ausmaß der Reaktionen vorauszusagen. Obwohl die Ablaufketten der Ereignisse in einem solchen System nicht vorhergesagt werden können, ist es nicht so, dass man überhaupt nichts vorhersagen kann: Man kann hoffen, dass die statistischen Eigenschaften des Systems, wie sie sich aus vielen Abläufen der Ereignisse ergeben, Gesetzen folgen, in denen sich die allgemeinen Eigenschaften des Geschichtsprozesses widerspiegeln. Bemerkenswerterweise steht ein solches Gesetz auch hinter der historischen Dynamik der Wissenschaft. Die Art, wie Wissenschaftler arbeiten, und die Art, wie ihre Ideen ausgetauscht werden und zu neuen Ideen führen, sind offensichtlich in einer Weise organisiert, die es möglich macht, dass selbst kleinste Anregungen zu unermesslichen Folgen führen können. Das Gesetz für intellektuelle Erdbeben zeigt, wie leicht sich Einflüsse ausbreiten, selbst wenn sie in diesem Fall so ungreifbar und »frei« sind, wie wir es von Gedanken annehmen.

Neue Ideen wirken sich nicht nur auf die Wissenschaft aus. Jeder Bereich menschlichen Handelns – von der Städteplanung über Mode, Kunst und Schauspiel bis zur Musik – besitzt sein eigenes System der Verzahnung von Ideen, neuen Methoden und besseren Techniken. Taucht eine neue Idee auf, so hat es Auswirkungen, wenn sie ihren Platz im schon vorhandenen Ideengebäude einnimmt. Neue Ideen treten also auch außerhalb der Wissenschaft in unregelmäßigen Abständen auf und verbreiten sich nach bestimmten statistischen Gesetzen. Es wird immer Zeiten geben, in denen alles ruhig und wohlgeordnet erscheint und man meinen könnte, es sei schon alles getan. Und dann wird eine kleine Variante einer uralten Idee, ganz undramatisch auf den ersten

Blick, eine Welle der Neubesinnung auslösen, die sich letzten Endes zu einer die Welt erschütternden Revolution auswächst.

Noch deutlicher: Es könnte sein, dass auch die Geschichte der Menschheit von einem Potenzgesetz beherrscht wird, das auf die Existenz eines kritischen Zustands verweist.

Menschliches, Allzumenschliches

Der britische Premierminister Winston Churchill hat einmal auf die Frage, was für Eigenschaften ein junger Mann mitbringen müsse, wenn er Politiker werden will, geantwortet:

> »Die Fähigkeit zu erklären, was morgen, nächste Woche, nächsten Monat und nächstes Jahr passieren wird. Und dann die Fähigkeit zu erklären, warum es nicht passiert ist.«[7]

Natürlich ist es unmöglich, Geschichte vorauszusagen – so weit sind sich alle Politiker und Historiker einig. Andererseits teilen auch fast alle die Auffassung, dass der Gang der menschlichen Angelegenheiten nicht plötzlich eine neue Wendung nimmt oder auf eine Katastrophe zusteuert, ohne dass es triftige Gründe dafür gibt. Was den Ausbruch eines Krieges und einer Revolution betrifft oder ökologische Katastrophen, die ein Land verheeren, glauben Historiker immer noch daran, dass man die Ursachen derartiger Ereignisse herausfinden kann, so wie man die Ursache einer Krankheit findet. Wie wir im letzten Kapitel am Beispiel des Ersten Weltkriegs gesehen haben, stimmen die Ergebnisse dieser Ursachensuche nur selten überein – einig ist man sich immer nur über den tieferen Sinn und Zweck der eigenen Forschung.

Die Alternative ist nicht gerade beruhigend: Eine Welt, die *ohne* guten Grund explodieren kann und in der keinerlei Trübung am Horizont darauf hindeutet, dass im Hintergrund starke Kräfte unmerklich daran arbeiten, unsere Gesellschaft und die Beziehungen zwischen den Staaten zu untergraben und uns irgendwann in der Zukunft in eine Katastrophe zu stürzen. Am Beginn dieses Buches hatte ich angedeutet, dass möglicherweise die theoretische Physik zeigen kann, warum die Geschichte einen derartig unruhigen Verlauf nimmt und es in ihr gelegentlich und völlig unerwartet zu weltverändernden Umwälzungen kommt. Jeder, der das Buch bis hierher gelesen hat, wird vielleicht verstehen, warum das so sein könnte. Um einen letzten Schritt in Richtung »Geschichte der Menschheit« zu machen, noch einige Bemerkungen zu Kuhns Blick auf die Wissenschaft und die Struktur des menschlichen Denkens, die ihr zugrunde liegt.

Kuhns herausragendste Leistung war es zu zeigen, dass Wissenschaft »funktioniert«, obwohl die Wissenschaftler, die sie betreiben, unter der Last leben, »auch nur« Menschen zu sein. Anstatt wie eine superrationale Maschine zu reagieren, hat jeder von ihnen mit blindem Ehrgeiz, mit Vorurteilen, einseitigen Annahmen und Müdigkeit zu kämpfen, während er von der tief im Menschen verwurzelten Suche nach der Wahrheit angetrieben wird. Die Wissenschaftler entdecken in jedem Paradigma eine logische Struktur, die einen bestimmten Teil der Welt sinnvoll erklärt und ihnen eine Grundlage für ihr Denken bietet. Sie werden sich so lange an sie halten, bis die Abweichungen und Widersprüche so weit angewachsen sind, dass sie gezwungenermaßen mit den Traditionen brechen und sich von einigen ihrer so geliebten Ideen verabschieden.

Das allein genügt allerdings noch nicht, einen kritischen Zustand und ein Potenzgesetz für wissenschaftliche Revolutionen zu erklären. Das von Redner gefundene Gesetz macht aber noch eine andere Eigenschaft wissenschaftlicher Umwälzungen deutlich. Wenn an unserem Sandberg ein Bereich des Hangs zu steil wird, rutscht Sand ab – aber nur so lange, bis die Neigung des Hangs wieder ganz knapp unter einer bestimmten Schwelle liegt. Das heißt nichts anderes, als dass die Sandlawine zwar die Spannungen beseitigt hat, der Berg aber weiterhin im kritischen Zustand und damit am Rande der nächsten Katastrophe bleibt. Dieses Phänomen erklärt letztlich, warum es keine typische Lawinengröße gibt. Dasselbe gilt für Erdbeben, wo die Verschiebungen so lange anhalten, bis irgendwo die Reibung zwischen den Gesteinsschichten gerade ausreicht, um den Vorgang zum Stillstand zu bringen.

Das Potenzgesetz des Zitierens wissenschaftlicher Arbeiten deutet darauf hin, dass – zumindest grob gesehen – etwas Ähnliches auch für die Dynamik des Denkens von Wissenschaftlern gilt. Auch Wissenschaftler, die gezwungen sind, einige wenige Bausteine in ihrem theoretischen Gebäude zu ersetzen, zerstören es nicht unbesehen ganz. Sie überarbeiten vielmehr ihre Grundlagen nur so weit, wie es unbedingt notwendig ist. Ganz ähnlich wie in dem Sandberg-Modell werden daher auch im Gebäude des Wissens die Spannungen bis zu einem gerade noch erträglichen Maß erhalten bleiben, und es besteht weiterhin die Gefahr, dass die nächste kleine Krise alles zusammenbrechen lässt und eine Revolution von ungeheuerem Ausmaß einleitet. Kurz gesagt: Die intellektuelle *Reibung* hält das Gebäude des Wissens zusammen, die intellektuelle *Neugier* erzeugt in ihm Spannungen. Diese beiden Einflüsse sind in gleicher Weise Gegenspieler wie die Reibung zwischen Gesteinsschichten und die unaufhaltsame Bewegung der Kontinentalplatten im Fall der Erdbeben. Ihr Kampf führt zum kritischen Zustand, der durch das Herrschen eines Potenzgesetzes gekennzeichnet ist.

Nun sind es nicht nur die Wissenschaftler, die nach der Wahrheit suchen und dabei ungern mit ihren Traditionen brechen. In dieser Hinsicht sind Wissenschaftler einfach Menschen, die sich überall und zu allen Zeiten derartig verhielten. Damit sei angedeutet, dass Kuhn in groben Zügen den Prozess von Änderungen beschrieben hat, die viel universeller sind, als er annahm. Es ist in der Tat nicht schwer, das von ihm für den Bereich der Wissenschaftsgeschichte entwickelte logische Grundgerüst in allen möglichen anderen Bereichen der Geschichte wiederzufinden.

Das Unbehagen in der Kultur

Wie schon in Kapitel eins erwähnt, hat der Historiker Paul Kennedy vermutet, dass die langfristigen Rhythmen des Wechselspiels der Großmächte größtenteils die Folge des Auf- und Abbaus von Spannungen infolge nationaler Interessen sind. Er stellt fest:

»Die relative Fähigkeit der führenden Nationen, die Weltpolitik zu bestimmen, blieb nie konstant, hauptsächlich weil die ungleichmäßigen Wachstumsraten verschiedener Gesellschaften und technologische und organisatorische Neuerungen einer Gesellschaft größere Vorteile bringen als einer anderen. Zum Beispiel begünstigte die Entwicklung des mit Kanonen bestückten Hochseeseglers und der Aufstieg des atlantischen Handels nach 1500 nicht alle Staaten Europas in *gleichem* Maße – sie förderten manche weit mehr als andere. Ebenso vergrößerte die spätere Entwicklung der Dampfkraft und die dafür notwendige Erschließung der Kohle- und Metallressourcen die relative Macht einiger Staaten und verringerte damit die relative Macht anderer.«[8]

Nach derartigen Umwälzungen versuchen einige Staaten, ihre Vormachtstellung zu behalten, obwohl sie von der ökonomischen Lage her gesehen nicht mehr gerechtfertigt ist. Andere, die wirtschaftliche Stärke entwickelt haben, wollen größeren Einfluss nehmen. Die so entstehenden Spannungen wachsen ganz unvermeidlich an, bis sie eine bestimmte Schwelle überschreiten – vielleicht in der Folge einer momentanen und mehr oder weniger zufälligen Krise – und einen Ausweg suchen. Meist ist dieser Ausweg ein bewaffneter Konflikt, nach dessen Ende der jeweilige Einfluss der beteiligten Staaten wieder einigermaßen im Einklang mit ihrer wirtschaftlichen Stärke steht.

Ein ähnliches Schema beschreibt die Auseinandersetzungen zwischen Gruppen und Individuen *innerhalb* eines Staates. Jede Gesellschaft verändert sich, und wenn durch Änderungen – sei es auch infolge eines bloßen historischen Zufalls – eine Gruppierung mächtiger wird als eine andere, wird dies innere Probleme anwachsen lassen – ökonomische, ethnische oder welche auch immer. In jeder Gesellschaft gibt es Strukturen, die von der Tradition geprägt sind – Klassenstrukturen, soziale Übereinkünfte, von der Moral geforderte Verbote – und dazu dienen sollen, die Stabilität zu bewahren und die Konflikte zwischen ihren Mitgliedern auf vernünftige Weise zu regeln. Diese traditionsgebundenen Strukturen sind aber nicht immer einer neuen Situation angemessen. Wie die Wissenschaft nicht nur aus dem normalen Alltagsgeschäft besteht, erschöpft sich auch Politik nicht in der üblichen Regierungsarbeit. Kuhn hat selbst auf diese Analogie hingewiesen:

»Politische Revolutionen werden durch ein wachsendes, doch oft auf einen Teil der politischen Gemeinschaft beschränktes Gefühl eingeleitet, dass die existierenden Institutionen aufgehört haben, den Problemen, die eine teilweise von ihnen selbst geschaffene Umwelt stellt, gerecht zu werden. Ganz ähnlich werden die wissenschaftlichen Revolutionen durch ein wachsendes, doch ebenfalls oft auf eine kleine Untergruppe der wissenschaftlichen Gemeinschaft beschränktes Gefühl eingeleitet, dass ein existierendes Paradigma aufgehört hat, bei der Erforschung eines Aspekts der Natur, zu welchem das Paradigma selbst den Weg gewiesen hatte, in adäquater Weise zu funktionieren. Bei der politischen und wissenschaftlichen Entwicklung ist das Gefühl eines Nichtfunktionierens, das zu einer Krise führen kann, eine Voraussetzung für die Revolution.«[9]

Ähnlich wird wegen des Bedürfnisses der Menschen nach Ruhe und Ordnung – insbesondere der Menschen, die an der Macht sind und von der bestehenden Ordnung profitieren – das System der staatlichen Einrichtungen erst nachgeben, wenn die Unzufriedenheit und die Auseinandersetzungen einen bestimmten Schwellenwert überschritten haben. Zur Revolution kommt es, wenn die Unzufriedenheit so groß geworden ist, dass es keine andere Wahl gibt. Die Menschen protestieren erst dann aktiv gegen Ungerechtigkeit, wenn diese ihnen erhebliche Ungelegenheit bereitet. Wir wollen uns noch einmal an den amerikanischen Historiker Conyers Read erinnern, der darauf hinweist, »dass die Gesellschaft der ständigen Neuordnung bedarf« und dass es Aufgabe der Geschichtsforschung ist, darauf beharrlich hinzuweisen.[10] Die Forstbehörden im Westen Amerikas verhalten sich gemäß Reads Forderung, wenn sie inzwischen sorgfältig auf die stabilisierende Wirkung einer ständigen Neuordnung achten, wie sie durch kleine natürliche Brände bewirkt wird – sie zu unterbinden, würde den Schaden nur größer machen.

Nichts von alldem ist allerdings auf ganzer Linie überzeugend. Weder das Netz internationaler Beziehungen noch das soziale Gefüge irgendeiner Gesellschaft sind Gebilde, die man leicht fassen kann. Aber trotz allem steht es außer Diskussion, dass sich in beiden in irgendeiner Weise Spannungen aufbauen, die nicht immer sofort wieder ausgeglichen werden, nachdem sie entstanden sind, sondern erst, nachdem sie eine bestimmte Schwelle überschritten haben. Innerhalb einer Gesellschaft stellen die Traditionen eine starke soziale Reibungskraft dar: Spannungen entstehen, die Reibung hält alles an seinem Platz – bis die Spannungen zu groß werden und die Dinge ihren Lauf nehmen.

Wie wir nun schon oft gesehen haben, ist es unter solchen Umständen ein ganz natürlicher Vorgang, dass die Wechselwirkung zwischen den Bestandteilen eines Systems dazu führt, dass es in einen kritischen Zustand übergeht. In diesem Zustand kann dann die Auflösung der Spannung in einem kleinen Bereich bereits eine Lawine auslösen, die weite Teile des Systems erfasst. Der Beweis, dass sich Derartiges auch in irgendeinem sozialen System in dieser Weise abspielt, mag schwer zu führen sein. Wenn es jedoch so ist, dann werden wir auch weiterhin auf der Erde mit großen Kriegen rechnen müssen, und es wird in jeder Gesellschaft zu Revolutionen kommen – zu Ereignissen, die scheinbar aus dem Nichts entstehen, aber gar nicht so selten sind. Es gibt, das muss man leider sagen, einige Beweise dafür, dass die Welt so beschaffen ist – zumindest mathematische Beweise.

Bittere Rechnungen

Fjodor Dostojewskij hat aus dem Studium der Vergangenheit eine einfache Lehre gezogen:

»Sie raufen und raufen, sie raufen jetzt und haben früher gerauft und werden später raufen ... Mit einem Wort, man kann alles von der Weltgeschichte behaupten, ... nur eines kann man nicht behaupten – dass sie vernünftig sei.«[11]

Aus all den vielen Kämpfen und Auseinandersetzungen ragen die großen Kriege heraus. Wie die Megabeben und das Massenaussterben von Arten scheinen sie etwas ganz Außergewöhnliches zu sein. Aber ist das wirklich so? Haben die ganz großen Kriege der Menschheitsgeschichte auch ganz besondere Ursachen, und hätten Menschen mit großem Weitblick sie vielleicht voraussehen können?

Wenn in der Wissenschaft Veröffentlichungen zitiert werden, dann ist dies ein Zeichen für die Auswirkungen neuer Ideen auf das Gebäude des Wissens, und es ermöglicht, die Änderungen zumindest annähernd in Zahlen zu fassen. Im Bereich der Weltgeschichte ist das schwieriger. Ende der zwanziger Jahre hat der britische Physiker Lewis Fry Richardson einen solchen Versuch gemacht.[12] Er hat dazu 82 Kriege untersucht, die zwischen 1820 und 1929 ausgebrochen waren. Unter allen Zahlen, mit denen man die »Größe« eines Krieges angeben könnte, wählte Richardson die naheliegendste und gleichzeitig bitterste: die der Toten. Wie in dem Verfahren von Gutenberg und Richter teilte er die Kriege in Kategorien ein – Kriege mit 5000 bis 10000 Toten, mit 10000 bis 15000 Toten usw. – und ermittelte jeweils ihre Häufigkeit. Er fand ein einfaches Potenzgesetz: Kriege mit der doppelten Anzahl von Toten

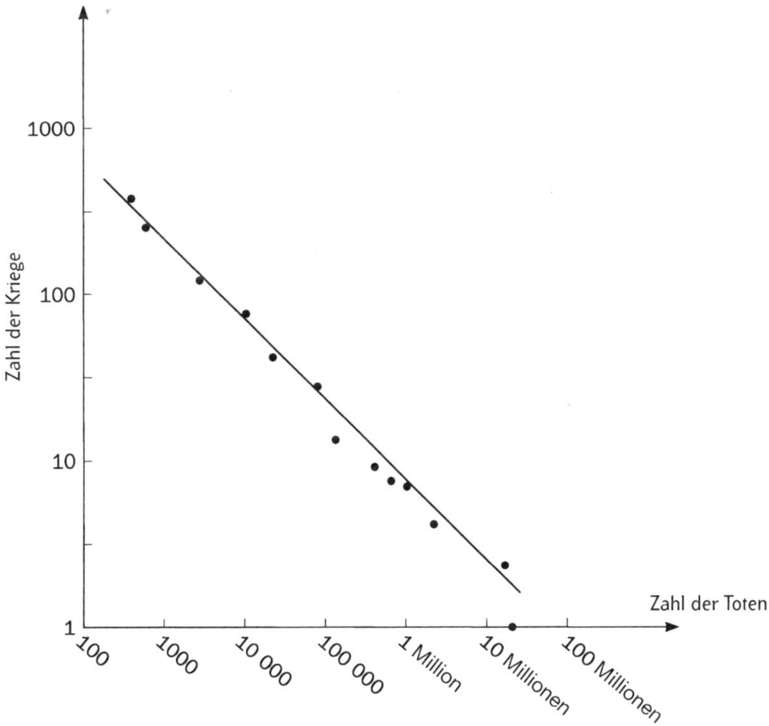

Abb. 23 Häufigkeitsverteilung der »Größe« kriegerischer Auseinandersetzungen. Die »Größe« wird durch die Zahl der Toten definiert.

waren viermal seltener (Abb. 23), was auch quantitativ dem Gutenberg-Richter-Gesetz entspricht. Aus dem Ergebnis können wir wieder den Schluss ziehen, dass es keine typische Größe von Kriegen gibt und dass es nicht besonders sinnvoll ist, Kriege in kleine Geplänkel und Weltkriege einzuteilen. Das Potenzgesetz legt zudem nahe, dass die Auslöser der Kriege vermutlich von gleicher Art waren.

Die Zahl der Erdbevölkerung ist heute natürlich weit höher als vor Jahrhunderten oder auch nur im vorigen Jahrhundert. Man könnte daher gegen Richardsons Analyse einwenden, sie zeige nur, dass zu früheren Zeiten Kriege weniger Opfer kosteten – was aber selbstverständlich ist, weil gar nicht so viele Menschen von Kriegen betroffen sein konnten. Das ist ein berechtigter Einwand, aber andere Forscher, die Veränderungen der Bevölkerungszahl mit einbezogen, kamen zu ähnlichen Potenzgesetzen. So hat beispielsweise 1980 Jack Levy von der University of Kentucky Kriege – beginnend mit dem Krieg der Liga aus Spanien und dem Habsburgerreich von 1495 bis zum Ende des Vietnamkriegs 1975 – untersucht und dabei in Abänderung von Richardsons Verfahren die Zahl der Opfer auf die Bevölkerung bezogen, also den prozentualen Anteil der getöteten Menschen als Maß für die Größe des Krieges genommen. Auch er fand ein Potenzgesetz, allerdings mit einer etwas anderen Kennzahl: Die Zahl der Kriege mit doppelt so vielen Toten nimmt um den Faktor 2,62 ab – gegenüber von vier bei Richardson.[13]

Die Aussage, alle Kriege werden durch Konflikte ausgelöst, ist natürlich eine Binsenweisheit. Das Potenzgesetz bedeutet aber, dass ein Krieg bei seinem Ausbruch noch nicht »weiß«, welches Ausmaß er annehmen wird – niemand weiß es. Irgendwo und aus irgendeinem Grund überschreitet das Maß an Nichtübereinstimmung, an Konkurrenz, Misstrauen oder Hass zwischen zwei Gruppierungen eine bestimmte Schwelle, und »man« greift zu den Waffen. Die bewährten Methoden, Konflikte zwischen Menschen auszutragen, versagen und weichen brutaler physischer Gewalt. Wieweit der Zusammenbruch der Regelmechanismen geht und bis zu welcher Größe sich dadurch der Krieg ausweitet, hängt davon ab, ob Nachbargebiete auch bereits an der Schwelle der noch erträglichen Spannungen angekommen sind und dadurch der Konflikt in andere Köpfe, andere Gemeinschaften oder andere Nationen getragen werden kann. Auch das ist nichts Neues. Jeder, der sich mit internationaler Politik befasst, ist darüber besorgt, dass Konflikte in irgendeinem Gebiet auch Nachbargebiete »destabilisieren« könnten. Die Reaktionen der UNO, der NATO oder ähnlicher Organisationen sind weitgehend darauf ausgelegt, dies zu verhindern.

Die neue Botschaft des Potenzgesetzes ist, dass sich das politische und soziale System der Welt in einem kritischen Zustand befindet: Es steht immer am Rande der Instabilität, und Kriege können sich daher in einer Weise ausbreiten, die fast unmöglich vorauszusehen ist. Die Skaleninvarianz des Potenzgesetzes besagt, dass es bei Ausbruch eines Krieges keine sicheren Hinweise gibt, wie groß er werden wird. Die politischen Zusammenschlüsse, die eigentlich für Frieden sorgen sollen, sind so strukturiert, dass sich Kriege wie Waldbrände ausbreiten – oder wie Lawinen auf einem Sandberg.

Der Physiker Donald Turcotte von der Cornell University hat darauf hingewiesen, dass in der Tat die Kennzahl von Levys Potenzgesetz für Kriege erstaunlich gut mit der Kennzahl des Modells für Waldbrände übereinstimmt, die zwischen 2,5 und 2,8 liegt – was zu dem Schluss verlockt, dass das Waldbrand-Modell im Wesentlichen auch die Art und Weise beschreibt, in der sich Konflikte ausbreiten. Nach Turcotte

»beginnt ein Krieg wie ein Waldbrand. Ein Land mag in ein anderes einfallen, oder ein wichtiger Politiker wird ermordet. Der Krieg kann sich dann über das angrenzende Gebiet halb stabiler Länder ausbreiten. Zu solchen Ländern zählen die Staaten im Mittleren Osten (Iran, Irak, Syrien, Israel, Ägypten etc.) oder auf dem Gebiet des früheren Jugoslawien (Serbien, Bosnien, Kroatien etc.) ... Es gibt große Waldbrände und kleine, die Häufigkeitsverteilung folgt aber einem Potenzgesetz. Im Rahmen der Weltordnung gibt es kleinere Konflikte, aus denen größere Kriege werden können – oder auch nicht. Die Einflüsse zur Stabilisierung und zur Destabilisierung sind offensichtlich sehr komplex.«[14]

Angesichts dieser bemerkenswerten Analogien in der Art, wie sich Waldbrände und Kriege ausbreiten, ist es nicht überraschend, dass sich die Historiker nicht über die Ursachen großer Konflikte, wie beispielsweise des Ersten Weltkriegs, einigen können. Diejenigen, die wie Sidney Fay auf »Schwächen des internationalen Systems« verwiesen haben, waren vielleicht wenigstens auf der richtigen Spur. Möglicherweise muss man die Ursache nicht in einem bestimmten Auslöser suchen, sondern in der Art und Weise, wie alle soziologischen, ökonomischen oder politischen Beziehungen auf dieser Welt organisiert sind – einer Art und Weise, die die Ausbreitung zerstörerischer Einflüsse über das gesamte System ermöglicht.

Ein hellsichtiger Historiker hat – ohne möglicherweise zu ahnen, *wie* Recht er damit hatte – vor einiger Zeit die beiden Weltkriege als ein Paar von Erdbeben bezeichnet:

»Die Jahre zwischen 1914 und 1945 erscheinen für Europa als eine Zeit der Schwierigkeiten. Sie folgten auf eine lange Zeit des Friedens im ausgehenden 19. Jahrhundert und gingen der noch länger dauernden friedlichen Periode des Kalten Krieges voraus. Man kann die Ereignisse zwischen 1914 und 1945 mit den Bewegungen einer Kontinentalplatte vergleichen, die eine Zeit mit Erdbeben zur Folge haben. Dazu gehört zu Beginn das militärische Beben von 1914 bis 1918, dann der Zusammenbruch von vier Weltreichen, die Revolution in Russland, die

Entstehung eines Dutzends neuer Staaten, der waffenstarrende Waffenstillstand zwischen den Kriegen, die Machtergreifung der Faschisten in Italien, Deutschland und Spanien und zuletzt die Kriegskatastrophe von 1939 bis 1945.«[15]

Überredungskünste

Andere wichtige Ereignisse der Geschichte, wie beispielsweise Revolutionen, sind noch schwerer mathematisch zu fassen als Kriege. Während die großen Revolutionen in China, Frankreich und Russland unzählige Tote forderten, war deren Zahl bei anderen großen Umwälzungen wie beispielsweise der Abschaffung der Apartheit in Südafrika oder der Auflösung der Sowjetunion vergleichsweise gering. Die Zahl der Opfer hat also offensichtlich wenig Aussagekraft. Darüber hinaus gibt es nicht nur politische Revolutionen – wir finden sie auch im Reich der Mode, der Musik, der Technik, der gesellschaftlichen Konventionen und der Arbeitsmethoden. Hinter all diesen grundlegenden Änderungen steht aber letztlich die gleiche Kraft: die Fähigkeit der Menschen, sich untereinander zu beeinflussen. Wie wir schon am Beispiel der Kapitalmärkte gesehen haben, kann diese Fähigkeit zu sehr tief gehenden Folgen führen.

Man muss noch nicht an der Existenz des freien Willens zweifeln, wenn man feststellt, dass die Menschen ganz bestimmte Produkte kaufen, ganz bestimmte Meinungen annehmen, diese oder jene Partei wählen oder ihren Protest auf die Straße tragen, weil es auch ihre Freunde, Nachbarn, Kollegen oder Verwandten tun. Hunderttausende von Rumänen gingen im Dezember 1989 auf die Straße und protestierten gegen die Diktatur Nicolae Ceauçescus. Man kann sich schlecht vorstellen, dass sie alle völlig unabhängig voneinander und genau zur gleichen Zeit den Entschluss dazu gefasst haben. Jede Massenbewegung fängt sehr klein an und verbreitet sich dann wie ein Virus weiter. An den Börsen führen solche Massenbewegungen zu rapiden Kursänderungen, in der Politik können sie Regierungen stürzen, Revolutionen in Gang setzen und Nationen in einen Krieg ziehen.

Das alles ist ganz offensichtlich und wird von den Historikern schon seit Jahrhunderten diskutiert. Man weiß, dass Konflikte in *einem* Land auf ein *anderes* übergreifen können. Den Historikern ist auch wohlbekannt, dass große soziale Umwälzungen nicht so sehr von Einzelpersonen bestimmt werden, sondern durch Effekte, die in Gruppen oder Massen auftreten. Carr stellt dazu fest:

»Die Fakten der Geschichte sind zwar Tatsachen über Individuen, nicht aber Fakten über die Taten isolierter Individuen und ebenso wenig Tatsachen über die wirklichen oder eingebildeten Motive, die die Individuen ihren Akten unterschieben. Sie sind Tatsachen über die Beziehungen der Individuen untereinander in der Gesellschaft und Tatsachen über die sozialen Kräfte, die die den Taten der Individuen zugrunde liegenden Absichten oft zu ganz anderen, manchmal sogar zu entgegengesetzten Ergebnissen führen.«[16]

Für Carr ist die Dynamik der Massen eine zentrale Kraft des Geschichtsprozesses. Er konnte aber bei der Abfassung seines Buches noch nicht wissen, dass diese Dynamik letzten Endes eine Folge des kritischen Zustands ist, in dem sich die Gesellschaften befinden, und daher in einem tieferen Sinn kaum beherrscht werden kann. Das Wissen um kritische Zustände macht es leichter, das Entstehen von Massenbewegungen zu erklären. Um den Hergang einer bestimmten Revolution zu untersuchen, müssen Historiker zweifellos all die sozialen Bedingungen ins Auge fassen, unter denen sie stattfand. Wenn man wissen will, warum jemand zu einer Waffe greift, in Streik tritt oder sich entschließt, keine Kinder haben zu wollen, muss man sich mit der Psyche dieses Menschen befassen und allen Druck und alle sozialen Einflüsse berücksichtigen, auf die er reagiert. Dass bei einer Revolution viele Menschen in nachvollziehbarer Weise auf ihre Lebensbedingungen reagiert haben, ist für den Historiker der einzige Zugang zu der Frage, warum sie ausgebrochen ist. Historiker sollten aber auch mehr darüber wissen, auf welche Weise sich Einflüsse aller Art innerhalb der Bevölkerung ausbreiten. Um besser zu verstehen, warum Massenbewegungen gar nicht so selten sind, und um die Vielfalt der Geschichte besser im Auge zu behalten, sollten sie sich mit dem kritischen Zustand beschäftigen.

In den zwanziger Jahren hat sich Niels Bohr von der Unschärferelation der Quantentheorie begeistern lassen, die besagt, dass allein schon der Versuch, die Eigenschaften von Teilchen – den Ort, den Impuls – zu messen, diese verändert. Er ging sogar so weit vorzuschlagen, die Quantentheorie auch für die Sozialwissenschaften und die Psychologie nutzbar zu machen, wo ja der Beobachter ganz unvermeidlich sein Untersuchungsobjekt beeinflusst. Schon vor Bohr haben andere Denker versucht, physikalische Theorien auf Bereiche zu übertragen, in denen es um den Menschen geht. Einstein hatte für solche Versuche anderer, seine Relativitätstheorie – ohne sie verstanden zu haben – auf das Verhalten der Menschen anzuwenden, wenig übrig und ordnete sie unter »psychopathologisch« ein:

»Ich glaube, dass die derzeitige Mode, die Grundgesetze der Physik auf das menschliche Leben zu übertragen, nicht nur ein Fehler ist, sondern geradezu als verwerflich angesehen werden muss.« [17]

Nun beruhen aber sowohl die Quantentheorie als auch die Relativitätstheorie auf Gleichungssystemen, in denen der Hergang des Prozesses, also seine Vorgeschichte, nicht vorkommt. Ganz im Gegensatz dazu spielt in unserem Sandberg-Modell und bei den anderen Modellen, die wir kennen gelernt haben, die Vorgeschichte eine entscheidende Rolle. Wenn uns die Eigenschaften eines kritischen Zustands etwas darüber sagen, wie sich Einflüsse ausbreiten und dabei Ordnung oder Unordnung auf alle möglichen Dinge übertragen können, ist die Annahme gar nicht so lächerlich, dass auch Soziologen und Historiker mit dem Konzept etwas anfangen können. Wenn wir uns nicht zu weit mitreißen lassen und nicht darauf verfallen, zu viele Schlüsse aus dem Konzept »kritischer Zustand« zu ziehen, könnten wir in ihm eine Reihe wertvoller Hinweise darauf finden, wie sich die Geschichte der Menschheit entwickelt.

14
Die Geschichte zählt!

Es ist für einen Historiker immer ein Fehler, sich als Prophet betätigen zu wollen. Denn das Leben bietet, anders als die Wissenschaft, ganz einfach viel zu viele Überraschungen.
Richard Evans[1]

Es gibt keine dummen Fragen. Und niemand wird zum Dummkopf, solange er noch Fragen stellt.
Charles Proteus Steinmetz[2]

Der britische Historiker Thomas Carlyle hat einmal festgestellt: »Die allgemeine Geschichte [ist] ... im Grunde die Geschichte der großen Menschen.«[3] Für Historiker, die so denken, hat Adolf Hitler den Zweiten Weltkrieg verursacht, die Genialität Michail Gorbatschows den Kalten Krieg beendet und Mahatma Ghandi die Unabhängigkeit Indiens erkämpft. Diese Geschichtstheorie der »großen Menschen« geht davon aus, dass es ganz besondere Menschen gibt, die außerhalb des Stroms der Geschichte stehen und ihr – dank ihrer »Größe« – ihren Willen aufzwingen.

Diese Art, die Geschichte zu interpretieren, hat zweifellos etwas für sich, entwirft sie doch ein recht einfaches Bild der Vergangenheit. Wenn es das Böse in Hitler war, das letztlich den Zweiten Weltkrieg verursachte, dann kennen wir jetzt die Gründe und wissen, wen wir zur Rechenschaft ziehen müssten. Und wir wissen, wie man derartige Katastrophen in Zukunft vermeiden könnte: Hätte irgendjemand den kleinen Adolf in seinem Bettchen erwürgt, dann hätte es weder Krieg noch Holocaust gegeben und viele Millionen Menschen wären am Leben geblieben. Aus dieser Sicht erscheint Geschichte viel einfacher als unter anderen Blickwinkeln, denn man muss sich nur mit den Handlungen einiger weniger »großer« Akteure befassen und kann alles andere außer Acht lassen.[4]

Viele Historiker sind jedoch ganz anderer Ansicht und halten die Konzentration auf einige wenige große Persönlichkeiten eher für eine groteske Parodie des wahren Geschichtsverlaufs. »Nichts belastet die menschliche Sicht der Geschichte mit mehr Fehlern und Ungerechtigkeiten als das Interesse, das uns individuelle Charaktere einflößen«[5], schrieb im Jahr 1863 Lord Acton. Ähnlich hat Carr die Theorie der »großen Menschen« als »kindisch« und charakteristisch für »die primitiven Stadien des geschichtlichen Bewusstseins«[6] abgelehnt:

»Es ist einfacher, den Kommunismus ›das Geisteskind von Karl Marx‹ zu nennen (diese Blüte habe ich kürzlich dem Rundschreiben eines Börsenmaklers entnommen), als seinen Ursprung und Charakter zu analysieren; die bolschewistische Revolution der Borniertheit Nikolaus II. oder dem deutschen Gold zuzuschreiben, als ihre tief im Sozialen wurzelnden Gründe zu untersuchen; und in den zwei Weltkriegen unseres Jahrhunderts eher die Auswirkung der persönlichen Schlechtigkeit Wilhelm II. und Hitlers als eine tief greifende Zersetzung im System der internationalen Beziehungen zu sehen.«[7]

Für Carr sind die wirklich wichtigen Kräfte in der Geschichte die sozialen Bewegungen, die möglicherweise zwar von einzelnen Personen angestoßen werden, aber nur deshalb an Bedeutung gewinnen, weil sie die Massen mitreißen. Er schloss, dass »Geschichte zu einem beträchtlichen Ausmaß Sache der Zahl«[8] sei.

Natürlich *gibt* es »große« Männer und Frauen, und natürlich *haben* sie entscheidenden Einfluss auf den Gang der Geschichte. Auch jede Massenbewegung hat ihre Führer. Aber die Historiker, die eher an die Macht der Massen glauben, teilen die Ansicht nicht, dass die Geschichte von Führerpersönlichkeiten entfaltet wird. Niemand lebt oder denkt im luftleeren Raum, wir alle werden vielmehr in hohem Maße von unseren Mitmenschen beeinflusst. Das hat zur Folge, dass der Einzelne nicht jener sich seiner selbst gewisse und frei handelnde Mensch ist, wie es scheinen mag.

Nach Ansicht des französischen Historikers Alexis de Tocqueville liefern die politischen Wissenschaften in allen zivilisierten Staaten die allgemeinen Ideen, auf deren Basis dann einerseits die Probleme formuliert werden, mit denen sich die Politiker herumschlagen müssen, und aus denen andererseits die Gesetze entstehen. In der intellektuellen Atmosphäre, die von den politischen Wissenschaften erzeugt wird, atmen beide, die Herrscher und die Beherrschten, und entwickeln in ihr die Grundsätze für ihr Handeln.[9]

Die »großen« Persönlichkeiten stehen zwar im Brennpunkt des Geschehens, aus ihnen kommen aber nicht die Kräfte, die dieses Geschehen antreiben. Sie spielen eine *Rolle*, wobei die Rolle wichtiger ist als die

Person des Spielers, denn in ihr treffen alle wichtigen sozialen Kräfte zusammen. Persönlichkeiten werden zu *»großen«* Persönlichkeiten, weil sie diese Schlüsselrollen perfekt ausfüllen.

Man denke etwa an Hitler. Hätte es den Zweiten Weltkrieg gegeben, wenn er schon als Kind umgebracht worden wäre? Die Anhänger der Theorie, die auf »große« Persönlichkeiten setzt, würden mit »Nein« antworten. Alle anderen Historiker hingegen, die auch die Kräfte der Massen in ihre Überlegungen mit einbeziehen, würden das zumindest für eine sehr schwierige Frage halten und vielleicht mit Richard Evans übereinstimmen, der – um ein Beispiel aus einer anderen Zeit auszuführen – aus den sozialen und politischen Rahmenbedingungen in den USA geschlossen hat, dass die Geschichte im Wesentlichen nicht anders verlaufen wäre, wenn man John F. Kennedy 1963 *nicht* ermordet hätte:

»Man stelle sich beispielsweise vor, der amerikanische Präsident John F. Kennedy wäre nicht ermordet worden, sondern stattdessen für zwei volle Amtszeiten im Weißen Haus geblieben. Was hätte dies geändert? Gewiß wäre seine Präsidentschaft glanzvoller gewesen, als es die von Lyndon B. Johnson oder Richard M. Nixon waren, und es ist wahrscheinlich, dass Letzterer nicht an die Macht gekommen wäre und es damit keine Watergate-Affäre gegeben hätte. Doch die großen Themen – Bürgerrechte, soziale Absicherungen, Vietnamkrieg – hätte dies nicht wesentlich berührt. Die Krankenversicherung wäre höchstwahrscheinlich auch unter Kennedy eingeführt worden. Die Studentenbewegung und andere radikale Unruhen wären von einem Präsidenten Kennedy nicht verhindert worden. Amerika hätte sich ebenso in Vietnam engagiert und wäre ebenso besiegt worden.«[10]

Es wäre vermessen zu meinen, die mathematische Physik könne die Streitfrage entscheiden, ob es nun die großen Persönlichkeiten sind, die den Lauf der Geschichte bestimmen oder nicht. Die Geschichte ist unendlich viel komplizierter als jedes Sandberg-Modell. Die genauere Betrachtung des Sandbergs könnte aber doch über einige Irrtümer aufklären, denen man im Hinblick auf die Geschichte und bei der Suche nach ihren Ursachen leicht erliegen kann.

Große Körner

Erinnern wir uns an unseren Sandberg-Historiker. Am Ende einer langen, glänzenden Karriere beschließt er, sein großes Buch zu schreiben, das Standardwerk *Die Geschichte der Sandwelt*. Um sich auf die Arbeit einzustimmen, würde er sicher einen Blick in die *Weltgeschichte* werfen, die Leopold von Ranke 1878 im Alter von 83 Jahren begonnen hatte und von der bis zu seinem Tod acht Jahre später nicht weniger als 14 Bände fertig gestellt waren.[11] Um ein ähnlich umfassendes Werk zu schaffen, würde der Sandberg-Historiker die genaueren Umstände sämtlicher bisher abgegangener Lawinen und Erdrutsche untersuchen müssen. Da dies vermutlich seine Möglichkeiten bei Weitem übersteigen würde, könnte er sich zunächst auf die größten Lawinen der Vergangenheit beschränken und den Rest an »kleineren« Untersuchungen seinen Doktoranden oder studentischen Hilfskräften überlassen.

Das Vorgehen wäre ganz vernünftig, schließlich hatten die größten Lawinenabgänge auch den größten Einfluss auf die Gestalt des Bergs, betrafen sie doch Millionen von Sandkörnern, während an den kleinsten nur einige wenige Anteil hatten – und Zahlen sind wichtig in der Sandwelt! Die Geschichte des Sandbergs würde bei diesem Vorgehen in Begriffen der großen sozialen Massenbewegungen formuliert werden. Damit wäre aber noch nicht die Frage beantwortet, *wie* es zu diesen Massenbewegungen gekommen war!

Unser Historiker muss sich also bedauerlicherweise auch mit Einzelkörnern befassen, die offensichtlich manchmal ungeheuren Einfluss hatten. Die Fachkollegen würden ihn schließlich darauf hinweisen, dass 1492 ein äußerst mutiges Sandkorn mit dem Namen »Christoph Kolumbus« eine Schrecken erregende Lawine ausgelöst hat, die letztlich unzählige Körner von Ost nach West mitriss und das Gesicht der gesamten damaligen Welt und ihre Zukunft veränderte. Die gleichen Historiker würden auch ein weiteres Sandkorn dafür verantwortlich machen, eine gewaltige Katastrophe ausgelöst zu haben, die im Osten zum Absturz der Hälfte aller Körner führte. Sie könnten für jedes große Ereignis ein ganz besonderes Sandkorn herausheben, das der Auslöser war, und vielleicht noch ein paar andere, die verhinderten, dass der Prozess ins Stocken kam. Sie würden daraus den Schluss ziehen, dass *diese* Körner die wahren Akteure der Geschichte waren.

Unser Historiker könnte vielleicht versucht sein, ihnen zuzustimmen – aber in seiner langen Karriere als Wissenschaftler hatte er doch einiges gelernt. Als feinfühliger Beobachter des ganz Besonderen jeder Person hätte er beispielsweise festgestellt, dass in seiner Sandwelt jedes Korn exakt dem anderen gleicht, sodass es also gar keine »großen« Sandkörner gibt. Er würde erkennen, dass jeder Versuch, die Psychologie heranzuziehen und große Ereignisse mit großen Sandkörnern zu identifizieren, Unsinn wäre. Sein Wissen darum, dass der Sandberg immer am Rande grundlegender Änderungen steht, macht ihn gegen diese Verlockungen der Fachkollegen immun. Wenn er etwas von seinem Handwerk versteht, wird unser Historiker sich darüber im Klaren sein, dass es auf dem Berg immer Stellen gibt, wo ein herabfallendes Sandkorn weltverändernde Ereignisse auslöst. Aus dem ganz gewöhnlichen Sandkorn wird ein besonderes, weil es im richtigen Moment auf die richtige Stelle fällt. Es gibt also in einer Welt im kritischen Zustand einige wenige große Rollen, und irgendwann *werden* irgendwelche Körner sie spielen.

Gilt das auch für die Geschichte der Menschheit? Ohne Zweifel gewinnen einige Menschen aufgrund ihrer Persönlichkeit oder ihrer Intelligenz (oder ihres Kapitals) mehr Einfluss als andere – und dass sich unsere Welt in einem kritischen Zustand befindet, ist letzten Endes nur eine theoretische Möglichkeit. In einer derartigen Welt besäßen alle Menschen völlig gleiche Fähigkeiten, aber einige wenige würden sich an Plätzen wiederfinden, wo ganz gewöhnliche Handlungen ganz ungewöhnliche Folgen hätten. Möglicherweise würden sie das selbst gar nicht ahnen, weil die Folgen ihrer Handlungen sich erst im Verlauf der Geschichte zeigen würden. Diese Menschen würden vielleicht als große Persönlichkeiten in die Geschichte eingehen, beispielsweise als Väter (oder Mütter) gewaltiger sozialer Bewegungen. Viele von ihnen mögen wirklich außergewöhnlich sein, das heißt aber nicht unbedingt, dass dies auch der Grund ist, dass sie so gewaltige Ereignisse angestoßen haben.

So verlockend es ist, nach den ganz besonderen Ursachen der Megabeben und des Massenaussterbens der Arten zu suchen, so gern hätte man, dass hinter den großen Ereignissen der Geschichte große Menschen stehen. Der Sandberg-Historiker würde sich aber entschieden gegen eine solche Theorie wenden und eher Hegel zustimmen, der festgestellt hat:

»In der öffentlichen Meinung ist alles Falsche und Wahre, aber das Wahre in ihr zu finden, ist die Sache des großen Mannes. Wer, was seine Zeit will und ausspricht, ihr sagt und vollbringt, ist der große Mann der Zeit. Er tut, was das Innere und Wesen der Zeit ist, verwirklicht sie …«[12]

Die Größe eines Ereignisses lässt sich demnach nicht auf die Größe eines Menschen zurückführen, der an ihm mitwirkt. Was einen Menschen bemerkenswert oder »groß« macht, ist vielmehr seine Fähigkeit, die auf Erlösung wartenden Spannungen – hegelianisch gesprochen: den »Geist der Geschichte« – freizugeben und so jene großen Kräfte zur Wirkung kommen zu lassen.

Unter den Naturwissenschaftlern war Einstein ein außerordentliches Genie. Er konnte aus den Maxwellschen Gleichungen Schlüsse ziehen, bevor seine Kollegen dazu in der Lage waren. Die Relativitätstheorie ist aber nicht aufgrund der Genialität Einsteins so revolutionär, sondern weil sie im Gebäude der Wissenschaft ein gewaltiges Beben auslöste. Selbst wenn alle Wissenschaftler völlig identische genetische Klone wären, würden derartige revolutionäre Erkenntnisse zunächst bei einigen wenigen auftauchen. Um einen Ausspruch des Biologen Edward Osborne Wilson aufzugreifen: »Genialität ist die Summe einer Vielzahl von Einzelleistungen, wobei – zur leichteren Erinnerung – die Namen einiger weniger mit dem Erkenntnisfortschritt verbunden werden, während andere zu Unrecht in Vergessenheit geraten.«[13]

Ganz allgemein kann man sagen, dass in der Geschichte der Menschheit der Einzelne das Geschehen eher über die besondere Organisationsform des sozialen Systems beeinflusst als auf irgendeine andere Weise. Und es zeigt sich, dass das möglicherweise nicht nur für die Handlungen Einzelner gilt, sondern auch für viele andere scheinbar verrückte Zufälle der Geschichte.

Die Nase der Kleopatra

Gustave Flaubert meinte einmal, »Geschichte schreiben ist, als würde man einen Ozean trinken und einen Becher vollpinkeln«[14]. Jedes historische Ereignis ist von einem derartigen Wust von Fakten umgeben, dass der Historiker, bevor er nur seine Feder in die Hand nimmt, vor der entmutigenden Aufgabe steht, einen winzigen Teil dieser Fakten daraufhin auswählen zu müssen, ob sie ihm erwähnenswert erscheinen. Es mag Berichte darüber geben, was Hitler als kleiner Junge getragen hat oder wie oft Margaret Thatcher »Fish and Chips« gegessen hat – das zählt aber kaum zu den wichtigen historischen Fakten. Nur wenige aus einer ungeheuren Zahl von Fakten sind für den Historiker wichtig und führen zu Erkenntnissen über die Grundströmungen, die Geschichte wirklich antreiben.

Auf ein weiteres Problem hat einmal Henri Poincaré hingewiesen: »Fakten sprechen nicht.« Sie tauchen nicht wie ein Walfisch aus dem Meer auf und verkünden, dass sie wichtig sind. Um zwischen wichtig und unwichtig zu unterscheiden, müssen die Historiker ihr Material bewerten. Ist ein Historiker der Meinung, dass die politischen Einflüsse stärker als die ökonomischen sind, so wird er die politischen Fakten vermehrt heranziehen und die anderen vernachlässigen – sein Kollege wird eine ganz andere Auswahl treffen. Nach Carrs Meinung haben alle Historiker irgendeinen Tick und »drücken« in eine bestimmte Richtung, sodass Vorsicht geboten ist:

> »Wenn man ein Geschichtswerk liest, muss man immer auf dieses Drücken aufpassen. Kann man es nicht feststellen, so ist man entweder selber unempfindlich, oder aber der Historiker ist eine taube Nuss. Die Fakten gleichen nämlich in keiner Weise den Fischen auf des Händlers Tisch; viel eher sind sie Fische, die in einem großen und manchmal unzugänglichen Ozean herumschwimmen, und der Fischzug des Historikers hängt zum Teil von seiner Geschicklichkeit ab, in der Hauptsache aber doch davon, welchen Teil des Ozeans er sich zum Fischen aussucht und welche Geräte ihm gutdünken – diese beiden Faktoren hängen natürlich ihrerseits wiederum davon ab, welche Art Fische er zu fangen wünscht.«[15]

Zu diesem Dilemma, aus dem vorgefundenen Material je nach persönlicher Vorliebe auswählen zu müssen, kommt noch ein weiteres, das gern als das Problem mit der »Nase der Kleopatra«[16] bezeichnet wird. Mark Anton war ganz verrückt nach Kleopatra, weil sie so schön war, besonders ihre Nase hatte es ihm angetan. Er schickte seine Flotte in den Krieg und unterlag gegen Octavian in der Schlacht von Actium. Jede Überlegung zu den Ursachen dieser Schlacht und zu den Folgen – bis zur Gründung des Römischen Imperiums – muss auch Kleopatras Nase mit einbeziehen. Churchill hat einmal auf eine ähnlich seltsame

Geschichte hingewiesen: 1920 starb der griechische König am Biss eines Affen, den er als Haustier gehalten hatte: »Der Hund griff das Affenweibchen an, in der Abwehr ging das Männchen auf den König los und biss ihn ins Bein ... Nach dreiwöchiger Agonie verschied König Alexander in den Armen seiner Braut.« Über die Kette der darauf folgenden Ereignisse, die zum Krieg zwischen Griechenland und der Türkei führten, merkt Churchill an: »Es ist vielleicht keine Übertreibung zu behaupten, dass an diesem Affenbiss eine Viertelmillion Menschen starb.«[17] Wenn schon derart »kleine« Ereignisse das große Geschichtsgeschehen so radikal verändern können, wie kann dann der Historiker irgendeinen Sinn in der Geschichte finden? Mit diesem Dilemma konfrontiert, ist es für den Historiker noch schwerer, aus der ungeheueren Fülle seines Materials das wirklich Wichtige herauszufiltern.

Fast alle Historiker haben sich mit diesem Problem irgendwann auseinander gesetzt. Auch Carr hat dies getan, und wir wollen uns seinen Vorschlag ansehen, wie man einen Sinn der Geschichte finden kann – einen Vorschlag, der bis in die heutige Zeit von der Geschichtswissenschaft diskutiert wird. Carr geht davon aus, dass es eine natürliche Rangordnung der Fakten gibt. Nehmen wir an, Herr Mustermann überquert die Straße an einer unübersichtlichen Kurve, um Zigaretten zu kaufen, und wird von einem Auto überfahren, dessen Fahrer betrunken ist. Herr Mustermann ist tot. Was ist schuld an seinem Tod? Nach Carr sind die *wesentlichen* Ursachen solche, die man verallgemeinern kann. Wäre es Herrn Mustermann nicht nach Zigaretten gewesen, so würde er noch leben. Das stimmt sicher, der Wunsch nach Zigaretten war ein Grund für den Unfall. Es war aber kein Grund, der verallgemeinert werden kann, da im Allgemeinen der Wunsch nach einer Zigarette nicht dazu führt, überfahren zu werden. Im Gegensatz dazu zählen zwei andere Gründe für den Tod Herrn Mustermanns – die Trunkenheit des Autofahrers und die Unübersichtlichkeit der Kurve – zu denen, die verallgemeinert werden können. Diese beiden Gründe führen direkt dazu, Menschen zu Tode zu bringen, und sind daher als wesentlich für das Unglück anzusehen. So betrachtet sind weder schöne Nasen noch beißende Affen wesentliche Gründe dafür, dass eine Nation in den Krieg zieht – wenn sie auch in irgendeiner Weise dazu beitragen. Wenn man Carr folgt, so muss sich die Geschichtsforschung um die *wesentlichen* Gründe bemühen.

Nach Carrs Theorie lassen sich die Gründe für historische Ereignisse in zwei Kategorien teilen: eine erste Kategorie von – im oben beschriebenen Sinne – wesentlichen Gründen und in eine zweite Kategorie von seltsamen Zufällen. Das leuchtet ein – aber wie funktioniert die Theorie im Testfall unseres Sandbergs? Nehmen wir an, ein Sandkorn fällt irgendwo im Westen auf den Berg. Wo es landet, ist der Berg schon sehr steil, folglich löst es eine kleine Lawine aus. Der Sandberg-Historiker hält als wesentliche Ursache für Lawinen fest: Immer wenn ein Sandkorn auf eine steile Fläche fällt, löst es eine Lawine aus. Dieser Schluss ist berechtigt und scharfsinnig. So weit, so gut!

Nehmen wir nun an, ein Sandkorn fällt auf eine andere Stelle und löst eine gewaltige, den gesamten Berg betreffende Riesenlawine aus. Der Historiker kann wieder darauf verweisen, dass die Steilheit des Landeplatzes die Ursache war. Aber warum wuchs die Lawine zu einer solch gewaltigen Größe an? Um diese Frage anzugehen, muss der Historiker sich mit der komplizierten Ereigniskette auseinander setzen, die zur Ausbreitung der Lawine über den gesamten Berg geführt hat. Das Ergebnis seiner Untersuchung könnte sein, dass er *keine* Ursache findet, die verallgemeinert werden kann und damit als wesentlich gelten muss. Er wird möglicherweise nur in der Lage sein, die tausend Ereignisse nachzuerzählen, die aber in genau dieser Weise sicher nicht noch einmal passieren werden.

Wie manche Historiker die Ursachen des Ersten Weltkriegs in »Schwächen des internationalen Systems« sahen, wird der Historiker der Sandbergwelt die Ereignisse einem »eigenartigen Aufbau des Sandbergs« zuschreiben, in dessen »tragischer Folge« das eine Korn eine Katastrophe auslösen konnte. Und damit hätte er Recht! Es wäre allerdings falsch, in dem »eigenartigen Aufbau« etwas Besonderes oder Ungewöhnliches zu sehen. Wie wir wissen, ist ein solcher Zustand vielmehr typisch für unseren Sandberg: Ein Sandkorn kann *immer* eine Riesenlawine auslösen – es muss nur auf den richtigen Landeplatz fallen.

Wenn die Potenzgesetze von Richardson und Levy über die Häufigkeitsverteilung von Kriegen nach ihrer »Größe« auf etwas hinweisen, dann mag dies auch für die Geschichte ganz allgemein gültig sein: Das System der Politik – *in* einem Staat und *zwischen* den Staaten – könnte sich in einem kritischen Zustand befinden. Möglicherweise ist es einfach, »wesentliche« Gründe für den Geschichtsverlauf in einem begrenzten Raum zu finden – beispielsweise die von Read angeführten Abweichungen von der Ordnung, die jeweils dem Zusammenbruch eines Teils der traditionellen Zusammenhänge einer sozialen Gemeinschaft vorausgehen. Die Verallgemeinerung Reads ähnelt der unseres Sandberg-Historikers, wenn er die Steilheit des Hanges als Ursache für eine Lawine angibt – oder der eines Feuerwehrmanns, der erkennt, dass ein brennender Baum einen Nachbarbaum in Flammen setzen kann. Aber warum haben die einen Revolutionen und Kriege nur begrenzte Auswirkungen, während sich andere zu weltweiten Katastrophen entwickeln? Vielleicht sind zur Beantwortung dieser Frage die »wesentlichen« Gründe gar nicht so wesentlich. Selbst für so folgenschwere Ereignisse wie Weltkriege vermögen die Historiker letztlich nicht viel mehr, als auf die Anfänge zu verweisen – eine Nase, einen Affenbiss, ein Automobil, das sich verfährt – und dann der daraus folgenden Kette von Ereignissen nachgehen. Kann man sich vielleicht aus diesem Grund nicht über die tieferen Ursachen des Ersten Weltkriegs einigen? Möglicherweise ist die einzige wesentliche Ursache für ein derartiges Ereignis die, dass das System sich in einem kritischen Zustand befindet, der Katastrophen dieser Art nicht nur möglich, sondern sogar unvermeidlich macht.

Wenn dem so ist, dann ist das Problem mit Kleopatras Nase ganz real, und der britische Philosoph Michael Oakshott hat vielleicht Recht:

»Jedes historische Ereignis ist notwendig, und es ist unmöglich, die jeweilige Bedeutsamkeit der Notwendigkeiten zu klären, warum welche nun mehr oder weniger wichtig ist. Kein Ereignis ist nicht nur negativ, keines ist nicht-mitwirkend am Gesamtkontext. Wenn man von einem einzelnen, unklar charakterisierten Ereignis redet (denn kein historisches Ereignis ist eindeutig unterschieden von seinem Umfeld), und zwar im Sinne eines determinierenden geschichtlichen Augenblicks, der eine Ursache und Erklärung darstellt, dann ist der darauf folgende Verlauf von Ereignissen ... nicht schlechte oder zweifelhafte Geschichte, sondern überhaupt keine Geschichte ... Es gibt einfach keinen Grund, den ganzen Verlauf von Ereignissen einem vorhergehenden Ereignis oder irgendeinem anderen kausal zuzuschreiben ... Der strenge Begriff von Ursache und Wirkung erweist sich ... für die historische Interpretation ohne jegliche Bedeutung.«[18]

Für die Geschichte einer Welt im kritischen Zustand werden – jenseits alles Messbaren – die Zufälligkeiten wichtig. Nach der klassischen Sicht der Dinge brechen Kriege aus, weil die Menschen nicht in der Lage sind, ihre Probleme ohne Gewalt zu lösen – und möglicherweise auch, weil sie blutrünstig sind. Abstrakter gesehen, kommt es zu Kriegen, weil die Ansichten, Ideen und Verhaltensweisen der vielen Menschen ähnlich wilden Schwankungen ausgesetzt sind wie ein Magnet, der auf der Kippe zwischen magnetischer und nichtmagnetischer Phase steht. Es muss nicht erwähnt werden, dass nichts von all dem, was in den letzten Kapiteln erwähnt wurde, dafür ein Beweis ist. Aber immerhin können wir festhalten, dass wir es mit einer realen Möglichkeit zu tun haben.

Geschichtsmodelle

Eine zentrale Fragestellung der Historiker ist, wie der Geschichtsprozess abläuft. Man könnte sich die Geschichte beispielsweise wie das Wachsen eines Baumes vorstellen, das letztlich zu einem Reifezustand, zu einem stabilen Endziel führt. Unter einer solchen Annahme über den Fortschritt, wie wir sie etwa bei Hegel und Marx finden, sollten Kriege und Revolutionen immer seltener werden, je näher die Menschheit an das Ende der Geschichte gelangt. Eine andere Vorstellung wäre, dass Geschichte dem Kreisen des Mondes um die Erde gleicht und zyklisch abläuft. Dieses Bild von Geschichte hat einmal der Historiker Arnold Toynbee vorgeschlagen, für den der Aufstieg und der Zusammenbruch von Zivilisationen Teile eines Prozesses waren, der sich regelmäßig wiederholte. Viele Wirtschaftswissenschaftler haben Zyklen in der ökonomischen Entwicklung gefunden, und einige Politikwissenschaftler vermuten, dass derartige Zyklen der Wiederkehr von Kriegen zugrunde liegen. Eine dritte Möglichkeit wäre, dass die Geschichte ganz zufällig verläuft und keinerlei erkennbares Muster aufweist.

Die Liste der Geschichtsmodelle ist allerdings nicht vollständig. Eigentlich ist es ja die Aufgabe der Physik und nicht der Geschichtswissenschaft, den Ablauf von Prozessen zu untersuchen. In den achtziger Jahren haben aber Physiker entdeckt, dass sich selbst sehr einfach erscheinende Dinge als höchst kompliziert erweisen können. Stellen wir uns beispielsweise eine Plattform vor, die sich völlig regelmäßig auf und ab bewegt – etwa wie ein automatisches Pferd, das auf dem Rummelplatz für Kinder bereitsteht. Nun lassen wir einen sehr elastischen Ball auf die Plattform fallen und stellen die Frage, wie hoch er nach zehnmal Aufprallen hüpfen wird. Würde die Plattform still stehen, wäre das eine einfache Aufgabe: Der Ball würde fast seine ursprüngliche Höhe erreichen. Wenn sich nun aber die Plattform bewegt, wird das Problem praktisch unlösbar. Schon das kleinste Zittern der Hand beim Abwerfen könnte verstärkt werden und die weiteren Bewegungen des Balls so sehr beeinflussen, dass schon nach einigen wenigen Aufprallern die maximale Höhe des Balls völlig anders wäre. Die Bewegung der Plattform macht den Weg des Balls auf ganz grundlegende Weise instabil: Die Höhen nach jedem Aufprall ändern sich in unregelmäßiger Weise – es herrscht Chaos!

Der Ablauf des Geschehens erscheint zufällig und wird doch von einfachen, strengen Gesetzen bestimmt. Kennt man die Höhe des Balls, so kann man mit ein wenig Arithmetik seine Höhe nach dem nächsten Aufprall berechnen. Man braucht nur wenig zu wissen, um den Zustand des Balls zu beschreiben – und trotz dieser einfachen Verhältnisse läuft der Prozess chaotisch ab. Die Chaostheorie, die für die Erklärung von Prozessen dieser Art zuständig ist, eignet sich offensichtlich nicht für die Geschichte, denn Geschichte ist keineswegs einfach, sondern kompliziert, da viele Menschen mit ebenso vielen Haltungen, Ideen und Erinnerungen an ihr beteiligt sind. Sie befasst sich nicht mit dem Schicksal einzelner Menschen, sondern mit Gemeinschaften und Kollektiven, man kann daher am ehesten Analogien in der Physik kollektiver Phänomene finden. Wenn man wissen will, was in jedem Augenblick in einem Eisenmagneten abläuft, benötigt man Informationen über die Ausrichtung einer astronomisch großen Zahl atomarer Magnete. Der Magnet ist also ein ungeheuer kompliziertes Gebilde. Während uns die Chaostheorie lehrt, dass schon ganz einfache Dinge höchst kompliziert erscheinen können, so wissen wir, dass im kritischen Zustand äußerst komplizierte Dinge ganz einfache Verhaltensweisen zeigen können. Wie wir in Kapitel sechs gesehen haben, ist die grundlegende Organisation eines Systems, das sich im kritischen Zustand zwischen zwei Phasen befindet, von den Eigenschaften der beteiligten Teile fast unabhängig. Vielmehr sind ganz universelle Gesetze am Werk, die es erlauben, Tausende unterschiedlicher kollektiver Systeme zu verstehen, indem man ein einfaches Modell untersucht, das mit den vielen Systemen nur die Grundstruktur gemeinsam hat.

Um im Labor einen Magneten an den kritischen Punkt zu bringen und ihn in diesem Zustand zu halten, ist ein hoher Aufwand an sorgfältiger Abstimmung der Rahmenbedingungen nötig. Eine der grundlegendsten Entdeckungen der Physik in den letzten zwei Jahrzehnten ist es jedoch, dass Systeme im Nicht-Gleichgewicht oft ganz von selbst in den kritischen Zustand gelangen und auch in ihm bleiben. Die Physiker arbeiten intensiv an der Frage, unter welchen Bedingungen das geschieht – oder auch nicht. Trotz aller noch offenen Fragen sollten auch Wissenschaftler aus anderen Fachbereichen nicht zögern, aus diesem Durchbruch Nutzen zu ziehen – beispielsweise die Historiker.

Wie das Chaos stellt auch der kritische Zustand eine Brücke zwischen den gesetzmäßigen »normalen« Ereignissen und dem Zufall dar. Die Art und Weise der Veränderungen, die er bewirkt, ist nicht vom Zufall bestimmt, aber trotzdem kaum vorherzusagen. Die Veränderungen folgen einem Muster, das universell ist, aber nur in der Statistik der Prozesse sichtbar wird und damit keine Vorhersage für den Einzelfall erlaubt. Das birgt für das Denken erhebliche Schwierigkeiten, denn es erscheint uns beispielsweise nicht als »normal« und gesetzmäßig, dass nach langen Perioden der Ruhe unvermittelt Katastrophen ausbrechen – und doch *ist* es normal. Es scheint sogar fast so, als drücke sich darin eine Grundeigenschaft der Welt aus.

15
Unwissenschaftlicher Anhang

Ich will mich kurz fassen. Aber nicht ganz so kurz wie Salvador Dalí, der die kürzeste Rede gehalten hat, die es je gab. Er sagte: »Ich werde mich so kurz fassen, dass ich schon fertig bin«, und setzte sich.
Edward Osborne Wilson[1]

Historiker werden Historiker, weil sie Geschichte faszinierend finden. Herbert Butterfield, einer von ihnen, schrieb einmal: »In der Natur der historischen Ereignisse liegt etwas, das den Lauf der Geschichte in eine Richtung lenkt, die kein Mensch je beabsichtigte.«[2] Gewiss: Geschichte ist faszinierend. Aber warum? Warum ist sie nicht langweilig?

Zum einen sicherlich, weil mit der Zukunft auch immer wieder Neues auftaucht. Mit der Weltgeschichte ist es so ähnlich wie mit der biologischen Evolution: Was es in der Gegenwart gibt, schließt sich auf neue Art zusammen und erzeugt eine Zukunft, die es in dieser Weise vorher noch nie gab. In der Geschichte herrschen unleugbar gewisse Trends – der offensichtlichste ist das Anwachsen des Gebäudes der Wissenschaft und die Zunahme der technischen Komplexität unserer Welt. Noch nie da gewesene Dinge, Prozesse und Möglichkeiten tauchen ständig auf. Wie wir aber schon früher gesehen haben, ist die Evolutionsgeschichte auf unserer Erde nicht nur interessant, weil sich bei der Entwicklung der unterschiedlichsten Arten so viele Neuerungen durchgesetzt haben, sondern auch, weil die verschiedenen Ökosysteme sich im kritischen Zustand befinden, was sich in den starken Schwankungen der Artenzahl und vor allem im gelegentlichen Massenaussterben von Arten ausdrückt.

Wenn das auch für die Evolution der menschlichen Kultur und im Netzwerk der Kulturen auf unserem Globus gilt, so könnte das einer der Gründe dafür sein, dass Geschichte nicht langweilig ist. Um auf den Punkt zu kommen, wollen wir noch einmal an unseren Magneten denken. Stellen wir uns vor, wir lebten in seiner Magnetwelt und die Temperatur läge knapp unter dem kritischen Punkt. Alle Elementarmagnete würden in eine Richtung zeigen und nur ganz selten, vielleicht sogar niemals, von dieser Richtung abweichen. Alle unsere Freunde und Bekannten würden dasselbe tun, und das Leben wäre ein langes, langweiliges Nichts. Die Geschichte dieser Welt würde strengen Gesetzen gehorchen, es würde ewiger Friede herrschen, es hätte weder in der Vergangenheit Veränderungen gegeben, noch würde die Zukunft welche bringen: Die Geschichte wäre wirklich langweilig. Genauer gesagt: Es gäbe überhaupt keine Geschichte, denn man würde eine Aufzeichnung des immer Gleichen kaum Geschichte nennen, sondern eher ihre Abwesenheit.

Jetzt nehmen wir an, die Temperatur steigt ein wenig über den kritischen Punkt. Alle atomaren Magnete würden sich wie wild gebärden und, ganz dem Zufall überlassen, erst nach oben, dann nach unten ausrichten, nach links und nach rechts. Was der eine kleine Magnet macht, hat keinerlei Einfluss darauf, was seine Nachbarn tun. In dieser verrückten Welt könnte man sich auf keinen Freund verlassen, es gäbe keinerlei Kontinuität, keine Spur von Ordnung, und die Aufzeichnungen über die Vergangenheit wären ein völliges Durcheinander zufälliger Veränderungen. Auch diese Welt wäre langweilig, man könnte über sie nur sagen, sie sei vom Zufall bestimmt.

Aber wie interessant würden die Dinge werden, sobald sich die Temperatur dem kritischen Punkt näherte! Plötzlich würde jeder einzelne Magnet großen Einfluss auf seine Nachbarn gewinnen – aber keinen so großen, dass *alle* gleich ausgerichtet werden. In unserer Gesellschaft gäbe es nun Gruppen verschiedenster Größenordnung, die sich in einer Art und Weise zusammentun und wieder trennen, die weder vollständig geordnet ist, noch ganz dem Zufall überlassen. Gelegentlich würde man Massenbewegungen beobachten, die von nur einigen wenigen ausgelöst werden, aber fast die ganze Magnetwelt ergreifen. Es würde so scheinen, als ob das Ende der Geschichte gekommen wäre – bis dann, nach einer Friedenszeit unvorhersagbarer Länge eine neue Massenbewegung entsteht und ihren (ganz anderen) Weg geht. Keine Bewegung wäre nur die einfache Wiederholung einer vorhergegangenen, jede Änderung würde sich von früheren in Einzelheiten unterscheiden.

Gleichzeitig würden wir feststellen, dass unsere eigenen Aktivitäten großen Einfluss auf den Rest der Welt haben, aber auch die der anderen uns selbst in einer Weise beeinflussen, der wir kaum entgehen können.

Wenn wir nun auf die Geschichte dieser Welt zurückblicken, so stehen wir vor einem faszinierenden Muster mit festen Strukturen und Zufälligkeiten, die in verwirrender und berauschender Weise miteinander verwoben sind. Manchmal scheint es, als wenn Dinge zur Ruhe gekommen sind und man ihre Zukunft ohne weiteres voraussagen kann – und dann bringt wieder eine Revolution die Welt in Aufruhr. Geschichte wäre in dieser Welt außerordentlich spannend.

Vielleicht liefert uns das einen Hinweis darauf, warum unsere Welt, die Welt der Menschen, so aufregend ist. Wir sind auf einige Anzeichen gestoßen, dass diese Welt auf vielen Ebenen denselben Veränderungen unterworfen ist wie der Sandberg und der Magnet am kritischen Punkt, wo kleine Veränderungen die Chance haben, sich weit auszubreiten. Wenn das soziale und politische Geflecht unserer Welt wirklich so organisiert ist, dann sollten wir darauf vorbereitet sein, das Unerwartete zu erwarten. Wir leben heute in einer relativ friedlichen Zeit. Sie kann noch hundert Jahre dauern – es kann aber auch in fünf Jahren ein neuer Weltkrieg ausbrechen. Die USA kann als Staat noch weitere 500 Jahre bestehen – oder in ganzen 30 zerfallen. Wenn die Welt sich im kritischen Zustand befindet, dann kann man Ursachen geschichtlicher Prozesse in einem begrenzten Raum untersuchen, und man kann hier und dort feststellen, wie die politischen und sozialen Kräfte den Geschichtsablauf beeinflussen. Wenn aber die letzten Auswirkungen eines Ereignisses davon abhängen, wie die einzelnen Aktionsfelder über Gebiete von Instabilität weltweit verbunden sind, wird es nahezu unmöglich, die Zukunft vorauszusagen. Man kann den Trends nicht mehr glauben, und alles, was man vorhersagen kann, ist, dass die Zukunft sich uns weiterhin entziehen wird. Das mag der Grund dafür sein, dass Geschichte so spannend ist: Sie ist weder statisch, noch ändert sie sich nach dem bloßen Zufall, sondern ist in einem gefährlichen Schwebezustand zwischen diesen beiden Möglichkeiten und steht daher, wie der Sandberg, immer kurz vor der Katastrophe.

Der Paläontologe und Evolutionsbiologe Stephen Jay Gould hat mit Recht festgestellt:

»Besonders tief bewegen uns die Ereignisse, die nicht hätten sein müssen, die aber dennoch geschehen sind, und zwar aus erkennbaren Gründen, über die man endlos grübeln und streiten kann. Umgekehrt haben das Unvermeidliche und der reine Zufall – die beiden Pole der gängigen Dichotomie – meistens eine geringere emotionelle Wirkung auf uns, weil sich beides nicht von historischen

Faktoren und Personen beeinflussen lässt und deshalb entweder kanalisiert oder bekämpft wird, ohne große Aussicht auf Erfolg. Im Falle der Kontingenz dagegen werden wir hineingezogen, in die Geschichte verwickelt, durchleiden auch wir Sieg oder Niederlage. Wenn uns klar wird, dass das tatsächliche Ergebnis nicht zwingend war, dass eine geringfügige Änderung auf irgendeiner Stufe des Weges eine Kaskade ausgelöst hätte, die in einen anderen Kanal gemündet wäre, dann begreifen wir das ursächliche Gewicht einzelner Ereignisse. Wir können über jedes Detail streiten, es beklagen oder bejubeln, weil in jedem die Möglichkeit zur Transformation steckt. Kontingenz bedeutet, dass das Schicksal von den unmittelbaren Ereignissen bestimmt wird, dass ein Königreich verloren gehen kann, weil es an einem Hufnagel gefehlt hat.«[3]

Heutzutage wird auf unserer Welt jedes kleinste Ereignis aufgezeichnet. Es hat Auswirkungen, und diese Auswirkungen können die Welt verändern. Aber das muss nicht so sein – vielleicht ist die Welt auch anders organisiert?

Physik der Geschichte

Erst einige wenige Historiker beginnen zu erkennen, dass die Physik in der Tat ein neues Konzept mit neuen Begriffen zur Verfügung stellt, das für die Lösung dieser Frage möglicherweise geeignet ist. Der Oxforder Historiker Niall Ferguson hat dazu festgestellt:

»Ein großer Teil dieser Geschichtsphilosophen, die in diesem Jahrhundert über die Frage stritten, ob Geschichte überhaupt eine ›Wissenschaft‹ sei oder nicht, schienen nicht begriffen zu haben, dass ihre Bemerkung zur Wissenschaftlichkeit in diesem Kontext das Relikt eines antiquierten Problems aus dem 19. Jahrhundert war. Es wäre weitaus sinnvoller gewesen, wenn sie dem mehr Aufmerksamkeit gewidmet hätten, was ihre wissenschaftlichen Kollegen gegenwärtig taten, sie wären überrascht, vielleicht sogar beeindruckt gewesen zu erfahren, dass sie selbst schlicht die falsche Frage stellten. Denn es ist bezeichnend für viele der modernen Entwicklungen in den Naturwissenschaften, dass sie sich auf fundamentale Weise durch eine ausgeprägte Historizität auszeichnen.«[4]

Ferguson weist darauf hin, dass die Chaostheorie für die historische Forschung ein wichtiges Handwerkszeug mit der Bedeutung darstellt, »dass sie die Vorstellungen von Kausalität und Zufälligkeit miteinander versöhnte«[5]. Es ist richtig, das Chaos dafür verantwortlich zu machen, dass sogar bei einem streng deterministischen Prozess die winzige Änderung einer Eingangsgröße zu großen Änderungen im Endergebnis führen kann. Wie wir gesehen haben, fehlt aber der Chaostheorie die Berücksichtigung kollektiven Verhaltens. Es gibt nicht nur einige wenige Kräfte, die die Geschichte bestimmen, sondern unzählig viele. Um die typischen Muster im Geschichtsprozess zu verstehen, muss man eine historische Wissenschaft für Systeme entwickeln, in denen viele unabhängige Einzelteile miteinander in Wechselwirkung stehen.

Das ist das Arbeitsgebiet der »statistischen Physik der Zustände im Nicht-Gleichgewicht« oder der »Physik kollektiver Phänomene«. Sie befasst sich mit Systemen, für die exakte Vorhersagen aussichtslos sind. Während aber das Verhalten der einzelnen Teile nicht beschrieben werden kann, herrschen im Hintergrund sehr einfache statistische Gesetze von der Art der Potenzgesetze, auf die wir nun schon so oft gestoßen sind. Die Existenz eines Potenzgesetzes deutet darauf hin, dass der Prozess »historisch« ist, das heißt, dass sein geschichtlicher Ablauf eine Rolle spielt. Die Historiker sollten daher nicht das Chaos, sondern die Universalität heranziehen, die Entdeckung, dass Systeme aus Teilen, die miteinander in Wechselwirkung stehen, universelle Eigenschaften in ihrem Verhalten aufweisen.

In der antiken Welt wurden große Ereignisse meist dem Wirken der Götter zugeschrieben. Der Historiker Herbert Butterfield hat das so formuliert:

»Immer dann, wenn die Ursachen mit den Wirkungen nicht in Einklang zu bringen waren oder die Welterklärungsmodelle mit der Wirklichkeit nicht so recht übereinstimmten, immer dann, wenn ein Zufall oder ungewöhnliche Konstellationen von Sachverhalten etwas in Erscheinung brachten, was mit den bisherigen Erfahrungen in Konflikt geriet, immer dann, wenn unbekannte Faktoren jenseits des Gewohnten … in den Berechnungen auftauchten, die den Berichten über die Phänomene eine überraschende Verwirrung verliehen – immer dann glaubte man, … dass [Gott] in diese Welt eingegriffen habe. Dieser kurze Rückblick auf die göttliche Intervention, der das Unbegreifliche erklärt, veranschaulicht: die Bedeutsamkeit des zufälligen, unvorhergesehenen Ereignisses in der Geschichte; die Unfähigkeit des Menschen auf früheren Entwicklungsstufen, die korrelativen Vernetzungen der einzelnen beobachteten

Phänomene zu erkennen; die natürliche umwälzende Eigenschaft bestimmter Ereignisse ... angemessen zu deuten ... – all diese Aspekte haben dem Menschen das Lebensgefühl vermittelt, dass das Geschick vieler Dinge von den Göttern abhängt.«[6]

Auch heute noch werden wir von großen Kriegen und Revolutionen überrascht, wir können ihnen aber nicht so bequem auf einer metaphysischen Ebene begegnen, wie sie der antike Glaube an die Götter bot. Wir wissen, dass die Geschichte von Menschen gemacht wird. Sie entscheiden darüber, ob es Krieg oder Frieden gibt, und wir haben die Erfahrung gemacht, dass allzu oft aus der Fülle der Handlungen von Menschen eine Flutwelle entsteht, die uns alle ins Verderben reißt. Niemand würde glücklicher werden oder sich sicherer fühlen, wenn er wüsste, dass diese Flutwellen unvermeidbar sind. Es ist aber letzten Endes ein weiterer Schritt zum Verständnis der Geschichte, wenn wir erkennen, dass ihr wechselhafter Verlauf nicht das Ergebnis tief verwurzelten menschlichen Wahnsinns sein muss, sondern auf der ganz normalen Natur der Menschen und ein wenig einfacher Mathematik beruht.

Für die Physik ist eine neue Epoche angebrochen. Der Physiker James Langer von der University of California in Santa Barbara sieht dies voller Optimismus:

»Zum ersten Mal in der Geschichte haben wir das Handwerkszeug – die experimentellen Möglichkeiten, leistungsfähige Computer und schlüssige Konzepte –, um Fragen von einer Art zu beantworten, die schon immer die Vorstellungskraft nachdenklicher Menschen beschäftigt hat ... Ich kann mich an keine Zeit erinnern, in der ich mich optimistischer gefühlt habe als heute, was die intellektuelle Dynamik der Physik betrifft.«[7]

Langer hat sich auf theoretische Anstrengungen bezogen, die dazu dienen sollen, einen zeitabhängigen Prozess zu verstehen – allerdings in diesem Fall nicht den Prozess der Menschheitsgeschichte, sondern den Wachstumsprozess, der zu den unendlich verwickelten Formen von Schneeflocken führt. Schneeflocken kristallisieren in der Luft als Eis, und ihr Wachstum ist ein perfektes Beispiel für einen Prozess, bei dem die Geschichte eine Rolle spielt. Wie es der Zufall will, schreibe ich an diesem Schlusskapitel, während ich an einem Fenster mit Blick auf die französischen Alpen sitze, über die gerade ein gewaltiger Schneesturm hinwegfegt, der die Berghänge mit unzähligen Schneeflocken überdeckt. Die Zahl dieser Schneeflocken übersteigt jede Vorstellungskraft, aber noch beeindruckender ist die Tatsache, dass keine zwei von ihnen gleich sind, obwohl sie viele gemeinsame Eigenschaften haben. Über viele Jahrhunderte hinweg war das ein unlösbares Rätsel. Heute nicht mehr: Die Wissenschaft ist an einem Punkt angekommen, der es ihr erlaubt, die Formen der Schneeflocken zu erklären.

Die Physik des Nicht-Gleichgewichts ist die neue Herausforderung für die Physiker, und wenn man sich die Modelle für zeitabhängige Prozesse in den Fachzeitschriften ansieht und die bemerkenswerten Einsichten in Hunderte von Vorgängen bedenkt, die diese neue Physik gewährt, so kann man vielleicht Langers Glaube an ihre »intellektuelle Dynamik« nachvollziehen. Das alles steht natürlich erst am Anfang. Und alle Forschungsarbeiten, die ich in diesem Buch vorgestellt habe, sind nur erste Ansätze dieser Wissenschaft – sei es bei Erdbeben oder dem Massenaussterben von Arten, sei es bei den Schneeflocken oder dem Prozess von Wissenschaft selbst – und sei es in der Weltgeschichte.

Lev Tolstoj hat in seinem Roman *Krieg und Frieden* die Frage gestellt, »warum Kriege oder Revolutionen erfolgen«. Vielleicht ist es nicht zu viel gesagt, dass mit alldem, was Physiker auf ihre ganz besondere Weise mit ihrer Vorliebe für Vereinfachungen und Abstraktionen erkennen, eines Tages auch Historiker eine noch bessere Antwort auf diese Frage finden werden als Tolstoj:

> »Warum Kriege oder Revolutionen erfolgen, wissen wir nicht; wir wissen nur, dass die Menschen sich zur Vollbringung dieser oder jener Tat zu bestimmten Vereinigungen zusammenschließen und alle daran teilnehmen, und wir sagen, dass es so ist, weil es nicht anders denkbar ist, weil dies ein Gesetz ist.«[8]

Anmerkungen

Abkürzungen der in den Anmerkungen zitierten Zeitschriften

Ann. Scient. de l'École Norm. Sup.	=	Annales Scientifiques de l'École Normale Supérieure
Bull. Seism. Soc. Am.	=	Bulletin of the Seismological Society of America
Eos, Trans. Am. Geophys. Union	=	EOS, Transactions of the American Geophysical Union
Europhys. Lett.	=	Europhysics Letters
Geol. Mag.	=	Geological Magazine
Geophys. J. Int.	=	Geophysical Journal International
J. Business	=	The Journal of Business
J. Geophys. Res.	=	Journal of Geophysical Research
J. Math. Phys.	=	Journal of Mathematics and Physics
J. Theor. Biol.	=	Journal of Theoretical Biology
Phys. Rev.	=	Physical Review
Phys. Rev. Lett.	=	Physical Review Letters
Proc. Roy. Soc.	=	Proceedings of the Royal Society of London
Pure Appl. Geophys.	=	Pure and Applied Geophysics
Rep. Prog. Phys.	=	Reports on Progress in Physics
Seism. Res. Lett.	=	Seismological Research Letters
Z. Phys. Chem.	=	Zeitschrift für Physikalische Chemie

Anmerkung zum Vorwort

1 Henry Noel Brailsford, *The War of Steel and Gold. A Study of the Armed Peace*, London 1914, S. 35; zitiert nach: Alan John Percival Taylor, *Die Ursprünge des Zweiten Weltkrieges*, Gütersloh 1962, S. 59.

Anmerkungen zu Kapitel 1

1 Brief von John Kenneth Galbraith an John F. Kennedy vom 2. März 1962, in: *Ambassador's Journal*, 1969, S. 312.
2 Paul Valéry, Rede zur Geschichte, in: ders., *Werke*, Bd. 7 (Hrsg. Jürgen Schmidt-Radefeldt), Frankfurt a. M. u. Leipzig 1995, S. 437.
3 Alan J. P. Taylor, *The First World War. An Illustrated History*, Harmondsworth 1966.
4 Vgl. beispielsweise Niall Ferguson, *Der falsche Krieg. Der Erste Weltkrieg und das 20. Jahrhundert*, Stuttgart 1999.
5 In den hundert Jahren nach dem Wiener Kongress waren die europäischen Großmächte (Preußen bzw. Deutschland, Österreich, Frankreich, England, Italien und Russland), vom Krimkrieg abgesehen, ganze 18 Monate miteinander in Kriege verwickelt. Selbst der Deutsch-Französische Krieg von 1870/71 dauerte nur knapp neun Monate. (Anm. d. Übers.; vgl. Karl Polanyi, *The Great Transformation. Politische und ökonomische Ursprünge von Gesellschaften und Wirtschaftssystemen*, Frankfurt a. M. 1997, S. 21 ff.)
6 Clarence Alvord, zitiert nach: Peter Novick, *That Noble Dream. The »Objectivity Question« and the American Historical Profession*, Cambridge 1988, S. 131 f.
7 Vgl. Francis Fukuyama, *Das Ende der Geschichte: Wo stehen wir?*, München 1992.
8 Herbert A. L. Fisher, zitiert nach: Richard J. Evans, *Fakten und Fiktionen. Über die Grundlagen historischer Erkenntnis*, Frankfurt a. M. 1998, S. 37 f.
9 Vgl. http://www.city.kobe.jp.
10 Vgl. Paul Somerville, The Kobe Earthquake: An Urban Desaster, in: *Eos, Trans. Am. Geophys. Union*, 76 (1995), S. 49-51.
11 Zitiert nach: Rocky Barker, *Yellowstone Fires and Their Legacy*, erhältlich im Internet über die Adresse http://www.idahonews.com/yellowst/yelofire.htm.
12 *Wall Street Journal*, 23. September 1987.
13 Ebd., 26. August 1987.
14 Ebd., 7. Oktober 1987.
15 Ebd., 17. Oktober 1987.

16 Robert R. Prechter jr., *Introduction to the Wave Principle of Human Social Behaviour,* Gainsville 1998, S. 378.
17 Es gibt Hinweise darauf, dass das letzte Artensterben vor ca. 65 Millionen Jahren durch den Einschlag eines Asteroiden ausgelöst wurde. In Mexiko hat man die Spuren eines gigantischen Kraters aus dieser Zeit gefunden. Allerdings gibt es immer noch nur Vermutungen darüber, in welcher Weise der Asteroideneinschlag das Artensterben verursacht haben könnte. In noch weiter zurückliegenden Zeiten gab es Massenaussterben von Arten, ohne dass man Einschlagkrater gefunden hätte, und andererseits kennt man Krater von Einschlägen, die vermutlich kein Artensterben zur Folge hatten. Das Thema bleibt umstritten – ich werde darauf in den Kapiteln 8 und 9 genauer eingehen.
18 William James, *The Principles of Psychology*, Bd. 2, Dover 1920, Kap. 22.
19 Albert Camus, *Der Mythos von Sisyphos. Ein Versuch über das Absurde*, Reinbek bei Hamburg 1959, S. 16.
20 Per Bak, Chao Tang u. Kurt Weisenfeld, Self-Organized Criticality: An Explanation of 1/f Noise, in: *Phys. Rev. Lett.* 59 (1987), S. 381-384.
21 Vgl. Per Bak, *How Nature Works. The Science of Self-Organized Criticality,* New York u. a. 1996.
22 Ironischerweise gibt es etwas, was das Sandberg-Computermodell von Bak, Tang und Weisenfeld *nicht* richtig simuliert: die Lawinenbildung an einem *echten* Sandberg. Aber das ist nicht weiter tragisch, denn inzwischen scheint für unsere Vorstellung davon, wie die Welt in allen möglichen Bereichen funktioniert, ihr Modell weit wichtiger als jeder natürliche Sandberg. Mehr dazu in Kapitel 7!
23 Paul Kennedy, *Aufstieg und Fall der großen Mächte. Ökonomischer Wandel und militärischer Konflikt von 1500 bis 2000,* Frankfurt a. M. 1989.

Anmerkungen zu Kapitel 2

1 Paul Valéry, Persönliche Ansichten über die Wissenschaft, in: ders., *Werke,* Bd. 4 (Hrsg. Jürgen Schmidt-Radefeldt), Frankfurt a. M. u. Leipzig 1995, S. 279 f.
2 Charles Richter, Acceptance of the Medal of the Seismological Society of America, in: *Bull. Seism. Soc. Am.* 67 (1977), S. 1244-1247. Nach dem Seismologen Charles Richter ist die Richterskala benannt. Sie gibt Maßzahlen für die Gesamtenergie an, die bei einem Beben frei wird. Die Skala ist logarithmisch angelegt: Bei einem Beben der Stärke 7 wird beispielsweise zehnmal mehr Energie frei als bei einem der Stärke 6.

3 W. Spence, R. B. Hermann, A. C. Johnston u. G. Reagor, Responses to Iben Browning's Prediction of a 1990 New Madrid, Missouri, Earthquake, in: *U. S. Geological Survey Circular* 1083, U. S. Government Printing Office 1993.

4 R. Rikitake, The Large-Scale Earthquake Countermeasures Act and the Earthquake Prediction Council in Japan, in: *Eos, Trans. Am. Geophys. Union*, 60 (1979), S. 553-555.

5 B. T. Brady, Theory of Earthquakes – IV. General Implications for Earthquake Prediction, in: *Pure Appl. Geophys.* 114 (1976), S. 1031-1082.

6 USC Geology Chairman Forecasts Quake, in: *Los Angeles Times*, 29. April 1995.

7 John R. Gribben u. Stephen H. Plagemann, *The Jupiter Effect*, New York 1974.

8 Mark Twain bezieht sich dabei auf die Wissenschaft des Lotsens auf dem Mississippi; vgl. Mark Twain, *Leben auf dem Mississippi*, Wiesbaden 1949.

9 Robert J. Geller, Predictable Publicity, in: *Seism. Res. Lett.* 68 (1997), S. 477-480.

10 Eine viel trivialere Erkenntnis zum Thema »Vorhersage von Erdbeben« gibt es natürlich schon längst: Man weiß, dass Erdbeben in Gebieten wie Kalifornien und Japan häufig auftreten, während sie in England selten sind. Die Wahrscheinlichkeit von Erdbeben ist also von Region zu Region verschieden. Diese Erkenntnisse wurden dazu verwendet, bestimmte Baunormen für Erdbebengebiete zu erlassen – über bestimmte Beben an einem bestimmten Ort zu einer bestimmten Zeit sagen sie leider nichts aus.

11 Robert J. Geller, Earthquake Prediction: A Critical Review, in: *Geophys. J. Int.* 131 (1997), S. 425-450.

12 Peter Brian Medawar, *Pluto's Republic*, Oxford u. a. 1982.

13 Vgl. dazu die Anmerkungen von Ian Man zur Eröffnung der von der Zeitschrift *Nature* angeregten Online-Diskussion zum Thema »Kann man Erdbeben vorhersagen?«, die im Frühjahr 1999 begann und an der zahlreiche führende Erdbebenexperten aus der ganzen Welt teilnahmen. Näheres dazu findet man im Internet unter http://helix.nature.com/debates/earthquake.

14 Manche Forscher beharren darauf, dass es einige Vorboten gibt, die wenigstens einigermaßen verlässlich sind, die Argumente haben aber eher etwas Absurdes. So hat beispielsweise einer der Teilnehmer an der *Nature*-Diskussion behauptet, dass sich zehn bis 30 Prozent aller Erdbeben durch Vorbeben in der Woche zuvor ankündigen. Andere wiederum folgen seiner Meinung nach auf eine jahrelange Aktivität, wieder andere auf eine lange Zeit seismischer Ruhe. Mit anderen Worten: Irgendetwas passiert immer vor einem großen Erdbeben – und wenn es *nichts* ist: eine äußerst zuverlässige Prognose, aber leider völlig nutzlos.

15 W. H. Bakun u. A. G. Lindh, The Parkfield, California, Earthquake Prediction Experiment, in: *Science* 229 (1985), S. 619-624.
16 C. F. Shearer, Minutes of the National Earthquake Prediction Evaluation Council, March 29-30, 1985, *USGS Open File Report* 85-507.
17 Commission on Physical Sciences, Mathematics and Resources, National Research Council (Hrsg.), *A Proposed Initiative for Capitalizing on the Parkfield, California, Earthquake Prediction*, Washington DC, 1986.
18 Small Earthquake Somewhere, Next Year – Perhaps, in: *The Economist*, 1. August 1987.
19 Yacov Y. Kagan, Statistical Aspects of Parkfield Earthquake Sequence and Parkfield Prediction Experiment, in: *Tectonophysics* 270 (1997), S. 207-219; UCLA = University of California, Los Angeles.
20 Richard J. Evans, *Fakten und Fiktionen. Über die Grundlagen historischer Erkenntnis*, Frankfurt a. M. 1998, S. 64f.
21 Um es etwas genauer zu sagen: Das Material im Erdmantel ist nicht flüssig, sondern fest. Die verschiedenen Mineralien, aus denen es besteht, zeigen aber durch den hohen Druck und die hohe Temperatur im Erdinneren Eigenschaften wie eine Flüssigkeit, die sich allerdings nur äußerst langsam bewegt.
22 Die Website hat die Adresse http://www.scecdc.scec.org/scecusers/.plan.

Anmerkungen zu Kapitel 3

1 Friedrich Nietzsche, *Götzen-Dämmerung*, in: ders., *Werke in drei Bänden* (Hrsg. Karl Schlechta), Bd. 2, München 1954, S. 975.
2 Eric Temple Bell, *Mathematics: Queen and Servant of Science*, New York 1952, S. 17f.
3 Eliza Bryan, zitiert nach: Joshua Martin (Hrsg.), *Lorenzo Dow's Journal*, Wheeling 1849, S. 344-346.
4 Es gibt eine Ausnahme: die so genannten »Tiefenbeben«. Sie scheinen nicht in der obersten Kruste der Erdoberfläche aufzutreten, sondern viel tiefer, wenn ein Gesteinsbereich unter dem ungeheueren Druck einen Phasenübergang durchmacht: Die Anordnung der Moleküle ändert sich plötzlich und damit das Felsvolumen. Ein Erdbeben ist die Folge.
5 Francis Fukuyama, *Das Ende der Geschichte: Wo stehen wir?*, München 1992, S. 436f. Den Augenzeugenbericht zitiert Fukuyama nach Modris Eksteins, *Tanz über Gräben. Die Geburt der Moderne und der Erste Weltkrieg*, Reinbek bei Hamburg 1990, S. 95.

6 C. H. Scholz, Whatever Happened to Earthquake Prediction?, in: *Geotimes* 42 (1997), S. 16-19. Der Titel des Orginalberichts ist: Preliminary Assessment of Long-Term Probabilities for Large Earthquakes along Selected Fault Segments of the San Andreas Fault System in California, *U. S. Geological Survey, Open File Report* 83-63 (1983). Es gab tatsächlich in der Folgezeit ein Erdbeben in der Region: in Loma Prieta im Jahr 1989. Einige Forscher halten das für eines der seltenen Beispiele einer erfolgreichen Vorhersage, andere haben bei einer genaueren Untersuchung der Verwerfung in der Umgebung von Loma Prieta festgestellt, dass gerade dort die Verschiebungen *nicht* geringer waren als in den anderen Bereichen des Bebens von 1906 – womit die Grundlagen für die Vorhersage eher in Zweifel gezogen wurden. Die Diskussion über dieses Thema ist noch in vollem Gange, einen Überblick gibt Robert Geller, Earthquake Prediction: A Critical Review, in: *Geophys. J. Int.* 131 (1997), S. 425-450.

7 Die Hoffnung ist ungebrochen, ein Beben vorhersagen zu können, weil es »überfällig« ist. So wird laut *Science* 404 (2000), S. 820-821, im Großraum Istanbul in den nächsten zehn Jahren mit einer Wahrscheinlichkeit von 20 bis 40 Prozent ein Beben der Stärke 7 erwartet, weil »dort schon länger kein größeres Erdbeben mehr stattgefunden hat«. Betrachtet man die nächsten 30 Jahre, so beträgt nach dieser Arbeit die Wahrscheinlichkeit sogar 50 bis 75 Prozent. (Anm. d. Übers.)

8 Vgl. P. M. Davis, D. D. Jackson u. Y. Y. Kagan, The Longer it Has Been Since the Last Earthquake, the Longer the Expected Time Till the Next?, in: *Bull. Seism. Soc. Am.* 79 (1989), S. 1439-1456.

9 Vgl. Geller, a. a. O.

10 Die große Verbreitung der Normalverteilung folgt aus einem Satz, den die Mathematiker »Zentralen Grenzwertsatz« nennen. Dieser beeindruckende Begriff – man verwendet auch die englische Bezeichnung »Central Limit Theorem« oder CLT – beschreibt eine ganz einfache Tatsache: Immer wenn sehr viele Ereignisse voneinander unabhängig sind, werden sie normalverteilt sein. Wenn man hundertmal würfelt und die Zahlen addiert, dies viele Male wiederholt und die Ergebnisse grafisch darstellt, so wird man eine Glockenkurve mit dem Mittelwert 350 erhalten. Man kann dessen ganz sicher sein, weil jedes Würfeln unabhängig von allen Versuchen vorher ist. Der Zentrale Grenzwertsatz ist ein sehr wichtiges mathematisches Gesetz, was aber nicht heißt, dass *alles* auf der Welt normalverteilt ist. Es zählt zu den bedeutendsten Entdeckungen der modernen Wissenschaft, dass es in einer großen Zahl von Bereichen gerade *nicht* so ist!

11 Sie haben das Experiment nicht nur mit gefrorenen (und natürlich geschälten) Kartoffeln, sondern auch mit Gipsbrocken, Seife und anderen Sub-

stanzen durchgeführt. Die Ergebnisse waren immer fast gleich. Vgl. L. Oddershede, P. Dimon u. J. Bohr, Self-Organized Criticality in Fragmenting, in: *Phys. Rev. Lett.* 71 (1993), S. 3107-3110.

Anmerkungen zu Kapitel 4

1 Max Gluckman, *Politics, Law and Ritual in Tribal Society*, Chicago 1965, S. 60.
2 Isaiah Berlin, *Concepts and Categories*, London 1999, S. 159.
3 Isaac Newton, *Mathematische Prinzipien der Naturlehre*, Berlin 1872.
4 Benoit B. Mandelbrot, *Die fraktale Geometrie der Natur*, Berlin 1987.
5 Die Untersuchung von Objekten, die invariant gegenüber der Größenskala sind, kann bis auf Arbeiten des deutschen Mathematikers Karl Weierstrass aus dem Jahre 1872 zurückverfolgt werden.
6 J. M. Greene, A Method for Determining a Stochastic Transition, in: *J. Math. Phys.* 20, 1183 (1979).
7 Um das Entstehen der Kristalle anzuregen, kann man die Flüssigkeit »impfen«, indem man einige kleine Salzkörner hineinstreut oder eine Schnur hineinhängt. Wenn dann der Prozess der Kristallbildung einmal begonnen hat, geht er aus eigener Kraft weiter.
8 Das Phänomen wird auch in der deutschsprachigen Literatur meist als »Diffusion Limited Aggregation« oder »DLA« bezeichnet. (Anm. d. Übers.)
9 T. Witten u. L. M. Sanders, Diffusion Limited Aggregation, a Kinetic Critical Phenomenon, in: *Phys. Rev. Lett.* 47 (1981), S. 1400.

Anmerkungen zu Kapitel 5

1 John von Neumann, Methods in the Physical Sciences, in: *Collected Works*, Bd. 6: *Theory of Games, Astrophysics, Hydrodynamics, and Meteorology*, New York 1961, S. 492.
2 Friedrich Nietzsche, *Götzen-Dämmerung, in:* ders., *Werke in drei Bänden* (Hrsg. Karl Schlechta), Bd. 2, München 1954, S. 943.
3 Manchmal wird auch der Begriff San-Andreas-Graben gebraucht.
4 Albert Camus, *Der Mythos von Sisyphos. Ein Versuch über das Absurde,* Reinbek bei Hamburg 1959, S. 16.

5 Repräsentative Daten über das San-Andreas-Verwerfungssystem findet man bei R. E. Wallace, Surface Fracture Patterns Along the San Andreas Fault, in: R. Kovach u. A. Nur (Hrsg.), *Proceedings of the Conference on Tectonic Problems of the San Andreas Fault System,* Stanford 1973, S. 248-250.
6 R. Burridge u. L. Knopoff, Model and Theoretical Seismicity, in: *Bull. Seismol. Soc. Amer.* 57 (1967), S. 341-371.
7 Chao Tang u. Per Bak, Critical Exponents and Scaling Relations for Self-Organized Critical Phenomena, in: *Phys. Rev. Lett.* 60 (1988), S. 2347-2350.
8 Man sollte erwähnen, dass Bak und Tang nicht die Einzigen waren, die eine Verbindung zwischen Sandlawinen und Erdbeben sahen. Zur gleichen Zeit kamen auch andere Forscher unabhängig voneinander zu ähnlichen Schlüssen. Vgl. etwa A. Sornette u. D. Sornette, Self-Organized Criticality and Earthquakes, in: *Europhys. Lett.* 9 (1989), S. 197 und K. Ito u. M. Matsuzaki, Earthquakes as Self-Organized Critical Phenomena, in: *J. Geophys. Res.* B 95 (1990), S. 6853.
9 Oft als »selbstorganisiert kritisches System« (SOK) und, auch in der deutschsprachigen Literatur, »Self-Organized Criticality« oder »SOC« bezeichnet. (Anm. d. Übers.)
10 Abb. mit freundl. Genehm. aus Z. Olami, H. J. Feder u. K. Christensen, Self-Organized Criticality in a Continuous, Non-Conservative Cellular Automaton Modeling Earthquakes, in: *Phys. Rev. Lett.*, 68 (1992), S. 1244-1247.
11 K. Ito, Punctuated Equilibrium Model of Evolution is also an SOC Model of Earthquakes, in: *Phys. Rev.* E 52 (1995), S. 3232-3233.
12 Francis Crick, *Ein irres Unternehmen. Die Doppelhelix und das Abenteuer Molekularbiologie*, München 1990, S. 185.

Anmerkungen zu Kapitel 6

1 J. Robert Oppenheimer, *Atomkraft und menschliche Freiheit,* Reinbek bei Hamburg 1957, S. 83 f.
2 Pyotr Kapitsa, zitiert nach: Alan L. Mackay, *A Dictionary of Scientific Quotations,* Bristol 1991, S. 137. »Crocodile« war der Spitzname Kapitsas für Rutherford.
3 Die Beschreibung der Viskosität ist nicht ganz vollständig, denn sie muss nicht immer die Bewegungen zum Erliegen bringen. Suppe beispielsweise verfügt durchaus über Viskosität, und nur weil das so ist, beginnt sie überhaupt zu rotieren, wenn man den Teller in Drehung versetzt. Hätte man Suprafluüssigkeit im Teller, so würde gar nichts passieren: Der Tellerinhalt

würde in Ruhe verharren. Vor einigen Jahren haben der Physiker Richard Packard und seine Mitarbeiter an der Universität von Berkeley diesen Effekt für ein eindrucksvolles Experiment ausgenützt. Sie füllten eine Supraflüssigkeit in einen kleinen ringförmigen Kanal, der etwa so aussah wie ein winziger, zu einem Kreis gebogener Schweinetrog. Dann stellten sie den Ringkanal auf einen Labortisch, sodass er sich mit der Erde mitdrehte. Da nun die Supraflüssigkeit der Bewegung der Kanalwände (und damit der Erde) nicht folgte, geriet sie relativ zum Ringkanal in Bewegung. Packards Arbeitsgruppe konnte auf diese Weise die Frequenz der Erdrotation auf ein Tausendstel ihres Wertes genau vermessen.

4 William Gilbert, *De magnete magneticisque corporibus et de magno magnete tellure,* London 1600; deutsche Teilübersetzungen u. a. in: Erich Boehm, *William Gilbert begründet die Lehre vom Erdmagnetismus*, Leipzig 1914.

5 Der Künstler Roman Opalka, der seit 1965 mit »1« beginnend die ganzen Zahlen der Reihe nach mit Ölfarbe auf Leinwände malt (und sie dabei ausspricht und dies auf Tonband aufzeichnet), meldete am Morgen des 22. Januar 1977 die Zahl »2264559«; vgl. Roman Opalka, *16 Details aus dem Werk 1965/1-∞*, Krefeld 1977. (Anm. d. Übers.)

6 Lars Onsager, zitiert nach: Cyril Domb, *The Critical Point. A Historical Introduction to the Modern Theory of Critical Phenomena,* London 1996, S. 130.

7 Daniel Clement Dennett, *Darwins gefährliches Erbe. Die Evolution und der Sinn des Lebens,* Hamburg 1997, S. 238 (Hervorhebung im Original).

8 Es ist reiner Zufall, in *welche* Richtung die Magnete ausgerichtet sind. Bei tausend Simulationen werden die Magnete sich ungefähr 500-mal nach oben und 500-mal nach unten ausrichten. Die Magnete haben keine bevorzugte Richtung – welche sie letzten Endes einnehmen, hängt von kleinen Zufälligkeiten des ungeordneten Anfangszustands ab. Einen solchen Vorgang nennen die Physiker »spontanen Symmetriebruch«. Obwohl die Lösungen des Problems »symmetrisch« sind – die Ausrichtung nach oben ist der nach unten völlig gleichwertig –, wird diese Symmetrie durch ein Ereignis in einem bestimmten Moment durchbrochen, und einer der beiden möglichen Zustände wird eingenommen.

9 Abbildungen mit freundlicher Genehmigung aus J.J. Binney, N.J. Dowrick, A.J. Fisher und M.E.J. Newman, *The Theory of Critical Phenomena. An Introduction to the Renormalization Group*, Oxford 1992.

10 Um die Verhältnisse möglichst verständlich darzustellen, weiche ich hier etwas von dem in der Physik üblichen Sprachgebrauch ab. Die Physiker sprechen meist von »kritischen Exponenten«. Die Beziehung zwischen diesen und den hier verwendeten »Kennzahlen« ist sehr einfach. Das Gutenberg-Richter-Gesetz besagt beispielsweise, dass die Zahl der Beben, bei

denen eine Energie E frei wird, umgekehrt proportional zu E^2 ist. Mit anderen Worten: Erdbeben der doppelten Energie sind viermal seltener. Der kritische Exponent ist in diesem Fall zwei, die Kennzahl, wie sie hier verwendet wird, ist vier. Sie gibt immer an, um wie viele Male seltener Ereignisse auftreten, wenn man ihre »Größe« (beispielsweise ihre Energie) verdoppelt. Zwischen kritischem Exponenten und Kennzahl besteht die folgende Beziehung: Die Kennzahl ist gleich der Zahl zwei, potenziert mit dem kritischen Exponenten. Ich habe diesen Weg der Darstellung gewählt, um in Potenzgesetzen Exponenten zu vermeiden, die keine ganzen Zahlen sind – also Werte wie 1,5 oder -1,6. Wie dem auch sei – es ist letztlich gleichgültig, welche Zahl man angibt, um ein Potenzgesetz zu bezeichnen. Wichtig ist, dass all die verschiedenen Potenzgesetze auf dieselbe ganz besondere selbstähnliche Struktur des Prozesses verweisen.

11 Es gibt allerdings noch *eine* Eigenschaft, die von Bedeutung ist: die *Reichweite* der Kräfte, die für die Wechselwirkung zwischen den beteiligten Objekten verantwortlich sind. Ist sie groß, kann das System leichter von einem Zustand in den anderen »kippen«.

12 Die mathematischen Grundlagen dafür wurden in den siebziger Jahren entwickelt, als Kenneth G. Wilson von der Cornell University in Ithaka die Theorie der Phasenübergänge, der kritischen Systeme und der »Renormalisierungs-Gruppe« aufstellte und das Prinzip der Universalität bewies – Leistungen, für die er 1982 den Nobelpreis erhielt.

13 C. H. Back, Ch. Wurch, A. Avateriaus, Experimental Confirmation of Universality for a Phase Transition in Two Dimensions, in: *Nature* 378 (1995), S. 597-600.

14 Es muss dennoch eine einschränkende Bemerkung gemacht werden: Der kritische Zustand, mit dem wir uns in diesem Kapitel befasst haben, entsteht in Gleichgewichtssystemen, wenn sie sich im Übergang zwischen zwei Phasen befinden. Die Theorien für Gleichgewichtszustände erlauben es, die Vorgänge bei allen Temperaturen zu beschreiben. Aus diesen Gesetzen konnte man mit Kenneth Wilsons Vorstellung der Renormalisierungs-Gruppe das Prinzip der Universalität ableiten. Für Nicht-Gleichgewichtsvorgänge ist es bis jetzt nicht gelungen, den mittleren Zustand und die Abweichungen vom Mittel theoretisch fundiert vorherzusagen. Das Theorem der Universalität ist daher derzeit nicht universell anwendbar – für Nicht-Gleichgewichtszustände fehlt (noch) der Nachweis. Physiker haben jedoch festgestellt, dass auch zahlreiche einfache Nicht-Gleichgewichtsmodelle, die sie untersucht haben, in Universalitätsklassen eingeordnet werden können. Man kann daraus unter Vorbehalt schließen, dass es möglicherweise Universalität auch bei Nicht-Gleichgewichtssystemen gibt.

Anmerkungen zu Kapitel 7

1 Alfred North Whitehead, zitiert nach: Alan L. Mackay, *A Dictionary of Scientific Quotations*, Bristol 1991, S. 262.
2 Samuel Karlin, *11th R. A. Fischer Memorial Lecture*, Royal Society London, 20. April 1983.
3 Henrik Jeldtoft Jensen, Self-Organized Criticality. Emergent Complex Behaviour in Physical and Biological Systems, in: *Cambridge Lecture Series in Physics* 10 (1998), S. 148.
4 B. Malamud, G. Morein u. D. Turcotte, Forest Fires: An Example of Self-Organized Critical Behaviour, in: *Science* 281 (1998), S. 1840-1842.
5 Stephen J. Pyne, *America's Fires. Management on Wildlands and Forests*, Durham 1997.
6 Steve Allison-Bunnell, *The Dance of Life and Death.* Dieser und eine Reihe weiterer Artikel über Waldbrände sind im Internet unter der Adresse http://www.discovery.com/area/science/wildfires/wildfires.html zu finden.
7 Aus einem Text der Federal Wildland Fire Policy, der im Internet unter http://www.fs.fed.us/fire/policy.shtml zu finden ist.
8 D. Lockwood u. J. Lockwood, Evidence of Self-Organized Criticality in Insect Populations, in: *Complexity* 2 (1999), S. 49-58.
9 C. J. Rhodes u. R. M. Anderson, Power Laws Governing Epidemics in Isolated Populations, in: *Nature*, 381 (1996), S. 600-602.
10 R. Garcia-Pelayo u. P. D. Morley, Scaling Law for Pulsar Glitches, in: *Europhys. Lett.* 23 (1993), S. 185.
11 V. Frette, K. Christensen, A. Malthe-Soerenssen, J. Feder, T. Joessang u. P. Meakin, Avalanche Dynamics in a Pile of Rice, in: *Nature* 379 (1996), S. 49-52.
12 Per Bak, *How Nature Works. The Science of Self-Organized Criticality*, New York u. a. 1996, S. 51.
13 Alessandro Vespignani u. Stefano Zapperi, How Self-Organized Criticality Works: A Unified Mean-Field Picture, in: *Phys. Rev.* E 57 (1998), S. 6345-6362; vgl. auch Ronald Dickman, Miguel Muñoz, Alessandro Vespignani u. Stefano Zapperi, Paths to Self-Organized Criticality, *Los Alamos e-print* cond-mat 9910454.

Anmerkungen zu Kapitel 8

1 Laurence Sterne, *Leben und Meinungen des Tristram Shandy*, Frankfurt a. M. 1962, S. 122.
2 Daniel Clement Dennett, *Darwins gefährliches Erbe. Die Evolution und der Sinn des Lebens*, Hamburg 1997, S. 23.
3 Einen schönen Bericht über die Untersuchung von Fossilien im Osten Montanas gibt Peter Douglas Ward, *The End of Evolution. On Mass Extinctions and the Preservation of Biodiversity*, New York 1994.
4 Vielleicht wurden nicht alle Dinosaurier ausgerottet. Inzwischen glauben die Paläontologen, dass einige überlebt haben und aus ihnen die heutigen Vogelarten entstanden sind. Demnach gäbe es also auch heute noch Dinosaurier auf der Erde!
5 F. B. Loomis, Momentum in Variation, in: *Am. Nat.* 39 (1905), S. 839-843.
6 F. Nopsca, Notes on British Dinosaurs. Part IV: *Stegosaurus priscus, sp. Nov.*, in: *Geol. Mag.* 8 (1911), S. 143-153.
7 Michael Benton, Scientific Methodologies in Collision: A History of the Study of the Extinction of the Dinosaurs, in: *Evolutionary Biology* 24 (1990), S. 371-400.
8 Dabei fällt mir ein psychologischer Trick von John Maddox ein, dem früheren Herausgeber von *Nature*. Maddox schätzte es gar nicht, wenn Autoren die Begriffe »Beleg« oder »Beweis« in den Titeln ihrer Arbeiten verwenden wollten, und bestand darauf, eine wissenschaftliche Arbeit solle die Fakten darstellen, auf denen sie aufbaut, und nicht, was man möglicherweise aus ihnen schließen könne. Immer wenn ein Autor widersprach, bot Maddox an, man könne gern »Beweis« im Titel stehen lassen, aber nur in der Kombination »nicht zwingender Beweis«. Ich glaube nicht, dass irgendein Autor auf dieses Angebot einging.
9 Samuel A. Bowring et al., U/Pb Zircon Geochronology and Tempo of the End-Permian Mass Extinction, in: *Science* 280 (1998), S. 1039-1045.
10 Charles Darwin, *Die Entstehung der Arten durch natürliche Zuchtwahl*, Stuttgart 1963, S. 473. Damit soll nicht Darwin herabgesetzt werde. Wenn wir uns heute den Luxus erlauben können, über die Feinheiten der Evolutionsgeschichte zu diskutieren, so musste Darwin damals seine Zeitgenossen überhaupt erst überzeugen, *dass* die Evolution Wirklichkeit ist und dass sie äußerst langsam arbeitet, um wenigstens »jene zu widerlegen, die zwar mit künstlicher Auslese auf dem Bauernhof vertraut waren, aber in der Natur nichts Derartiges erkennen konnten« (Steven M. Stanley, *Macro-Evolution: Pattern and Process*, San Francisco 1979, S. XVI).

11 Derzeit rechnet man mit einer natürlichen Aussterberate von einer bis drei Arten pro Jahr, während durch menschliche Einwirkung (z. B. Abholzung von Wäldern) bis zu 17 500, nach Schätzung der Deutschen Zoologischen Gesellschaft sogar etwa 35 000 Arten pro Jahr aussterben. (Anm. d. Übers.)
12 L. W. Alvarez, W. Alvarez, F. Asaro u. H. V. Michel, Extraterrestrial Cause for the Cretaceous-Tertiary Extinction, in: *Science* 208 (1980), S. 1095-1108.
13 Walter Alvarez, *T. rex and the Crater of Doom,* Princeton 1997, S. 15. Den Text kann man auch im Internet nachlesen: http://pup.princeton.edu/chapters/s6029.html.
14 Ebd.
15 Man muss anmerken, dass der Krater eigentlich schon 1981, also ein Jahr nach der Veröffentlichung von Alvarez' Arbeit entdeckt wurde. Forscher, die nach Öl suchten, hatten damals das Gebiet vermessen und dabei den größten bisher bekannten Einschlagkrater entdeckt. Sie wussten aber nichts von Alvarez' Theorie, erst nach weiteren zehn Jahren erkannte man einen möglichen Zusammenhang.
16 Benton, a. a. O.
17 Alvarez, a. a. O., S. 15.
18 K. A. Farley, A. Montanari, E. M. Shoemaker u. C. S. Shoemaker, Geochemical Evidence for a Comet Shower in the Late Eocene, in: *Science* 280 (1999), S. 1250-1253.
19 Steven M. Stanley, *Krisen der Evolution. Artensterben in der Erdgeschichte,* Heidelberg 1988, S. 50.
20 Paul Wignall, The Day the World Nearly Died, in: *New Scientist,* 25. Januar 1992, S. 55.
21 David M. Raup, *Ausgestorben. Zufall oder Vorsehung?* Köln 1992, S. 136.
22 David Jablonski, Background and Mass Extinctions: The Alternation of Macro-Evolutionary Regimes, in: *Science* 231 (1986), S. 131.
23 Richard E. Leakey u. Roger Lewin, *Die sechste Auslöschung. Lebensvielfalt und die Zukunft der Menschheit,* Frankfurt a. M. 1996, S. 79.
24 J. J. Sepkoski, Ten Years in the Library: New Data Confirm Palaeontological Patterns, in: *Palaeobiology* 19 (1993), S. 43.
25 Michael J. Benton, Diversification and Extinction in the History of Life, in: *Science* 268 (1995), S. 52-58.
26 Ich beziehe mich mit Dank auf einen Übersichtsartikel zu diesem Thema: M. E. J. Newman u. R. G. Palmer, Theoretical Models of Extinction: A Review, *Santa Fe Institute Working Paper 99-08-061*, 1999.

Anmerkungen zu Kapitel 9

1 Umberto Eco, *Serendipities. Language and Lunacy. Italian Academy Lectures*, New York 1998, S. 21.

2 P. Yodzis, The Indeterminacy of Ecological Interactions, as Perceived Through Perturbation Experiments, in: *Ecology* 69 (1988), S. 508-515.

3 In diesem Zusammenhang hat Darwin einmal spekuliert, dass es »daher durchaus glaublich [ist], dass die Anwesenheit zahlreicher Katzen in irgendeinem Bezirke durch Vermittlung der Mäuse und dann der Bienen auf die Anzahl gewisser Pflanzen bestimmend einwirken kann« (Charles Darwin, *Die Entstehung der Arten durch natürliche Zuchtwahl*, Stuttgart 1963, S. 114). Mäuse fallen bei der Nahrungssuche gerne über Hummelnester her, das bedeutet: mehr Mäuse – weniger Hummeln. Katzen lieben Mäuse. Das bedeutet: mehr Katzen – weniger Mäuse – mehr Hummeln. Und weil Hummeln Rotklee und Stiefmütterchen bestäuben, bedeutet das: mehr Blumen. Die Liebe der Engländer zu Hauskatzen sollte somit auf direktem Weg dazu führen, dass die Gärten schöner werden. Vgl. dazu Jocelyn Kaiser, Of Mice and Moths – and Lyme Disease?, in: *Science* 279 (1998), S. 984.

4 T. Keitt u. H. E. Stanley, Dynamics of North American Breeding Bird Populations, in: *Nature* 393 (1998), S. 257-260.

5 Ebd.

6 Stuart A. Kauffman u. Sonke Johnsen, Coevolution to the Edge of Chaos. Coupled Fitness Landscapes, Poised States and Coevolutionary Avalanches, in: *J. Theor. Biol.* 149 (1991), S. 467; Vgl. auch Stuart A. Kauffman, *Origins of Order. Self-Organization and Selection in Evolution,* New York 1993.

7 Nehmen wir an, dass jenes günstige genetische Ereignis mit einer Chance von 1:100 innerhalb eines Jahres stattfinden wird. Die Chance für drei solche Ereignisse in kurzer Folge ist dann nur noch von der Größenordnung 1:1 000 000. Die Wahrscheinlichkeit für einen »Sprung« vermindert sich schnell, wenn die Weite des Tals zunimmt.

8 Bak hat gelegentlich zur Vereinfachung der Diskussion die Länge der Stöcke mit der Fitness der Arten gleichgesetzt. Dass er nicht von der Weite des Sprungs gesprochen hat, den eine Art machen muss, um sich weiterzuentwickeln, war natürlich für die Biologen ein rotes Tuch. »Fitness« ist für die Biologen – zumindest für die meisten – ein Eigenschaft von Individuen, die man nicht einfach einer ganzen Art zuschreiben kann. Die klassische, wenn auch nicht unwidersprochene Ansicht der Biologen ist, dass sich die Evolution durch die einzelnen Individuen durchsetzt. Eine Kritik des Modells von

Bak und Sneppen geht jedoch, was diesen Punkt betrifft, ins Leere, denn es bezieht sich in seiner am weitesten ausgearbeiteten Form nicht mehr auf die Fitness von Arten.

9 Es entbehrt nicht der Ironie, dass die Biologen so vehement gegen das Modell von Bak und Sneppen opponiert haben, erscheint es doch wie eine mathematische formulierte Ehrenerklärung für ein Modell, das schon von Charles Darwin in seiner *Entstehung der Arten* beschrieben wird: »Das Antlitz der Natur kann man mit einer weichen Oberfläche vergleichen, in der zehntausend spitze Keile dicht nebeneinander stecken und durch ständige Schläge weiter hineingetrieben werden; manchmal wird ein Keil getroffen und dann ein anderer mit größerer Kraft.« (Charles Darwin, zitiert nach: Richard E. Leakey u. Roger Lewin, *Die sechste Auslöschung. Lebensvielfalt und die Zukunft der Menschheit*, Frankfurt a. M. 1996, S. 75 f.) Stellen wir uns wie Darwin eine Anzahl von Keilen vor, die von unten in eine Holzdecke getrieben wurden. Jeder Keil steht stellvertretend für eine Art, und wie tief er im Holz steckt gibt an, wie gut die Art angepasst ist. Holz hat keine völlig gleichmäßige Struktur, weswegen die Keile unterschiedlich stark festgehalten werden. Einige werden fester sitzen als andere und können nur mit größter Mühe tiefer ins Holz getrieben werden. Nun stellen wir uns vor, dass derjenige, der den Hammer schwingt und die Keile ins Holz treibt, die Reihenfolge ganz zufällig wählt. Bei irgendeinem der Hammerschläge wird ein Keil sich bewegen, vermutlich der, der am lockersten sitzt. Nach dem Schlag wird er tiefer sitzen und je nach Aufbau des Holzes an dieser Stelle fester oder lockerer als zuvor, während das Hämmern weitergeht. Das Bild entspricht genau dem Modell von Bak und Sneppen, wenn wir zusätzlich annehmen, dass das Hineintreiben eines Keils auch das Festsitzen der benachbarten Keile beeinflusst – eine ganz realistische Annahme, die sicher auch Darwin im Auge hatte, da die Keile natürlich die Spannungen im Holz ihrer Umgebung verändern.

10 Francis Crick, *Ein irres Unternehmen. Die Doppelhelix und das Abenteuer Molekularbiologie*, München 1990, S. 185.

11 Daniel Clement Dennett, *Darwins gefährliches Erbe. Die Evolution und der Sinn des Lebens,* Hamburg 1997, S. 136 (Hervorhebung im Original).

12 Newton ging es natürlich zunächst nur darum, die Grundgesetze der Bewegung herauszuarbeiten. Um beispielsweise eine Rakete auf den Mond zu schicken, hätte er eine Vielzahl von weiteren Details mit in Rechnung stellen müssen.

13 Paol Anderson; in: *New Scientist*, 25. September 1969, S. 638.

14 M. E. J. Newman, Self-Organized Criticality, Evolution, and the Fossil Extinction Record, in: *Proc. Roy. Soc.* B 263 (1996), S. 1605-1610.

Anmerkungen zu Kapitel 10

1 Wassily Leontief, Leserbrief, in: *Science*, 9. Juli 1982.
2 Alfred Zauberman, in: *The Guardian*, 5. Oktober 1983.
3 John Kay, Cracks in the Crystal Ball, in: *Financial Times*, 29. September 1995.
4 *OECD Economic Outlook*, Juni 1993.
5 John Rothchild, *The Bear Book. Survive and Profit in Ferocious Markets*, New York 1998.
6 Aber selbst Prognosen dieser so einfachen und offensichtlichen Zusammenhänge können schwierig sein. 1997 wurden in einer Studie in Großbritannien die fünf bedeutendsten Forschergruppen befragt, was ihre nach »klassischen« Gesetzen formulierten Modelle über die Folgen einer geringen Anhebung der öffentlichen Ausgaben aussagen. Die Ergebnisse zeigen, dass sich die Theoretiker selbst über ein derart einfaches Problem nicht einig waren. Die berechneten Zahlenwerte unterschieden sich nicht etwa nur in der Größe, man war sich nicht einmal über das Vorzeichen einig, also darüber, ob ein Wirtschaftswachstum oder eine Rezession die Folge wäre. Vgl. Paul Ormerod, *Butterfly Economics. A New General Theory of Social and Economic Behaviour*, New York 1999.
7 Rudiger Dornbush, Growth Forever, in: *Wall Street Journal*, 30. Juli 1998.
8 Theorie über die effiziente Wirkungsweise des Marktes, auch in deutschsprachigen Veröffentlichungen meist kurz mit »EMH« bezeichnet. (Anm. d. Übers.)
9 Robert Schiller, zitiert nach: Robert R. Prechter jr., *Introduction to the Wave Principle of Human Social Behaviour*, Gainsville 1998, S. 356.
10 Warum wird eigentlich die »klassische« Theorie, die vorgibt, dass Vorhersagen möglich seien und damit ständig so schmählich scheitert, nicht als nutzlos aufgegeben? Robert Prechter jr. vermutet ganz überzeugend, dass die Ökonomen ihre geliebten theoretischen Ansätze auch dann nicht aufgeben, wenn sie versagen, »weil das die Nützlichkeit der ganzen Wissenschaft und ihrer Methoden in Frage stellen würde. Es ist für das Großhirn leichter, rationale Zusammenhänge herzustellen, wenn es dabei nicht allzu viel weiß oder allzu tief denken muss. Das macht verständlich, warum es an einem Tag mit steigenden Kursen erklären kann, dass ein Anstieg des Nikkei-Index auch den Dow Jones nach oben treiben wird (›Es ist ein Zeichen des Vertrauens darauf, dass die Rezession in Japan nicht stärker wird und so auch nicht auf die USA übergreifen wird‹), am nächsten Tag aber darauf schwört, dass ein Fall des Nikkei gut für die Börsen der USA sei (›Das Geld

wandert zu den stärkeren Märkten‹)«; Prechter jr., a. a. O. Das Zitat zeigt auch recht deutlich Prechters vernichtende Kritik an den derzeitigen ökonomischen Denkweisen.

11 J. D. Farmer u. A. Lo, Frontiers of Finance: Evolution and Efficient Markets, *Santa Fe Institute Working Paper 99-06-039* (1999).

12 Alan Kirman, zitiert nach: Ormerod, a. a. O., S. 16.

13 R. E. Litton u. A. M. Santomero, in: *Wall Street Journal*, 28. Juli 1998.

14 Louis Bachelier, Théorie de la Spéculation, *Ann. Scient. de l'École Norm. Sup.* (1900), S. 21-86; Buchausgabe: *Théorie de la Spéculation. Théorie Mathématique du Jeu*, Paris 1995.

15 John Casti, Flight Over Wall Street, in: *New Scientist*, 19. April 1997.

16 Benoit Mandelbrot, The Variation of Certain Speculative Prices, in: *J. Business* 36 (1963), S. 394-419.

17 P. Gopikrishnan, M. Meyer, L. A. N. Amaral u. H. E. Stanley, Inverse Cubic Law for the Distribution of Stock Price Variations, in: *Eur. Phys. J. B* 3 (1998) 2, S. 139-140.

18 Vasiliki Plerou et al., Scaling of the Distribution of Price Fluctuations of Individual Companies, *Los Alamos e-print* cond-mat 9907161, 11. Juli 1999. Um genau zu sein, sollte man nicht von Kursschwankungen sprechen, sondern von Schwankungen der Marktkapitalisierung, d. h. des Produkts aus Kurswert und Anzahl der gehandelten Aktien. Der Standard and Poor's ist auch nicht einfach der Mittelwert von 500 ausgewählten Aktien, die einzelnen Aktien sind vielmehr gewichtet: Anteile von Gesellschaften mit großem Kapital und großem Handelsvolumen zählen mehr. Aber auf welcher Grundlage man auch die Untersuchungen anstellt, so ändert dies doch nichts daran, dass es an der Börse heftige Schwankungen gibt.

19 R. N. Mantegna, Levy Walks and Enhanced Diffusion in the Milan Stock Exchange, in: *Physica* A 179 (1991), S. 232.

20 V. A. Müller, M. M. Dacorogna, R. B. Olsen, Statistical Study of Foreign Exchange Rates, Empirical Evidence of a Price Change Scaling Law and Intraday Analysis, in: *Journal of Banking and Finance* 14 (1995), S. 1189-1208.

21 Y. Liu, P. Gopikrishnan, P. Cizeau, M. Meyer, Ch.-K. Peng u. H. E. Stanley, Statistical Properties of the Volatility of Price Fluctuations, in: *Phys. Rev.* E 60 (1999), S. 1-11.

22 Ormerod, a. a. O., S. 36.

23 D. Sornette u. D. Zajdenweber, Economic Returns of Research: the Pareto Law and its Implications, *Los Alamos e-print* cond-mat 9809366, 27. September 1998.

24 Thomas Lux u. Michele Marchesi, Scaling and Criticality in a Stochastic Multi-Agent Model of a Financial Market, in: *Nature* 397 (1999), S. 498-500.
25 Bernard Baruch, zitiert nach: Prechter jr., a. a. O., S. 323.
26 Mit Bullen bezeichnet man im englischen Sprachraum Hausse-Spekulanten, mit Bären Baisse-Spekulanten. Das Tierpaar ist auch ein beliebtes Motiv für Denkmäler vor der Börse. (Anm. d. Übers.)
27 John Guare, *Six Degrees of Separation. A Play*, New York 1990. Das Stück wurde 1993 in den USA mit Donald Sutherland verfilmt. In Deutschland wird der Film unter dem Titel *Leben – ein Sechserpack* gezeigt. (Anm. d. Übers.)
28 Duncan Watts u. Steve Strogatz, Collective Dynamics of »Small-World« Networks, in: *Nature* 393 (1998), S. 440-442.

Anmerkungen zu Kapitel 11

1 André Gide, *Der Immoralist*, in: ders., *Gesammelte Werke*, Bd. 7: *Erzählende Werke* (Hrsg. Raimund Theis u. Peter Schnyder), Stuttgart 1991, S. 370.
2 Fjodor M. Dostojewskij, *Aufzeichnungen aus einem Kellerloch*, in: ders., *Aufzeichnungen aus einem Kellerloch. Erzählungen*, München 1962, S. 550.
3 Das Jahr 1999 brachte eine Trendwende: Die Zahl der Hochzeiten stieg gegenüber dem Vorjahr um 3,2 Prozent an. Man hat sogar einen Grund dafür angegeben: Es lag angeblich am beliebten Hochzeitsdatum »9. 9. 99«. (Anm. d. Übers.)
4 Dirk Helbing, Joachim Keltsch u. Peter Molnar, Modelling the Evolution of Human Trail Systems, in: *Nature* 388 (1997), S. 47-50.
5 D. Zanette u. S. Manrubia, Role of Intermittency in Urban Development: A Model of Large-Scale City Formation, in: *Phys. Rev. Lett.* 79 (1997), S. 523-526.
6 Um es etwas genauer auszudrücken: Zanette und Manrubia nahmen in ihrem Modell an, dass die *relative* Zu- oder Abnahme der Bevölkerung in einem bestimmten Gebiet vom Zufall bestimmt wird. Das macht Sinn, denn die absoluten Zahlen der Änderungen werden in New York sicher weit größer sein als in Lubbock (Texas) – wo immer das genau liegt.
7 H. A. Makse, S. Havlin u. H. E. Stanley, Modelling Urban Growth Patterns, in: *Nature* 377 (1995), S. 608-612 (1995); vgl. auch Michael Batty u. Paul Longley, *Fractal Cities. A Geometry of Form and Function*, San Francisco 1994.
8 J.-P. Bouchaud u. M. Mézard, Wealth Condensation in a Simple Model of the Economy, *Los Alamos e-print* cond-mat 0002374, 24. Februar 2000.

Anmerkungen zu Kapitel 12

1 Richard J. Evans, *Fakten und Fiktionen. Über die Grundlagen historischer Erkenntnis*, Frankfurt a. M. 1998, S. 66.
2 Max Guyll, persönl. Mitteilung an den Verfasser.
3 J. F. Jameson, zitiert nach: Peter Novick, *That Noble Dream. The »Objective Question« and the American Historical Profession*, Cambridge 1988.
4 Vgl. Sidney Bradshaw Fay, *Der Ursprung des Weltkrieges*, Berlin 1930.
5 Charles Beard, Heroes and Villains of the World War, in: *Current History* 24 (1926), S. 730-735.
6 Harry Elmer Barnes, *Die Entstehung des Weltkrieges. Eine Einführung in das Kriegsschuldproblem*, Stuttgart u. a. 1928, S. 482.
7 Leih-Pacht-System, mit dem die USA seit 1941 Großbritannien, später u. a. auch China und die Sowjetunion mit Kriegsgütern auf Gegenseitigkeit versorgten – wobei die Gegenlieferungen allerdings weniger als 20 Prozent betrugen. (Anm. d. Übers.)
8 Leopold von Ranke, zitiert nach: Evans, a. a. O., S. 25.
9 Edward Hallett Carr, *Was ist Geschichte?*, Stuttgart 1963, S. 9.
10 Ebd., S. 62. Zu Christentum und Islam vgl. Edward Gibbon, *Verfall und Untergang des römischen Reiches*, Frankfurt a. M. 1992.
11 Conyers Read, zitiert nach: Novick, a. a. O., S. 192.
12 Thomas Carlyle, *Die Französische Revolution*, Bd. III, 3. Buch, Leipzig 1906, S. 110, zitiert nach: Carr, a. a. O., S. 49.
13 Als Conyers Read die oben zitierten Anmerkungen gemacht hat, bezog er sich allerdings nur indirekt auf Krisen der nationalen und internationalen Politik. Er schrieb den Text 1937, als er mit einer Krise der amerikanischen Geschichtswissenschaft konfrontiert war, die unter dem Druck der Pädagogen stand, soziologische Themen in die Lehrpläne aufzunehmen. Während die meisten konservativen Historiker dies als eine Zumutung ablehnten, meinte Read, dass man nur die Voraussetzung für eine Revolution von weit größerem Ausmaß schaffen würde, wenn man sich auf die Hinterbeine stellte.
14 Novick, a. a. O., S. 192.
15 Michael Polanyi, The Potential Theory of Adsorption: Authority in Science has its Uses and its Dangers, in: *Science* 141 (1963), S. 1012.
16 Thomas S. Kuhn, *Die Struktur wissenschaftlicher Revolutionen*, Frankfurt a. M. 1976.
17 Ebd., S. 25.
18 Kuhn hat immer sehr betont, dass ein Paradigma nicht nur aus Theorie besteht, sondern auch eine Fülle von Begriffen und Methoden umfasst, die

alle dazu beitragen, die Theorie auf die Natur anzuwenden. Es ist daher nicht ganz richtig, ein Paradigma nur als »Bündel guter Ideen« zu definieren, aber das macht die weitere Diskussion einfacher – zumal die genaue Definition für das Weitere nicht von Bedeutung ist. Man sollte vielleicht noch anmerken, dass es Paradigmen natürlich auch in den Geisteswissenschaften gibt.

19 In einer Arbeit von H. Frenzel u. H. Schultes (*Z. Phys. Chem.* B27, S. 421) wird 1934 das Phänomen als Blasenlumineszenz erstmals beschrieben. Die »verfrühte« Entdeckung weckte seinerzeit kein großes Interesse. (Anm. d. Übers.)

20 Kuhn, a. a. O., S. 38.

21 Ralph Kronig, The Turning Point; in: Markus Fierz u. Victor Frederick Weisskopf (Hrsg.), *Theoretical Physics in the Twentieth Century. A Memorial Volume to Wolfgang Pauli*, New York u. a. 1960, S. 22.

22 Kuhn, a. a. O., S. 20.

23 Kronig, a. a. O., S. 25 f.

24 Novick, a. a. O., S. 526.

25 Kuhn, a. a. O., S. 192.

Anmerkungen zu Kapitel 13

1 Don Krasher Price, *Gouvernment and Science. Their Dynamic Relation in American Democracy*, New York 1962.

2 Edward Hallett Carr, *What is History?*, zweite Ausgabe, Harmondsworth 1990.

3 Thomas S. Kuhn, *Die Struktur wissenschaftlicher Revolutionen*, Frankfurt a. M. 1976, S. 11.

4 Der »Science Citation Index« bearbeitet über 5000 Zeitschriften aus mehr als 150 naturwissenschaftlichen Fachgebieten und registriert Zitate seit den sechziger Jahren. Für die Sozialwissenschaften im weitesten Sinne wird der »Social Science Citation Index« geführt. (Anm. d. Übers.)

5 Sidney Redner, How Popular is Your Paper? An Empirical Study of the Citation Distribution, in: *Eur. Phys. J. B* 4 (1998) 2, S. 131-134.

6 Lars Onsager, zitiert nach: Cyril Domb, *The Critical Point. A Historical Introduction to the Modern Theory of Critical Phenomena*, London 1996, S. 130.

7 Winston Churchill, zitiert nach: Tony Augarde, *The Oxford Dictionary of Modern Quotations*, Oxford 1991, S. 53.

8 Paul Kennedy, *Aufstieg und Fall der großen Mächte. Ökonomischer Wandel und militärischer Konflikt von 1500 bis 2000*, Frankfurt a. M. 1989, S. 12 (Hervorhebung im Original).
9 Kuhn, a. a. O., S. 104.
10 Conyers Read, zitiert nach: Peter Novick, *That Noble Dream. The »Objectivity Question« and the American Historical Profession*, Cambridge 1988, S. 192.
11 Fjodor M. Dostojewskij, *Aufzeichnungen aus einem Kellerloch*, in: ders., *Aufzeichnungen aus einem Kellerloch. Erzählungen*, München 1962, S. 545 f.
12 Vgl. Lewis Fry Richardson, *Statistics of Deadly Quarrels*, Pittsburgh 1960.
13 J. S. Levy, *War in the Modern Great Power System 1495-1975*, Lexington 1983, S. 215. Ich danke Bruce Malamud für den Hinweis auf Levys Arbeit.
14 D. L. Turcotte, Self-Organized Criticality, in: *Rep. Prog. Phys.* 62 (1999), S. 1377-1429.
15 Norman Davies, *Europe. A History*, Oxford 1997, S. 900.
16 Carr, a. a. O., S. 51.
17 Albert Einstein, zitiert nach: Novick, a. a. O., S. 139.

Anmerkungen zu Kapitel 14

1 Richard J. Evans, *Fakten und Fiktionen. Über die Grundlagen historischer Erkenntnis*, Frankfurt a. M. 1998, S. 68.
2 Charles Proteus Steinmetz (eigentlich: Karl August Rudolf Steinmetz).
3 Thomas Carlyle, *Über Helden, Heldenverehrung und das Heldentümliche in der Geschichte*, Berlin 1912, S. 1.
4 Dieses Bedürfnis nach Einfachheit bedienen die Biografien und Autobiografien, die derzeit den Markt überschwemmen ebenso wie Fernsehserien zur deutschen Geschichte, in denen Hitler und seine »Helfer« die Ursache für alles Übel abgeben. (Anm. d. Übers.)
5 John Emerich Acton, zitiert nach: Edward Hallett Carr, *Was ist Geschichte?*, Stuttgart 1963, S. 47.
6 Ebd., S. 44 f.
7 Ebd., S. 46.
8 Ebd., S. 49.
9 Vgl. Alexis de Tocqueville, *Über die Demokratie in Amerika*, Stuttgart 1990.
10 Evans, a. a. O., S. 130.
11 Leopold von Ranke, *Weltgeschichte* (14 Bde.), Hamburg ca. 1935.
12 Georg Wilhelm Friedrich Hegel, *Grundlinien der Philosophie des Rechts oder Naturrecht und Staatswissenschaft im Grundrisse*, in: ders., *Werke* (Hrsg. Eva

Moldenhauer u. Karl Markus Michel), Bd. 7, Frankfurt a. M. 1970, S. 486 (§ 318).

13 Edward O. Wilson, *Der Wert der Vielfalt. Die Bedrohung des Artenreichtums und das Überleben des Menschen*, München 1995, S. 15.

14 Gustave Flaubert, zitiert nach: Evans, a. a. O., S. 30.

15 Carr, a. a. O., S. 23.

16 »Die Nase der Kleopatra: wäre sie kürzer gewesen, das Gesicht der ganzen Erde würde verändert sein« (Blaise Pascal, *Gedanken. Eine Auswahl*, Stuttgart 1956, S. 61). Vgl. auch Daniel J. Boorstin, *Cleopatra's Nose. Essays on the Unexpected*, New York 1994 und Emmanuel Carrère, *Kleopatras Nase. Kleine Geschichte der Uchronie*, Paris 1983. (Anm. d. Übers.)

17 Winston Churchill, *Weltkrisis*, Bd. 5: *Nach dem Kriege*, Zürich u. a. 1930, S. 368.

18 Michael Oakshott, *Experience and its Modes*, Cambridge 1933, S. 128 ff., zitiert nach: Niall Ferguson, Virtuelle Geschichtsschreibung. Unterwegs zu einer Chaostheorie der Vergangenheit, in: ders. (Hrsg.), *Virtuelle Geschichte. Historische Alternativen im 20. Jahrhundert*, Darmstadt 1999, S. 67.

Anmerkungen zu Kapitel 15

1 Edward O. Wilson in einer Rede an der Penn State University, zitiert nach: Duncan J. Watts, *Small Worlds. The Dynamics of Networks between Order and Randomness*, Princeton 1999.

2 Herbert Butterfield, *The Englishman and his History*, Cambridge 1944, S. 103, zitiert nach: Edward Hallett Carr, *Was ist Geschichte?*, Stuttgart 1963, S. 50.

3 Stephen Jay Gould, *Zufall Mensch. Das Wunder des Lebens als Spiel der Natur*, München 1991, S. 318 f.

4 Niall Ferguson, Virtuelle Geschichtsschreibung. Unterwegs zu einer Chaostheorie der Vergangenheit, in: ders. (Hrsg.), *Virtuelle Geschichte. Historische Alternativen im 20. Jahrhundert*, Darmstadt 1999, S. 92.

5 Ebd., S. 101.

6 Ebd., S. 33; vgl. auch Herbert Butterfield, *The Origins of History*, London 1981, S. 200 f.

7 J. S. Langer, Nonequilibrium Physics, in: Val L. Fitch (Hrsg.), *Critical Problems in Physics. Proceedings of a Conference Celebrating the 250th Anniversary of Princeton University, New Jersey, Ocrober 31 – November 2, 1996*, Princeton 1997, S. 12.

8 Lev N. Tolstoj, *Krieg und Frieden*, Bd. 4, Wien u. a. 1942, S. 359.

Literatur

Alvarez, Walter: *T. rex and the Crater of Doom*, Princeton (N. J.) 1997

Augarde, Tony: *The Oxford Dictionary of Modern Quotations*, Oxford 1991

Bachelier, Louis: *Théorie de la Spéculation. Théorie Mathématique du Jeu*, Paris 1995

Bak, Per: *How Nature Works. The Science of Self-Organized Criticality*, New York u. a. 1996

Barnes, Harry Elmer: *Die Entstehung des Weltkrieges. Eine Einführung in das Kriegsschuldproblem*, Stuttgart u. a. 1928

Batty, Michael u. Longley, Paul: *Fractal Cities. A Geometry of Form and Function*, San Franncisco 1994

Bell, Eric Temple: *Mathematics. Queen and Servant of Science*, New York 1952

Berlin, Isaiah: *Concepts and Categories*, London 1999

Boehm, Erich: *William Gilbert begründet die Lehre vom Erdmagnetismus*, Leipzig 1914

Boorstin, Daniel J.: *Cleopatra's Nose. Essays on the Unexpected*, New York 1994

Butterfield, Herbert: *The Englishman and his History*, Cambridge 1944

Camus, Albert: *Der Mythos von Sisyphos. Ein Versuch über das Absurde*, Reinbek bei Hamburg 1959

Carlyle, Thomas: *Die Französische Revolution*, Leipzig 1906

Carlyle, Thomas: *Über Helden, Heldenverehrung und das Heldentümliche in der Geschichte*, Berlin 1912

Carr, Edward Hallett: *Was ist Geschichte?*, Stuttgart 1963

Carrère, Emmanuel: *Kleopatras Nase. Kleine Geschichte der Uchronie*, Paris 1983

Churchill, Winston: *Weltkrisis*, Bd. 5: *Nach dem Kriege*, Zürich u. a. 1930

Commission on Physical Sciences, Mathematics and Resources, National Research Council (Hrsg.): *A Proposed Initiative for Capitalizing on the Parkfield, California, Earthquake Prediction*, Washington DC, 1986

Crick, Francis: *Ein irres Unternehmen. Die Doppelhelix und das Abenteuer Molekularbiologie*, München 1990

Darwin, Charles: *Die Entstehung der Arten durch natürliche Zuchtwahl*, Stuttgart 1963

Davies, Norman: *Europe. A History*, Oxford 1997

Dennett, Daniel Clement: *Darwins gefährliches Erbe. Die Evolution und der Sinn des Lebens*, Hamburg 1997

Domb, Cyril: *The Critical Point. A Historical Introduction to the Modern Theory of Critical Phenomena*, London 1996

Dostojewskij, Fjodor M.: *Aufzeichnungen aus einem Kellerloch;* in: ders., *Aufzeichnungen aus einem Kellerloch. Erzählungen*, München 1962

Eco, Umberto: *Serendipities. Language and Lunacy. Italian Academy Lectures*, New York 1998

Eksteins, Modris: *Tanz über Gräben. Die Geburt der Moderne und der Erste Weltkrieg*, Reinbek bei Hamburg 1990

Evans, Richard J.: *Fakten und Fiktionen. Über die Grundlagen historischer Erkenntnis*, Frankfurt am Main 1998

Fay, Sidney Bradshaw: *Der Ursprung des Weltkrieges*, Berlin 1930

Ferguson, Niall (Hrsg.): *Virtuelle Geschichte. Historische Alternativen im 20. Jahrhundert*, Darmstadt 1999

Ferguson, Niall: *Der falsche Krieg. Der Erste Weltkrieg und das 20. Jahrhundert*, Stuttgart 1999

Fitch, Val L. (Hrsg.): *Critical Problems in Physics. Proceedings of a Conference Celebrating the 250th Anniversary of Princeton University, New Jersey, Ocrober 31 - November 2, 1996*, Princeton (N. J.) 1997

Fukuyama, Francis: *Das Ende der Geschichte: Wo stehen wir?*, München 1992

Gibbon, Edward: *Verfall und Untergang des römischen Reiches*, Frankfurt am Main 1992

Gide, André: *Der Immoralist*; in: ders., *Gesammelte Werke*, Stuttgart 1991

Gilbert, William: *De magnete magneticisque corporibus et de magno magnete tellure*, London 1600

Gluckman, Max: *Politics, Law and Ritual in Tribal Society*, Chicago 1965

Gribben, John R. u. Plagemann, Stephen H.: *The Jupiter Effect*, New York 1974

Guare, John: *Six Degrees of Separation. A Play*, New York 1990

Gould, Stephen Jay: *Zufall Mensch. Das Wunder des Lebens als Spiel der Natur*, München 1991

Hegel, Georg Wilhelm Friedrich: *Grundlinien der Philosophie des Rechts oder Naturrecht und Staatswissenschaft im Grundrisse; in:* ders., *Werke* (Hrsg. Eva Moldenhauer u. Karl Markus Michel), Frankfurt am Main 1970

James, William: *The Principles of Psychology*, Dover 1920

Kauffman, Stuart A.: *Origins of Order. Self-Organization and Selection in Evolution*, New York 1993

Kennedy, Paul: *Aufstieg und Fall der großen Mächte. Ökonomischer Wandel und militärischer Konflikt von 1500 bis 2000,* Frankfurt am Main 1989

Kuhn, Thomas S.: *Die Struktur wissenschaftlicher Revolutionen*, Frankfurt am Main 1976

Leakey, Richard E. u. Lewin, Roger: *Die sechste Auslöschung. Lebensvielfalt und die Zukunft der Menschheit,* Frankfurt am Main 1996

Levy, J. S.: *War in the Modern Great Power System 1495-1975*, Lexington (Ken.) 1983

Mackay, Alan L.: *A Dictionary of Scientific Quotations,* Bristol 1991

Mandelbrot, Benoit B.: *Die fraktale Geometrie der Natur*, Berlin 1987

Martin, Joshua (Hrsg.): *Lorenzo Dow's Journal*, Wheeling (W. Va.) 1849

Medawar, Peter Brian: *Pluto's Republic,* Oxford u. a. 1982

Neumann, John von: *Collected Works*, Bd. 6: *Theory of Games, Astrophysics, Hydrodynamics, and Meteorology*, New York 1961

Newton, Isaac: *Mathematische Prinzipien der Naturlehre*, Berlin 1872

Nietzsche, Friedrich: *Götzen-Dämmerung;* in: ders., *Werke in drei Bänden* (Hrsg. Karl Schlechta), München 1954

Novick, Peter: *That Noble Dream. The »Objective Question« and the American Historical Profession*, Cambridge 1988

Oakshott, Michael: *Experience and its Modes,* Cambridge 1933

Opalka, Roman: *16 Details aus dem Werk 1965/1- ∞*, Krefeld 1977

Oppenheimer, J. Robert: *Atomkraft und menschliche Freiheit,* Reinbek bei Hamburg 1957

Ormerod, Paul: *Butterfly Economics. A New General Theory of Social and Economic Behaviour*, New York 1999

Pascal, Blaise: *Gedanken. Eine Auswahl*, Stuttgart 1956

Polanyi, Karl: *The Great Transformation. Politische und ökonomische Ursprünge von Gesellschaften und Wirtschaftssystemen,* Frankfurt am Main 1997

Prechter jr., Robert R.: *Introduction to the Wave Principle of Human Social Behaviour,* Gainsville (Ga.) 1998

Price, Don Krasher: *Gouvernment and Science. Their Dynamic Relation in American Democracy*, New York 1962

Pyne, Stephen J.: *America's Fires. Management on Wildlands and Forests,* Durham (N. C.) 1997

Ranke, Leopold von: *Weltgeschichte*, Hamburg ca. 1935

Raup, David M.: *Ausgestorben. Zufall oder Vorsehung?*, Köln 1992

Richardson, Lewis Fry: *Statistics of Deadly Quarrels*, Pittsburgh (Pa.) 1960

Rothchild, John: *The Bear Book. Survive and Profit in Ferocious Markets,* New York 1998

Stanley, Steven M.: *Macro-Evolution: Pattern and Process*, San Francisco 1979

Stanley, Steven M.: *Krisen der Evolution. Artensterben in der Erdgeschichte*, Heidelberg 1988

Sterne, Laurence: *Leben und Meinungen des Tristram Shandy*, Frankfurt am Main 1962

Taylor, Alan J. P.: *The First World War. An Illustrated History*, Harmondsworth 1966

Tocqueville, Alexis de: *Über die Demokratie in Amerika*, Stuttgart 1990

Tolstoj, Lev N.: *Krieg und Frieden*, Wien u. a. 1942

Twain, Mark: *Leben auf dem Mississippi*, Wiesbaden 1949

Valéry, Paul: *Werke*, Frankfurt am Main u. Leipzig 1995

Ward, Peter Douglas: *The End of Evolution. On Mass Extinctions and the Preservation of Biodiversity*, New York 1994

Watts, Duncan J.: *Small Worlds. The Dynamics of Networks between Order and Randomness*, Princeton (N. J.) 1999

Weisskopf, Victor Frederick (Hrsg.): *Theoretical Physics in the Twentieth Century. A Memorial Volume to Wolfgang Pauli*, New York u. a. 1960

Wilson, Edward O.: *Der Wert der Vielfalt. Die Bedrohung des Artenreichtums und das Überleben des Menschen*, München 1995

Register

Danksagung

Viele Wissenschaftler haben sich die Zeit genommen, mein Manuskript oder Teile von ihm zu lesen und zu kommentieren. Andere haben mir großzügigerweise Abbildungen, Forschungsergebnisse und andere Informationen zur Verfügung gestellt. Ihnen allen möchte ich herzlich danken. Mein ganz besonderer Dank gilt darüber hinaus Robert Geller, Christopher Scholtz, Lena Oddershede, Tom Witten, Paul Meakin, Jim Meiss, Kim Christensen, Stefano Zapperi, Leo Kadanoff, Dietrich Stauffer, James Binney, Mark Newman, Bruce Malamud, Jeffrey Lockwood, Roy Anderson, Michael Benton, William Clemens, Peter Yodzis, Gene Stanley, Thomas Lux, Parameswaran Gopikrishnan, Dirk Helbing, Sidney Redner, Gottfried Mayer-Kress und Lewis Miller. Es ist natürlich keinesfalls so, dass die Genannten mit allem, was ich in diesem Buch geschrieben habe, übereinstimmen. Für alle Fehler oder Irrtümer, die sich möglicherweise in den Text eingeschlichen haben, bin allein ich selbst verantwortlich.

Ich möchte noch Peter Tallack vom Verlag Weidenfeld & Nicolson für die Förderung meines Projekts danken und – vor allen anderen – meiner Frau Kate für die unermüdliche Unterstützung in den vielen Monaten, in denen ich an dem Buch gearbeitet habe.

Mark Buchanan, Notre Dame de Courson, im Juli 2000